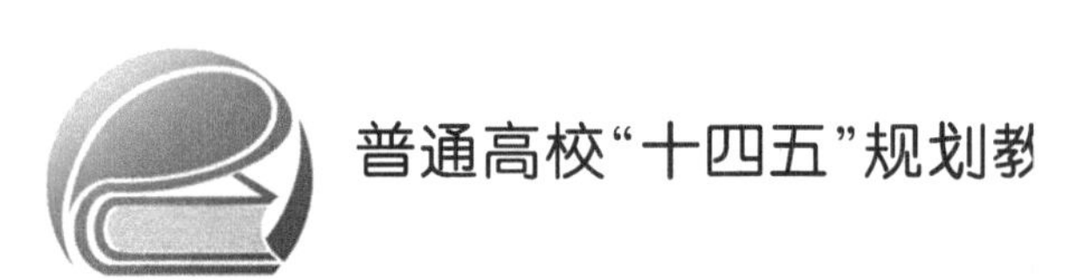

材料计算方法

张　跃　编著

北京航空航天大学出版社

内容简介

本教材包括两篇:第一篇为数据处理、挖掘与材料研究,简单介绍数值分析和数学建模的相关基础知识和方法,重点介绍各方法的特点及其与材料研究的关系,以及这些方法如何在科学计算平台 MATLAB 上实现。通过介绍 MATLAB 的主要特点,使只具备 C 语言等一般计算机语言知识的学生也能够迅速使用 MATLAB 解决材料研究中的数学问题。第二篇为机器学习基础与应用,介绍机器学习中监督学习及无监督学习的主要算法与应用,特别介绍人工神经网络方法及其在解决多因素、非线性问题上的应用,目的是使学生掌握各种方法的特点,并利用所学方法解决相应的问题及其在 MATLAB 上实现。

本教材既可作为材料专业本科生、研究生的材料计算方法课程的教材,也可作为材料工作者的材料计算工具书。

图书在版编目(CIP)数据

材料计算方法 / 张跃编著. -- 北京 : 北京航空航天大学出版社, 2020.11

ISBN 978-7-5124-3375-5

Ⅰ. ①材… Ⅱ. ①张… Ⅲ. ①材料—计算方法—高等学校—教材 Ⅳ. ①TB3

中国版本图书馆 CIP 数据核字(2020)第 199266 号

材料计算方法

张 跃 编著

责任编辑 孙兴芳

*

北京航空航天大学出版社出版发行

北京市海淀区学院路 37 号(邮编 100191) http://www.buaapress.com.cn

发行部电话:(010)82317024 传真:(010)82328026

读者信箱:goodtextbook@126.com 邮购电话:(010)82316936

北京建宏印刷有限公司印装 各地书店经销

*

开本:787×1 092 1/16 印张:12 字数:307 千字

2020 年 11 月第 1 版 2022 年 1 月第 2 次印刷 印数:1 001～2 000 册

ISBN 978-7-5124-3375-5 定价:38.00 元

若本书有倒页、脱页、缺页等印装质量问题,请与本社发行部联系调换。联系电话:(010)82317024

前　言

材料学科是一门涉及数学、物理、化学等基础学科及传质传热、制备工艺、测试表征技术等专业知识的复杂学科，因此，要求从事材料科学技术的工作者必须具备各种相关知识及其运用能力。材料学科的知识结构以及各门学科间联系的构建是培养材料学科高级人才的关键，通过常年的材料教学积累，已形成从基础课、专业基础课到专业课的课程体系，各基础知识与专业知识的联系主要体现在专业课程中，如材料工艺过程中的物理、化学机制等，在专业课的讲授过程中也已加强学生对各基础知识的运用能力。但是，由于数学应用的特殊性，所以其在材料专业知识结构构建中是一个薄弱环节。目前，随着计算机技术的高速发展，以及人工智能在各个领域的应用与实现，计算在材料学科知识结构中的重视程度亟待提高。

翻开材料专业书籍会发现，数学公式其实很少，但这并不是说材料与数学关系不大，而是因为材料太过复杂，描述材料所涉及的物理、化学过程的数学方程，如扩散方程等，在复杂的边界条件和初始条件下，没有简单的解析解。在学生现有的数学知识条件下，复杂计算问题难以解决，所以，在材料专业的知识结构中，只能用极端简化后的数学形式进行定性的描述与应用。

另外，材料是以实验为主的学科，通过实验可以获得大量的数据，而数据本身往往只是我们可以直接观察的表象数据，而研究的目的是要通过实验数据揭示表象及其影响因素的本质规律。因此，大量的实验数据处理与挖掘是高层次研究的重要技能，计算分析能力是区别实验与研究的关键。虽然材料专业学生学了高等数学和计算机语言，掌握了材料学的相关物理和化学知识，但是，由于其没有数值分析基础，所以不知道如何用计算机解决复杂的数理方程，不知道如何利用计算机将离散的实验数据构建成数学模型，揭示实验现象的物理化学本质。因此，必须加强材料专业学生的计算机应用水平。现在的材料专业知识结构中虽然已有数学、计算机语言等知识，但是，让材料专业的学生根据专业研究需求，利用算法、C 语言等计算机语言来编程实现材料研究中的计算，不仅效率低，而且会影响计算在材料研究中的应用。而目前从材料专业的需求出发，真正能将计算机用于解决材料专业问题的课程及教材明显不足，急需建立与《材料研究(表征)方法》对等的材料计算方法课程及教材。要能够让材料专业学生像用 XRD、SEM 等研究手段一样，熟练、高效地应用计算机进行计算、数据处理与挖掘，提高材料研究水平。本教材旨在从材料学科研究的实际需求出发，将数值分析、数学建模、MATLAB 计算平台等知识融合在一本书中，真正实现材料专业学生材料计算能力的提高。

除了基于数学模型的数值数据分析与处理外，材料研究还会涉及大量的无法用简单的数学模型描述的或涉及非数值数据的情况。材料特性一般都是受多因素影响的，并且其关系一般都是非线性的，这种多元非线性关系往往难以用一个明确的数学模型进行表述；一些材料属性如晶相、显微结构等是非数值型数据，而这些属性对材料性能的影响也是非常关键的，这样的数据处理与挖掘已不是数值分析的范畴，这些问题需要采用机器学习的方法来解决。机器学习只针对数据本身，无需先确立数学模型，而且数据类型也不局限于数值。随着大数据及人工智能的高速发展，机器学习算法也得到了迅速发展和应用，因此材料工作者非常有必要了解及掌握机器学习方法，并用机器学习方法来解决材料研究中的实际问题。

根据上述理念，本教材包括两篇：第一篇为数据处理、挖掘与材料研究，简单介绍数值分析和数学建模的相关基础知识和方法，重点介绍各方法的特点及其与材料研究的关系，以及这些方法如何在科学计算平台 MATLAB 上实现。通过介绍 MATLAB 的主要特点，使只具备 C 语言等一般计算机语言知识的学生也能够迅速使用 MATLAB 解决材料研究中的数学问题。第二篇为机器学习基础与应用，介绍机器学习中监督学习及无监督学习的主要算法与应用，特别介绍人工神经网络方法及其在解决多因素、非线性问题上的应用，目的是使学生掌握各种方法的特点，并利用所学方法解决相应的问题及其在 MATLAB 上实现。

本教材既可以作为材料专业本科生、研究生的材料计算方法课程的教材，也可作为材料工作者的材料计算工具书。

材料研究常用的数学方法均可找到简单的解决途径，通过对本书的学习，可使材料研究工作者再不用惧怕数学问题，同时可显著提高自己在材料研究中数据挖掘的能力，从而达到较高的研究水平。

作　者

2020 年 4 月

目　　录

第一篇　数据处理、挖掘与材料研究

第1章　绪　论 …… 2

1.1　数据处理与挖掘 …… 3
1.2　机器学习 …… 5
1.3　材料基因组计划 …… 6

第2章　数学工具平台 MATLAB …… 7

2.1　MATLAB 简介 …… 7
2.2　MATLAB 的主要构成 …… 7
2.2.1　软件系统的构成 …… 7
2.2.2　平台窗体的构成 …… 8
2.3　MATLAB 的特点 …… 9
2.3.1　矩阵运算 …… 10
2.3.2　数组运算 …… 11
2.3.3　复数运算 …… 12
2.4　M 文件 …… 12
2.5　作图功能 …… 13
2.5.1　二维曲线 …… 13
2.5.2　三维作图 …… 14
2.5.3　三维离散数据的曲面作图 …… 17
2.5.4　函数的直接作图 …… 18
2.6　符号运算 …… 19
2.7　小　结 …… 21
习　题 …… 22

第3章　数值分析基础与材料研究 …… 23

3.1　数值分析简介 …… 23
3.2　插　值 …… 23
3.2.1　一维数据插值的 MATLAB 函数 …… 25
3.2.2　多维网格数据插值的 MATLAB 函数 …… 26
3.2.3　多维随机离散数据插值的 MATLAB 函数 …… 28
3.3　拟　合 …… 30
3.3.1　拟合方法 …… 30

3.3.2 多项式拟合…… 31
3.3.3 多元线性方程组求解法…… 32
3.3.4 非线性最小二乘法…… 33
3.4 方程的数值求解…… 34
3.4.1 线性方程组的求解…… 35
3.4.2 一元非线性方程的求解…… 36
3.4.3 多元非线性方程组的求解…… 37
3.5 离散数据分析及其 MATLAB 的实现…… 37
3.5.1 数据分析…… 38
3.5.2 离散数据的差分、微分和积分…… 38
3.5.3 离散数据的傅里叶变换…… 40
3.6 数值分析在材料研究中的应用…… 40
3.6.1 插值在材料研究中的应用…… 40
3.6.2 曲线拟合在材料研究中的应用…… 46
3.6.3 方程求解在材料研究中的应用…… 48
3.6.4 离散数据分析在材料研究中的应用…… 49
3.7 小 结…… 52
习 题…… 52

第 4 章 微分方程与材料研究 …… 54

4.1 微分方程…… 54
4.2 常微分方程的求解…… 54
4.2.1 一阶常微分方程的初值问题…… 55
4.2.2 高阶常微分方程的求解…… 56
4.2.3 常微分方程的边值问题…… 57
4.3 偏微分方程的求解…… 57
4.3.1 偏微分方程的类型…… 57
4.3.2 偏微分方程的有限元求解…… 58
4.3.3 一维空间的偏微分方程的 MATLAB 求解…… 59
4.3.4 二维空间的偏微分方程的 MATLAB 求解…… 60
4.4 微分方程在材料研究中的应用…… 62
4.5 小 结…… 64
习 题…… 65

第 5 章 数学模型与材料研究 …… 66

5.1 数学建模基础…… 67
5.1.1 数学模型及其分类…… 67
5.1.2 模型变量及参数…… 68
5.1.3 建模方法及步骤…… 70

5.1.4　数学建模在材料研究中的作用…… 72
5.2　机理数学模型与应用…… 73
5.2.1　机理数学模型的建立…… 73
5.2.2　时间、空间的离散化建模 …… 75
5.2.3　机理模型参数的获取…… 76
5.2.4　机理数学模型与材料参数的表征方法…… 77
5.2.5　机理数学模型与材料特性的预测…… 78
5.2.6　机理模型与材料的优化设计…… 79
5.3　经验数学模型与应用…… 79
5.4　离散数据模型与应用…… 80
5.5　黑箱模型…… 81
5.6　随机模型与应用…… 82
5.7　小　结…… 83
习　题 …… 84

第 6 章　概率、统计与材料研究…… 85

6.1　概率与统计的 MATLAB 实现…… 85
6.1.1　随机变量抽样方法…… 85
6.1.2　随机变量的概率分布函数…… 86
6.1.3　随机变量分布函数参数的估计…… 88
6.1.4　随机变量的数字特征…… 89
6.1.5　统计图…… 91
6.2　概率事件的计算机实现…… 93
6.3　马尔可夫链与蒙特卡罗方法…… 94
6.3.1　蒙特卡罗方法…… 94
6.3.2　马尔可夫链…… 96
6.3.3　Metropolis 蒙特卡罗方法 …… 97
6.3.4　Metropolis 蒙特卡罗方法的能量模型…… 98
6.4　蒙特卡罗方法在材料随机过程模拟中的应用 …… 100
6.4.1　组成偏析的蒙特卡罗模拟 …… 100
6.4.2　多晶材料晶粒生长的蒙特卡罗模拟 …… 103
6.5　小　结 …… 105
习　题…… 105

第 7 章　优化与材料研究…… 106

7.1　目标函数的极值及其 MATLAB 实现 …… 106
7.2　线性规划 …… 107
7.3　非线性规划及其 MATLAB 实现 …… 108
7.3.1　多元二次目标函数的有约束优化 …… 108

7.3.2 一般非线性有约束优化 …… 108
7.4 多目标优化及其 MATLAB 实现 …… 109
7.4.1 评价函数法 …… 110
7.4.2 多目标达成法 …… 110
7.4.3 最大目标最小化法 …… 111
7.4.4 最小二乘法 …… 111
7.5 复杂数学模型的优化 …… 111
7.5.1 模拟退火法 …… 112
7.5.2 遗传算法 …… 113
7.5.3 粒子群算法 …… 113
7.5.4 蚁群算法 …… 114
7.5.5 罚函数法 …… 115
7.6 优化设计在材料研究中的应用 …… 116
7.7 小 结 …… 117
习 题 …… 117

第二篇 机器学习基础与应用

第 8 章 机器学习与材料研究 …… 120

8.1 大数据下的材料研究 …… 120
8.1.1 大数据与人工智能 …… 120
8.1.2 材料研究与机器学习 …… 120
8.1.3 机器学习与传统数据处理及统计的区别 …… 121
8.2 机器学习概论 …… 122
8.2.1 基本术语 …… 122
8.2.2 机器学习的类型 …… 123
8.2.3 材料研究中的机器学习 …… 124
8.2.4 机器学习工具 …… 126
8.3 小 结 …… 126
习 题 …… 127

第 9 章 回归机器学习与材料研究 …… 128

9.1 人工神经网络 …… 128
9.1.1 人工神经网络的结构 …… 128
9.1.2 神经元的作用原理 …… 129
9.1.3 人工神经网络的训练 …… 130
9.2 人工神经网络的 MATLAB 实现 …… 131
9.3 MATLAB 人工神经网络工具箱用户界面 …… 132
9.4 人工神经网络在多因素体系研究中的应用与意义 …… 134

9.5　深度学习 …… 138
9.6　其他回归机器学习的方法 …… 138
9.7　小　结 …… 139
习　题 …… 139

第10章　分类机器学习 …… 140

10.1　感知机 …… 140
10.1.1　感知机模型 …… 141
10.1.2　感知机学习策略 …… 142
10.1.3　感知机学习算法 …… 143
10.2　支持向量机 …… 144
10.2.1　线性支持向量机 …… 144
10.2.2　非线性支持向量机 …… 145
10.2.3　MATLAB分类学习机中的SVM …… 146
10.2.4　非线性分类在材料研究中的应用 …… 147
10.2.5　软间隔分类 …… 148
10.2.6　支持向量机小结 …… 149
10.3　k临近法 …… 149
10.3.1　基本算法 …… 149
10.3.2　k临近法的特点 …… 150
10.3.3　快速KNN算法 …… 151
10.3.4　k-d树KNN算法 …… 151
10.3.5　k临近法小结 …… 153
10.4　朴素贝叶斯法 …… 153
10.4.1　贝叶斯定理与贝叶斯决策论 …… 153
10.4.2　朴素贝叶斯分类器 …… 154
10.4.3　朴素贝叶斯分类器算法 …… 154
10.4.4　朴素贝叶斯法小结 …… 157
10.5　决策树 …… 157
10.5.1　基本流程 …… 157
10.5.2　属性选择 …… 159
10.5.3　决策树的生成 …… 161
10.5.4　决策树的剪枝 …… 162
10.5.5　缺失数据处理 …… 162
10.5.6　多属性复合划分 …… 163
10.5.7　决策树小结 …… 164
10.6　集成学习 …… 164
10.6.1　Boosting方法 …… 164
10.6.2　Bagging方法 …… 166

10.6.3　随机森林法……………………………………………………… 167
10.6.4　集成学习小结…………………………………………………… 167
习　题……………………………………………………………………… 167

第 11 章　无监督学习 ……………………………………………… 168

11.1　概　论…………………………………………………………… 168
11.2　聚　类…………………………………………………………… 168
11.2.1　聚类相关的重要概念…………………………………………… 168
11.2.2　原型聚类………………………………………………………… 171
11.2.3　层次聚类………………………………………………………… 173
11.2.4　聚类小结………………………………………………………… 174
11.3　降维与度量学习………………………………………………… 175
11.3.1　降维基本概念…………………………………………………… 175
11.3.2　主成分分析……………………………………………………… 175
11.3.3　主成分分析法的 MATLAB 实现……………………………… 176
11.3.4　度量学习………………………………………………………… 177
11.4　小　结…………………………………………………………… 177
习　题……………………………………………………………………… 178

参考文献………………………………………………………………… 179

第一篇

数据处理、挖掘与材料研究

第1章　绪　论

在计算机、互联网高速发展的今天，大数据、人工智能冲击着人类社会生活的方方面面，科学技术领域更是越来越离不开计算机，计算物理、计算力学、计算化学、计算材料学等也在相应的学科领域应运而生，迅速发展。各学科中的复杂数学问题，可以不受解析解局限的影响，利用数值解等算法，利用计算机得以解决。随着计算机以及算法的高速发展，计算机甚至可以进行电子、原子层面的材料计算。计算材料学不仅是材料研究的一种辅助工具，而且已发展成为与实验研究、理论研究并列的材料研究的一个独立领域。计算机已可从材料的电子、原子层面到晶体结构、微观结构、宏观结构层面，对材料进行计算模拟、分析，包括第一性原理计算、量子化学计算、分子动力学计算、相场动力学计算、蒙特卡罗计算、元胞自动机计算、有限元计算等计算分析方法及其专业软件。从功能材料特性机理的电子结构、晶体结构的理论计算解析，到结构材料的显微结构的计算机模拟、力学性能分析；从材料本征特性到材料掺杂改性理论计算分析；从材料性能预测到在极端环境下的服役特性计算等，材料计算研究发挥着越来越重要且不可替代的作用，因此，材料工作者不仅要掌握材料研究方法(实验)，而且要熟练掌握材料计算研究方法。

除了计算材料学是材料学与计算机技术密切结合的材料学科的新领域之外，材料实验研究也越来越离不开计算机的帮助。所谓材料研究，就是揭示材料组成、结构及性能的关系及其内在机制，其本质是关系。材料实验研究就是在一定配方(化学组成、相组成)、一定制备工艺及其条件(决定材料显微结构)下，制备材料，表征该材料的各项性能。通过实验可以获得大量的自变量 X(组成、工艺参数、结构等)及其对应的因变量 Y(材料性能等)的离散数组数据。这些离散的数据本身往往并没有很大的意义，只有通过对这些一次数据(原始数据)加以整理、分析，建立两者的关系——数学函数关系 $Y=f(X)$(或图形、曲线)，甚至挖掘出该数学函数中的参数 β(参数不同于常数，是具有物理意义的常数，如材料特性参数：扩散系数、杨氏模量等)，建立更具物理意义的函数 $Y=f(X,\beta)$，才能达到材料研究的目的，揭示影响因素与材料性能的关系及作用机制。获得了数学模型后，就可以进行材料性能预测，进行材料设计与材料性能及工艺的优化。这样就能达到材料研究的最高境界，这也是材料基因组计划的核心目的。

从原始数据中分析整理出数学函数关系，挖掘出函数中的材料特性参数的程度取决于材料工作者的数学及计算机应用水平。数学关系(数学模型)的函数形式可根据物理含义的多寡分为经验模型、半经验模型和机理模型。将数组数据作图，根据经验用线性、多项式、指数等常用函数形式进行最小二乘法拟合，获得自变量与因变量的数学关系，这是大家常用的方法，用办公软件 Excel 等即可解决。但是，这样的数学模型往往是经验公式，公式拟合出的常数往往不具有特定的物理意义，不是材料特性参数。这些经验公式具有很好的工程应用价值，可以描述配方及工艺条件对材料性能的影响，但经验公式中的常数常常包含材料特性参数和实验条件等复杂因素，不能像材料特性参数如弹性模量、扩散系数等一样，具有广泛、不受其他条件影响的、具有具体物理意义的材料参数。为了进一步提高所获得的实验数据的价值，应尽可能采用机理模型或是半经验模型进行数据分析、拟合，获得价值更高的材料参数和理论方程。但是，理论模型经常是偏微分方程或是非常复杂的非线性方程(组)，这些数学模型解的难易程度受边界条件、初始条件的影响很大。对于实际材料体系，多数机理模型极其复杂，甚至没有解析解。因此，没有数值分析、计算机编程的相关知识是难以胜任机理模型的拟合、参数挖掘等数据处理的工作的。

除了上述已知数学模型对实验数据的挖掘之外，还有很多问题连数学模型本身也是未知的，只能通过对大量的实验数据进行挖掘进而得出其内在的数学模型，这就需要通过机器学习的方法来解决。机器学习就是只针对大量的实验数据，通过一定的算法习得数据的内在数学模型。机器学习不仅可以处理数值型数据，还可以处理文本、图像、音频等非数值型数据。因此，机器学习可以建立材料特性的全因素数学模型，是处理材料整体研究成果的重要数学手段。

当今计算机技术的迅速发展，不仅体现在计算机运算速度的迅速提高上，更体现在算法及计算平台的高速发展上。目前，不仅已有大量的材料计算专业软件，如包括量子力学第一性原理计算、分子动力学计算、有限元计算在内的各种商业软件、共享软件等，而且计算机编程计算平台也得到了飞速发展。对非专门从事计算材料研究的实验研究人员来说，也非常容易上手进行材料计算分析，作为实验研究的补充，进行机理分析。对于复杂的数据处理、数值分析、机器学习，包括复杂的偏微分方程的求解、人工神经网络的建立，已不像从前要从算法开始，用C或者Fortran等高级计算机语言逐条编程去实现了，而是利用MATLAB等科学计算平台，像用计算器一样，不用编写程序，便可解决复杂的计算问题。对于计算机应用已变得如此必不可少，而又如此便捷的现在，材料工作者在材料研究中还不能充分利用计算机，不能熟练掌握材料计算方法，而只会材料制备及测试方法（常说的材料研究方法只包括实验方法），就如同独臂、独腿的战士。

1.1 数据处理与挖掘

材料研究无论是实验还是理论计算，都会获得大量的数据。数据包括离散的符号、文字、数值等数字数据以及连续的声音、图像等模拟数据，可以是实验测试获得的数值、曲线、照片等。

根据定义，数据是事实或观察的结果，是对客观事物的逻辑归纳，是用于表示客观事物的未经加工的原始素材。获取数据并不是材料研究的目的，材料研究的本质是揭示数据的内涵——信息。信息与数据既有联系，又有区别。数据是信息的表现形式和载体，而信息是数据的内涵，是加载于数据之上，对数据所具有的含义的解释。数据是符号，是物理性的；信息是对数据进行加工处理之后所得到的并对决策产生影响的数据，是逻辑性和观念性的。获得数据本身并没有意义，只有揭示其携带的信息才能使研究具有意义。因此，材料研究的深度与水平，能否揭示材料特性现象的本质，不仅取决于我们获取数据的能力，还取决于数据处理、挖掘，获取信息，特别是非显现的信息的能力。

数据的形式是多样的，数据处理方法也是多样的。本教材的第一篇主要介绍数值数据的处理与挖掘，属于传统的数值分析范畴；而第二篇介绍机器学习方法，机器学习不仅可以处理数值型数据，还可以处理非数值型数据。

材料研究的第一步就是获取数据，获得一系列数据。一般来说，这种数据包含两部分：一部分是获得材料特性数据的条件（自变量 $\boldsymbol{X}$），常常包括空间坐标、时间、材料组成、制备条件、测试条件等，因此一般 $\boldsymbol{X}$ 是 n 维向量（n 是条件的个数）。该自变量 $\boldsymbol{X}$ 的 m 次取值（m 个试样或测试点）就形成了 $m\times n$ 数据矩阵；另一部分是 $\boldsymbol{X}$ 条件下材料特性的观测值（因变量 $\boldsymbol{Y}$），$\boldsymbol{Y}$ 也是多个特性（如强度、韧性、密度、硬度等），即也是 n' 维向量（n' 是特性的个数），与 $\boldsymbol{X}$ 相对应的 $\boldsymbol{Y}$ 一般可看成是 $m\times n'$ 维矩阵。

对于这些数据的处理，首先就是要从离散的数据中获得材料特性 $\boldsymbol{Y}$ 与其条件 $\boldsymbol{X}$ 之间的关系。直接将离散的点在多维空间中作图，就可以直观地看出某种定性变化趋势，如 $\boldsymbol{Y}$ 随着 $\boldsymbol{X}$ 的增大而增大或减小等。但是，多数情况下，我们希望由这些离散的点获得一个连续函数，建立两者的关系。以简单的 $\boldsymbol{X}$、$\boldsymbol{Y}$ 均为一维数组的数据为例，x 和 y 是已知数据的值，两者的关系可以是线性关系 $y=ax+b$、指数关系 $y=a\mathrm{e}^{bx}$、对数关系 $y=a\lg(bx)$ 等。其关系函数中只有两个待定系数 a 和 b，根据数学知识可知，只要有两组独立数据 (x,y) 的值，通过联立方程便可求出函数的参数 a 和 b。对于更复杂的多维函数关系，只是函数的待定系数变为多维数组 β 而已，若 n 维 β 有 n 组独立数据 (x,y) 的值，则同样可以解出 β 的值。但是，所有的材料不可能是完全均一的，特性观测也会受到各种不可控因素的影响，即数据 (x,y) 的值有离散性，这可以认为是随机变量的抽样结果。因此，需要独立数据 (x,y) 的个数 m 大于待定参数 β 的维数 n，通过建立一个函数 $y=f(x,\beta)$，使获得的所有实验数据点与该函数值的误差平方和最小，这就是大家熟悉的最小二乘法。通过数据拟合（回归），就可从离散数据 $(\boldsymbol{X},\boldsymbol{Y})$ 中挖掘出其函数关系，同时挖掘出该数据关系中的参数。

建立函数关系主要包括两个步骤：

① 建立数学模型，即选择、确定数学函数形式，该函数包含自变量 $\boldsymbol{X}$、因变量 $\boldsymbol{Y}$ 和参数 β。函数形式不限，可以是显函数 $\boldsymbol{Y}=f(\boldsymbol{X},\beta)$，也可以是隐函数 $F(\boldsymbol{X},\boldsymbol{Y},\beta)=0$；可以是一个函数，还可以是方程组，甚至可以是一段计算机程序、一个数学结构（如人工神经网络等），只要是描述 $\boldsymbol{Y}$ 与 $\boldsymbol{X}$ 及 β 的相互关系即可。

② 用所获得的数据集 $(\boldsymbol{X},\boldsymbol{Y})$ 计算模型参数。自变量 $\boldsymbol{X}$ 和因变量 $\boldsymbol{Y}$ 是 m 组独立实验的数据，设模型参数个数为 n，数据要求为 $m>n$。将数据集代入模型，并采用最小二乘法等算法，算出模型待定参数 β 的值。

通过对实验数据的处理获得关系函数，有了该函数就可以求函数的极值，并对材料配方及工艺条件进行优化。带入任意自变量 $\boldsymbol{X}$ 可以获得因变量 $\boldsymbol{Y}$，即预测材料特性。但是，预测时要注意函数的适用范围。一般来说，经验模型只可在拟合数据的范围内有效，外推的风险较大；而理论模型的适用范围较大，只要满足该理论模型的前提条件，该函数就都是有效的。例如，用 5 h 以内的扩散控制氧化实验数据可获得材料的扩散系数，用理论模型可预测 100 h 后的氧化结果。

材料研究揭示条件与特性的关系主要是建立数学函数，除此之外，有时关系函数本身并不是重点，而函数中参数的获取才是重点，材料特性表征就是如此。例如，测量试样几何尺寸和试样电阻，是为了获取材料特性常数电阻率；采用脉冲激光法测试材料表面温度，是为了表征材料热扩散系数等。材料特性的表征及其方法开发是创新型研究的重要部分，新测试技术的出现往往会使材料研究突破，而新测试技术的核心却常常包含数据处理计算。

材料性能表征主要有 3 种方式：①表征量是可直接测量的物理量，如尺寸、质量、温度、电流等；②表征量是可由直接测量物理量用显函数直接计算获得的量，如断裂强度、材料密度、电阻率等；③表征量是可直接测量物理量的隐函数中的参数，则要通过对直接测量数据的处理与挖掘才能获得的量，如传热系数、扩散系数等。前两者较为简单、直接，第三种则是开发新表征方法的主要途径，但比较复杂。因此，数据处理与挖掘能力是进行创新型研究的关键，其核心就是复杂数学模型中参数的获取。通过设计实验，根据其物理模型及数学模型，可获得可测量量的值 Y 和条件 X（材料条件、测试条件），然后进行数值拟合，获得模型中的材料参数 β。

总之，数据处理与挖掘在创新型研究中起着极为重要的作用，而在此过程中，计算机是最重要的工具，因此，材料工作者必须熟练掌握数值分析、数学建模以及计算机语言相关的知识。目前，MATLAB 是科学与工程计算最主要的计算工具之一，作为材料工作者，必须能够像操作计算器一样用 MATLAB 来处理复杂材料的计算问题，不再让复杂的数学及计算机编程问题困扰自己的材料研究工作。

1.2　机器学习

如果对于所获得的实验数据，我们无法获悉数据内在的机理模型，也无法用简单的经验数学模型进行表述，如多元非线性关系等；另外，数据集中不仅有连续数值型数据，还有非数值型数据，那么此时采用传统的数值分析方法是无法建立自变量与因变量的数学关系的。除了挖掘连续函数关系之外，材料研究还涉及多因素的分类问题，如哪些特性条件达到怎样的水平，该材料就属于哪种材料，或作为某种材料才是合格的等。上述这些问题大多涉及因素众多、因素数据类型不一，没有已知的数学模型及判断准则，只有大量的离散多维数据的问题。求解这类问题的任务就是从这些数据中挖掘出数据内在的数学关系模型或分类准则模型，这就需要采用机器学习方法对数据集进行挖掘。

机器学习是纯粹面向数据的，根据学习任务采用一定的算法，通过优化习得模型可以预测其他新的数据。机器学习过程可以看成是拟合与优化的集合，输出的是模型，而且优化的目标函数不是传统数值拟合中已有数据与模型的误差，而是要考虑预测新数据的泛化性的损失函数。一般监督机器学习会将训练数据分成两部分：一部分用于学习，而另一部分用于对习得的模型进行泛化性检验。因此，某种程度上来说，机器学习习得的模型更能揭示数据深层次的规律，而数值分析可能更注重对已有数据的表述。采用数值分析等方法进行数据处理和挖掘，是先选定数学模型，再用数据优化拟合出选定模型中的参数。除了基于物理模型获得的机理数学模型之外，基本上都选用较为简单的数学函数形式，对于这种函数形式的选取并没有依据，其正确与否只用函数与已知数据的误差或拟合相关系数来判断。我们知道，插值函数对于所有已有数据来说误差均为零，要比拟合出的函数误差小，但是，插值函数对于未知的新数据的预测误差可能会很大，这就是模型的泛化问题。因此，从已有数据挖掘其函数关系，函数形式的选取本身就存在问题。机器学习可以帮助我们解决这一问题，也就是说，机器学习可以在完全不知道数据的内在规律形式的条件下，仅通过用数据训练即可获得泛化特性优异的数学模型，这种模型往往没有明确的数学函数表达式，但却非常有效。例如，通过机器学习的人工智能可以完胜围棋世界冠军，而且已经证明机器学习的模型能够创新，走出前所未有的妙棋。

机器学习可以解决数据数学关系的回归问题，但与传统统计学中的回归不同，机器学习不需要设定数据服从某个分布数学模型。机器学习的回归就是用数据集训习得连续型因变量与各自变量之间的数学关系模型。最典型的例子就是建立多因素、非线性关系的人工神经网络；如果因变量是有限个离散值（如合格、不合格；优、良、中、差等），则该机器学习的任务称为分类问题。用已知分类的数据集训练习得数学模型，可以预测新数据（自变量集）的类别。回归和分类这两种任务的训练数据集中均有自变量和因变量，这种机器学习称作监督学习。除了监督学习可以进行回归和分类之外，机器学习还可以对数据本身进行分析，这就是无监督学习。无监督学习可以进行聚类、因素分析、因素降维等。这些机器学习在材料研究中的数据挖掘、模型建立，特别是多因素、非线性复杂模型的建立方面具有广泛的应用前景。

关于机器学习的很多算法都不受数据类型的限制，无论是数值型，还是文本、图像等都可以处理，这对材料研究数据的充分利用、全因素模型的建立至关重要。将来机器学习可以把整篇学位论文或整体研究报告的数据和认知都集合到一个模型中，形成某材料的人工智能系统。该系统可以预测新条件下的材料性能，也可以根据材料特性要求对材料配方、制备工艺及其条件进行优化设计。

1.3 材料基因组计划

2011 年 6 月 24 日，美国总统奥巴马宣布启动一项价值超过 5 亿美元的“先进制造业伙伴关系”（Advanced Manufacturing Partnership，AMP）计划，而材料基因组计划（Materials Genome Initiative，MGI）就是该计划的重要组成部分。该计划旨在注重实验技术、计算技术和数据库之间的协作和共享，缩短新材料研发周期，降低新材料研制成本，使新材料研发能够满足飞速发展的科技对新材料的需求。该计划是科技高速发展的必然产物，之后，“材料基因组”在我国材料的各个领域已成为热点。

众所周知，人类基因组计划（Human Genome Project，HGP）是通过测定组成人类染色体中所包含的碱基对组成的核苷酸序列，从而绘制人类基因组图谱，并且辨识其载有的基因及其序列，达到破译人类遗传信息的最终目的。对于材料研发也一样，通过收集影响材料各性能的各因素的大量数据，建立数据库，建立各因素与材料特性的关系，建立一个能够实现材料设计、优化、预测的计算机系统平台，提高材料研发效率，以便低成本、快速地研发出所需的高性能新材料。

材料基因组计划主要包括：①大通量材料相关数据的获取，包括大通量实验技术及理论计算技术；②数字化数据库的建立；③高效材料设计、预测、优化计算平台的建立。在整个计划中，各种层面材料的计算已成为关键。

材料基因组计划的核心是海量材料数据的处理与挖掘，多尺度、跨尺度材料计算，以及材料设计与优化计算机平台的建立。材料基因组计划其实是体现了所有材料研究的一种最高境界，即在大量数据的基础上，借助计算机建立一个全面的材料数学模型，利用该模型实现材料特性预测及材料优化设计；该模型不仅能很好地表述所研究的体系，还可以预测其他相关体系，从而大大节约新材料的研发成本和周期。这些都要求从事材料研究的工作者不仅要具备很高的数据获取能力，还要具备很高的材料计算能力和丰富的数据挖掘知识。

第2章　数学工具平台MATLAB

要想提高材料计算能力，首先要了解、掌握先进的数学计算工具。提到计算就离不开计算机，但是计算机并不懂数学，所以要用计算机进行数学计算，就要先掌握数学问题的数值算法，然后用计算机语言将算法变成计算机可执行程序，即编程。材料学者，可能也学过这些知识，但是，这一学习过程往往会耗费我们大量的时间和精力，所以，这可能是影响我们计算能力的一个首要问题。所幸，随着计算机技术的迅速发展，出现了很多计算平台，这些计算平台使复杂的计算变得非常简单，就像我们日常用计算器计算11的平方根一样，不用知道如何算(算法)，也不需要编程，直接调用计算平台已编好的函数或简单易懂的用户界面等即可解决问题。这样的计算平台使得材料计算不再是难事，不再需要知道如何计算以及如何实现算法，而只要知道想算什么即可。MATLAB就是数学工具计算机平台中最重要、最常用的一种，是所有科技工作者应该了解和掌握的计算工具。

2.1　MATLAB简介

MATLAB是美国Mathworks公司于1984年推出的高级科学计算平台，其名字取自MATrix LABoratory两词的词头，由此可知该平台与矩阵(matrix)计算有关，这就决定了该平台所具有的一个重要特点。

MATLAB作为计算平台，与C语言等高级计算机语言编程平台一样，可以编写计算机程序进行数值计算，但不同的是，对于大量的算法，该平台已编好相应的程序模块(函数、M文件)，使用者只要调用各函数的函数名、输入变量、输出变量的形式，即可简便地获得结果。也就是说，大量的复杂数学问题都能用一句函数调用指令解决，而不需要知道具体算法。

MATLAB除了可以进行传统的数值计算之外，还具有强大的机器学习、符号运算、图形处理、数据库、计算机控制等功能，是一个功能强大，涉及领域广泛的计算机平台。MATLAB还根据特殊的应用开发了大量的工具箱，不断拓宽其应用；另外，利用网络M文件资源，还可获得各种新的、特殊应用函数。这些都使得我们不用自己编写计算机程序即可解决复杂的数学问题。

因为MATLAB的内容过于庞大，即使用专门的一门课也难以全部介绍，所以本章主要介绍其与传统高级计算机语言不同的特点，语法及具体的函数形式等在之后各章节调用时会有所介绍，而系统的相关知识可参考MATLAB手册或查询平台强大的Help系统，在此就不做系统地讲述了。

2.2　MATLAB的主要构成

2.2.1　软件系统的构成

MATLAB是一个功能丰富、扩展性强的软件系统。除了MATLAB主体之外，还包括

Simulink 及各种工具箱等几十个模块，而且随着版本的升级，模块也越来越多。这些模块分别涉及数值计算、机器学习、控制系统、信号处理、图像处理、系统辨识、模糊集合、神经网络及小波分析等。

MATLAB 基本部分包括矩阵运算、代数和超越方程的求解、数据处理、傅里叶变换及数值积分等功能。对于材料工作者，常用的工具箱包括曲线拟合工具箱(curve fitting toolbox)、优化工具箱(optimization toolbox)、神经网络工具箱(neural network toolbox)、偏微分方程工具箱(partial differential toolbox)、统计工具箱(statistics toolbox)、深度学习工具箱(deep learning toolbox)和统计与机器学习工具箱(statistics and machine learning toolbox)等。各工具箱集成了相关领域的算法函数，但这些工具箱不是完全独立的，主体和各工具箱的函数可以在一个程序中随意调用，不受限制。

2.2.2 平台窗体的构成

MATLAB 软件与其他 Windows 软件一样，运行软件后会打开一个窗口，如图 2.1 所示。

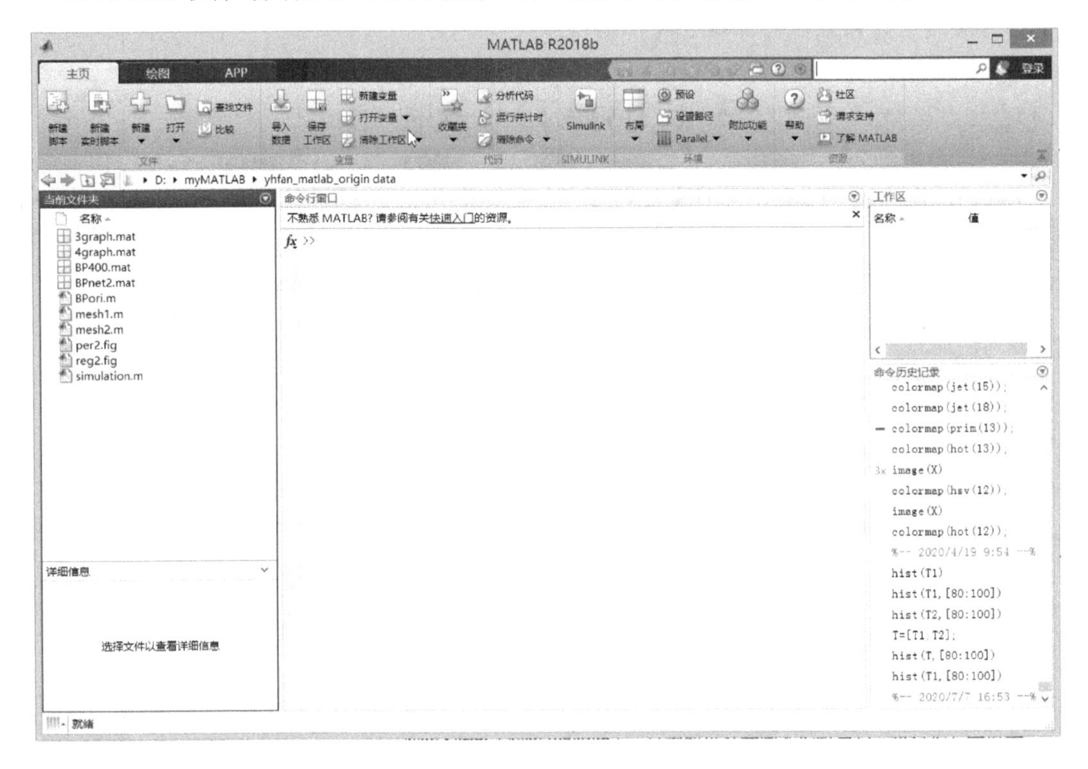

图 2.1 MATLAB 窗口

(1) 主窗口

主窗口的上边和其他软件一样是工具栏，包含文件、变量、代码、SIMULINK、环境和资源。各项功能这里就不一一说明了，主要介绍以下几个重要功能：

New Script(New Function)：单击即可打开脚本编辑窗口，在该窗口中可以编写一段子程序或函数，并且可以边写命令边运行。编写完成后可保存成后缀为.m 的文件，即所谓的 M 文件。保存后，在命令窗口或其他程序中用该 M 文件的文件名即可调用该子程序或函数。

New Variable：单击即可打开一个数据变量表，可以直接输入数据矩阵，可以给新数据变量命名、保存,也可以打开、调用保存的变量文件等。

Import Data:可以打开包括 Excel 文件在内的各种数据文件,并输入到工作空间(Workspace)中。

Set Path:用于添加个人 M 文件夹的路径。便于管理自己编写的 M 文件,并让 MATLAB 系统知道该文件夹的位置。注意:未设定路径的文件夹中的文件系统是找不到的,因此无法调用。

Help:强大的帮助系统,可查看各函数的调用形式和相关信息,还有很多应用实例和 demo。

(2) 现文件夹(Current Folder)窗口

该窗口显示现文件夹内的所有文件名,其下方的 Details 窗口还显示所选文件的相关细节。双击文件即可将其打开,进行编辑。

(3) 命令(Command)窗口

该窗口是 MATLAB 人机对话的主要环境。在该窗口中可直接输入命令,调用函数进行计算,按回车键后直接在该窗口显示计算结果,或在图形窗口显示计算的图形结果。也就是说,MATLAB 可以不编写脚本,可以直接在该窗口进行逐步计算,计算结果同时存储在工作空间中。

在命令窗口输入某命令的过程中会有相关的形式提示。单击"↑"键,可调用曾经执行过的上一个命令;单击"↓"键,可调用下一个命令。对调用的命令修改后,按回车键执行。

(4) 工作空间(Workspace)窗口

工作空间窗口显示当前各变量的名称、类型、数值等信息。双击变量可打开变量窗口,显示变量表,修改数据。右击变量,在弹出的快捷菜单中选择保存、复制、作图等命令可进行相应的操作。

(5) 命令历史(Command History)窗口

命令历史窗口可记录以往的所有命令,可以查阅,还可以双击再次执行所选命令。

(6) Apps 页

Apps 页包含按类分好的系统的各种 App,如"机器学习和深度学习""数学、统计和优化"等多种类别,每一类均包含多个 App,单击 App 即可打开相应的 App 用户界面,用户不用编写命令即可完成相应的计算分析。

(7) Plots 页

Plots 页可以对工作空间的变量进行作图和曲线拟合等处理。

2.3　MATLAB 的特点

MATLAB 既是计算机语言编程平台,又是计算处理软件平台。由于该平台集成了大量具有计算处理功能的函数库、工具箱、App 等,所以一般科技工作者甚至无需进行编程即可解决复杂的数学计算问题,如利用偏微分方程工具箱、统计及机器学习工具箱等进行相应操作。因此,MATLAB 不同于 C 语言等传统的计算机语言,它是一种数学计算工具。

对于材料工作者,用 MATLAB 解决数学问题时编程不是主要工作,根据实际需要了解调用什么函数,或是如何组织调用若干个函数来解决问题才是主要工作。因此,科技工作者只要了解常用的算法函数及其格式要求，加上传统计算机语言基础，即可使用 MATLAB 解决问题。MATLAB 与其他计算机语言的语法差异以及一些特殊技巧可参考相关的书籍，在此不做赘述。

MATLAB 除了具有良好的用户界面，功能丰富、强大，扩展性强等特点外，与其他计算机语言最大的不同点是变量的形态不同，以致与现有的计算机编程常识有很大的差异，使用时必须注意。MATLAB 变量的特点如下：

① 每个变量代表一个矩阵(数组)，可以有 $n \times m$ 个元素，变量及其维数无需事先定义；

② 变量矩阵的每一个元素都可以是复数；

③ 所有运算，包括算术运算及函数都对矩阵和复数有效。

变量的上述特点使得 MATLAB 在矩阵运算、数组运算和复数运算方面具有独特的优越性。

2.3.1 矩阵运算

在 MATLAB 中，变量默认是矩阵，这与传统计算机语言中的数组变量是完全不同的，但矩阵和二维数组的形式是一样的。计算时，传统计算机语言必须根据矩阵算法用循环语句对每一个元素进行计算，而在 MATLAB 中，矩阵运算变得和一般数值运算一样简单，而无需考虑矩阵算法。

设有矩阵 $\boldsymbol{A}$ 和 $\boldsymbol{B}$，求两矩阵的积 $\boldsymbol{C}$。根据矩阵乘法的算法，矩阵 $\boldsymbol{C}$ 的各个元素可由下式求得：

$$\boldsymbol{C}(i,j)=\sum_{k=1}^{p}\boldsymbol{A}(i,k) * \boldsymbol{B}(k,j)$$

用传统计算机语言计算时，要用循环语句依次实现计算积矩阵 $\boldsymbol{C}$ 的每一个元素；而在 MATLAB 中，矩阵乘法计算实现如下：

```
A=[8,1,6;3,5,7;4,9,2]; B=[8,1,6;4,9,2;3,5,7];      % A,B 均为 3*3 的矩阵
C=A*B                                              % 矩阵乘积的计算
```

运行结果：

```
C =
    86    47    92
    65    83    77
    74    95    56
```

这就是所谓的所有运算对矩阵变量有效。在 MATLAB 中，各变量默认是矩阵，因此，$\boldsymbol{A} * \boldsymbol{B}$ 意思是两个矩阵相乘，而不是两个数值(或数组)相乘。注意：上述矩阵(数组)变量 $\boldsymbol{A}$、$\boldsymbol{B}$ 的赋值方法，用“,”号区分同行元素，用“;”号区分行。

对于一般科技工作者，运用最多的矩阵运算就是求解线性方程组。如有线性方程组：

$$x_1+2x_2+3x_3=2$$
$$3x_1-5x_2+4x_3=0$$
$$7x_1+8x_2+9x_3=-2$$

一般线性方程组写成矩阵形式就是 $\boldsymbol{AX}=\boldsymbol{b}$，其中，$\boldsymbol{A}$ 是 $n \times n$ 的系数矩阵，$\boldsymbol{b}$ 是 $n \times 1$ 的常数列向量，在这个例子中 $n=3$。根据线性代数的知识，用 MATLAB 求解该方程组的写法是

$\boldsymbol{X}=\boldsymbol{A}\backslash\boldsymbol{b}$，获得该线性方程组的解 $\boldsymbol{X}$ 是 $n\times1$ 的列向量。该题的 MATLAB 写法是

```
A = [1,2,3;3, - 5,4;7,8,9];  b = [2;0; - 2];
X = A\b
```

运行结果：

```
X = - 1.9608
     - 0.0784
    1.3725
```

$\boldsymbol{X}$ 向量的 3 元素值就是 x_1, x_2, x_3 的解。注意：在矩阵计算中左除“\”和右除“/”是不同的。

2.3.2　数组运算

对于材料工作者，矩阵运算应用较少，而大量的数据处理是最常用的。如实验数据处理中经常要用同一个公式或者算法反复计算大量不同组别的数据，这就涉及数组运算。所谓数组运算，就是数组各对应元素间的运算。

数组运算在传统计算机语言中也有，数组主要体现在变量存储形式上，用一个变量名可以存入一组相关数据，但是，并不能直接对数组变量进行数学运算，要通过循环语句对数组变量的每一个元素进行反复运算来实现；而 MATLAB 中的数组运算则非常简便，可直接对数组变量进行数学运算、求函数值等操作，这是 MATLAB 的另一个特色。

例如，测试 100 个试样的三点弯曲抗弯强度，已知跨距 S，测量 100 个试样的宽 b、高 h 及试样断裂时的载荷 P。测量结果 b、h 和 P 变量都是 100×1 的数组，由该数据用同一个公式 $\sigma=\dfrac{3SP}{2bh^2}$ 计算 100 个试样的强度。根据传统计算机语言知识，这样的计算需要用 For - Next 循环语句计算出强度数组 σ 的 100 个值。而在 MATLAB 中，由于所有的运算对数组都是有效的，所以上述试样强度计算的写法是：赋值标量变量 S 和数组变量 b、h、P（100×1 的数组）之后，运行“σ=1.5 * S * P./(b.* h.^2)”，一步运算即可获得强度 σ 的 100 个值。注意：不用循环语句。

数组运算的含义是所有运算实施于相对应的元素，因此，计算式中除了常数和标量 S 之外，所有数组变量的维数都相等，如该例子中的 b、h 和 P 都是 100×1 的数组。可见，MATLAB 的数组运算大大简化了编程，提高了运算效率。因此，用 MATLAB 编程应尽可能利用该特点，不用或少用循环语句。

注意：由于 MATLAB 中变量被默认为矩阵，而不是数组，因此，数组运算时要特别声明。如算式“σ=1.5 * S * P./(b.* h.^2)”中出现了“./”“.*”“.^”这些在传统计算机语言中没有的算符，而在 MATLAB 中，这分别是数组算术运算“除”“乘”“次方”的算符。“加”和“减”的运算，对于矩阵和数组来说没有区别，但是对于乘、除、次方运算，矩阵运算与数组运算的含义则不同，必须加以区别。因此，在 MATLAB 中，用“*”、“/”、“\”和“^”分别代表矩阵的乘法、右除、左除和次方运算；而在各运算符之前加“.”作为数组的乘、除和次方运算。常数和标量对数组及矩阵的运算都是对每个元素的运算，是一样的，所以，常数和标量后的运算符可以不加“.”。多数情况下，材料工作者都是进行数组运算的，所以最好养成在乘、除和次方运算符号前

加“.”的习惯。

除了数组之间的加减乘除算数运算外，所有函数运算对数组也是有效的。如 Y=sin(X)，在 MATLAB 中是对 X 的每一个元素求其函数值，计算结果 Y 不是一个数值，而是与 X 同维的数组，其他复杂的函数计算都是如此。

2.3.3 复数运算

除了上述矩阵和数组特性之外，MATLAB 变量的元素还可以是复数，且所有运算及函数对其也都有效。这个特点使得复数运算变得非常简单，不用考虑复数运算算法，只要将变量赋值一个（或是一组）复数，然后按照所要计算的公式直接书写，按回车键即可得到复数计算结果。

复数矩阵变量的产生方法：先分别对复数的实部和虚部矩阵 $\boldsymbol{A}$ 和 $\boldsymbol{B}$ 赋值，然后，令“$X=\boldsymbol{A}+\boldsymbol{B}*\mathrm{i}$”。MATLAB 中，i 默认为虚数单位常数。

材料学中，有关材料电磁特性的计算常常需要复数运算。例如，多层吸波材料电磁波反射率计算公式中有如下递推公式：

$$Z_n=\frac{Z_{n-1}+\eta_n\tanh(k_n d_n)}{\eta_n+Z_{n-1}\tanh(k_n d_n)}\eta_n$$

$$k_n=\mathrm{i}\omega\sqrt{\mu'_n\varepsilon'_n}/c$$

$$\eta_n=\sqrt{\frac{\mu'_n-i\mu''_n}{\varepsilon'_n-i\varepsilon''_n}}$$

其中，k 和 η 是与材料介电常数 ε 和磁导率 μ 有关的量，而介电常数和磁导率都是包括实部和虚部的复数。上述递推公式中包含了复数的加减乘除算术运算，以及复数的开方、正切双曲函数。由于，MATLAB 的所有运算对复数变量都有效，所以，上述递推公式直接计算即可，无需考虑复数的计算方法。MATLAB 的具体写法如下：

```
k(n) = i. * ω. * sqrt( μ1(n). * ε1(n))./c;
η(n)  =  sqrt((η1(n) - i. *  η2(n))./( ε1(n) - i. *  ε2(n)));
Z(n) = (Z(n - 1) + η(n). * tanh(k(n). * d(n))./(η(n) +  Z(n - 1). * tanh(k(n). * d(n)). *  η(n);
```

材料的介电常数和磁导率都是电磁波频率的函数，所以，变量 ε、μ 都可以是各频率下的值，即数组。因此，式中乘、除符号“*”“/”前要加“.”，表示数组乘、除运算。上述各命令的计算结果变量是与变量 ε、μ 同维的数组。

由上述实例可以看出，无论是矩阵计算、数组计算还是复数计算，由于 MATLAB 变量的特性都变得非常简单，几乎只要按照公式形式书写即可，不用考虑算法，大量的数据计算甚至不用循环语句，一行命令就可解决。一行命令的计算结果也不是一个数值，而是数组（或矩阵），而且计算过程不用循环语句。

2.4 M 文件

MATLAB 是不用编译便可执行的计算机语言，在命令窗口中输入算式，然后按回车键即可获得计算结果。另外，MATLAB 也可以像传统计算机语言一样编写程序文本，并以扩展名为.m 的文件形式进行保存，这就是所谓的 M 文件。M 文件与 C 语言一样，也分程序型文件(script file)和函数型文件(function file)，程序可以有输入变量，但没有计算结果返回值。函数可以有输入变量及计算结果返回值。M 文件的文件名成为程序名或函数名后，可以在 MATLAB 命令窗口中直接调用，也可以被其他程序或函数调用。

M 文件的主要注意事项：

① 存放自编的 M 文件的文件夹要加入到 MATLAB 的搜索路径中，否则，MATLAB 无法找到该 M 文件。在工具栏中单击 Set Path 以添加文件夹路径。

② 函数 M 文件要在第一行声明：function y＝funcname(x)，其中，y 为计算返回变量，可为矩阵；funcname 为自定义函数名，注意函数名必须与保存时的 M 文件名一致；x 为输入变量，可以多个，同样每个输入变量均可为矩阵。在工具栏 New 下添加 Function，可打开具有函数模板的编辑窗口，对输出量、函数名、输入量进行修改，添加函数内容表述。编写结束后保存即可。

③ 除非用 global 声明，M 文件内的变量均为局部变量，该文件运行结束后，所有局部变量都不保存在工作空间 M。

④ M 文件前几行一般用%字符开始，对该 M 文件进行注释，有助于他人使用。输入“help mfilename”命令后，系统会显示出这几行注释。

关于 MATLAB 语言语法形式等细节，在此不做介绍，请参见 MATLAB 相关的参考书。

2.5 作图功能

MATLAB 具备非常强大、便捷的作图系统，其不仅具备常用的根据所给数据在屏幕上绘出图形的功能，还具备直接绘出已知函数图形的功能。另外，作图的形式也非常丰富，包括二维直角坐标的线性、双对数、单对数、双纵坐标、极坐标、三维线图、表面、网格、等高线、矢量图等。绘出的图在作图窗口中还可以任意调节视角、输出、保存、复制、粘贴等操作。这些强大的作图功能是 MATLAB 的另一个特色，很好地利用这些功能不仅能提供数据的一种表现形式，而且对数据的进一步处理以及挖掘也非常有帮助。关于 MATLAB 的全部作图功能请参见 MATLAB 的帮助窗口，本节主要介绍材料研究中常用的一些功能。

2.5.1 二维曲线

plot(x,y)用于对离散数据点作图。其中，$\boldsymbol{x}$ 为从小到大依次排列的横坐标数据，是向量；$\boldsymbol{y}$ 为与 $\boldsymbol{x}$ 对应的纵坐标数据，可以是与 $\boldsymbol{x}$ 同大小的向量，也可以是 $n\times m$ 维矩阵；$\boldsymbol{x}$ 与 $\boldsymbol{y}$ 的行数相等。该函数将二维数据点[$\boldsymbol{x}(i)$, $\boldsymbol{y}(i)$]依次连接成线，如果 $\boldsymbol{y}$ 是 m 列矩阵，则自动用 m 种颜色画出 m 条折线。该条件下，各纵坐标数据对应的横坐标数据分别相同。如果 m 组数据 $\boldsymbol{y}$ 的 $\boldsymbol{x}$ 值不相等，则可用下列形式：

```
plot(x1, y1,'d1', x2, y2,'d2', …)
```

其中，(x1,y1)，(x2,y2)分别代表各组的数据；d1，d2 为字符串，可包含三部分标识符，分别代表线型、颜色和点型(注：在 MATLAB 中单引号“' '”表示其中字母等为字符串)。如 plot(x,y,'-.r*')，表示用红色('r')的 * 作为数据点，数据点之间的连线为点画线('-.')。常用标识符如表 2.1 所列。如果没有线型只有点型标识符,则只在图上标点,而不连线;如果有线型而没有点型,则只画线不标点。

表 2.1 线型、颜色和点型的标识符

线　型	标识符	颜　色	标识符	点　型	标识符
实线	'-'	黄	'y'	点	'.'
虚线	'--'	品红	'm'	圆圈	'o'
点画线	'-.'	青	'c'	加号	'+'
点线	':'	红	'r'	星号	'*'
		绿	'g'	×号	'x'
		蓝	'b'	方框	's'
		白	'w'	菱形	'd'
		黑	'k'	上三角	'^'
				下三角	'v'
				左三角	'<'

另外,plotyy、loglog、semilogx、semilogy 分别为双纵坐标图、双对数坐标图、单横坐标对数图、单纵坐标对数图的函数,其相关参数与 plot 相似,只是双纵坐标图要有相应的 y2 数据。

2.5.2 三维作图

1. 三维线图

(1) 三维轨迹图

三维线图和二维作图一样,将三维离散数据(***X***,***Y***,***Z***)的各点依次用直线相连,这时离散数据变量都是同大小的向量。这样的数据连线顺序不是按照三维空间变量值的大小,而是按照向量元素的先后。元素序号可以看成是一个独立变量,如时间。因此,该三维线图可以用于描述物体在三维空间的运动轨迹。例如,一物体做螺旋运动,程序如下:

```
t = 0:pi/50:10 * pi;                 % 时间变量
X = sin(t); Y = cos(t);Z = t;        % 空间坐标
plot3(X,Y,Z)                         % 轨迹作图
```

程序运行结果如图 2.2 所示。

(2) 三维网格数据线图

三维离散数据(***X***,***Y***,***Z***)还可以用另一种形式记述,***X***,***Y*** 是自变量(可以是空间坐标,也可以是广义的影响因素),自变量平面可以按要求划分成一定的网格,变量 ***X***,***Y*** 用 $m \times n$ 维矩阵的形式记述网格节点坐标,***Z*** 则是各网格节点的因变量值,***Z*** 是与 ***X***,***Y*** 同维的矩阵。

自变量网格矩阵变量 ***X***,***Y*** 可以用 meshgrid 函数获得,设 xm 和 ym 分别为两个自变量划分节点坐标向量,即

```
[X,Y] = meshgrid(xm,ym);
```

计算返回值 ***X*** 的每行都是一样的网格节点 xm 坐标值,同样,***Y*** 的每列都是一样的网格节

点 ym 坐标值。

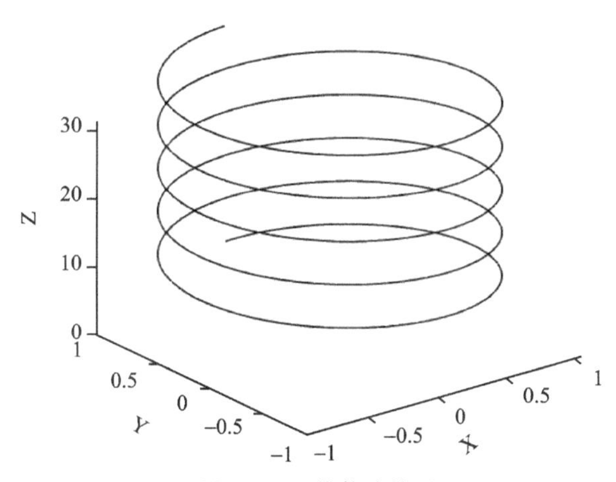

图 2.2　三维轨迹线图

例：

```
xm = [0, 1, 2, 3, 5, 7];                  % 按特定值划分 x 轴
ym =  - 8:0.5:8;                          % 按特定间距划分 y 轴
[X,Y] = meshgrid(xm,ym);                  % 自变量网格划分
c = sqrt(X.^2 + Y.^2) + eps;              % 中间变量计算，+ eps 可避免下式中分母为零
Z = sin(c)./c;                            % 网格节点上的因变量计算
plot3(X, Y, Z)                            % 三维线图作图
```

程序运行结果如图 2.3 所示。

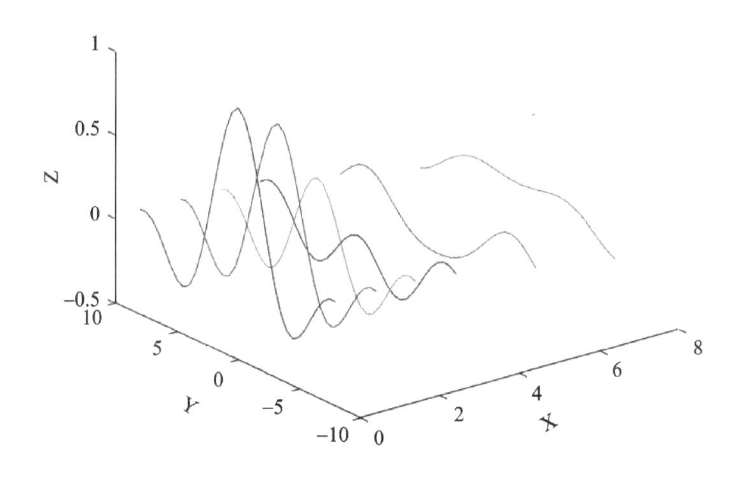

图 2.3　网格数据三维线图

该结果表明网格数据三维线图是沿网格各 ***X*** 节点，作 ***Y***－***Z*** 线图。这在 2 因素实验数据做叠加曲线时非常有用。

2. 三维曲面图

对于三维网格数据(***X***,***Y***,***Z***)，用各矩阵数据构成的三维空间的四边形小网格或小平面绘制三维曲面，绘制函数分别为 mesh 和 surf。

例：

```
[X,Y] = meshgrid([ - 8:0.5:8]);
R = sqrt(X. * X + Y. * Y);
Z = sin(R)./(R + eps)
mesh(X, Y, Z)或 surf(X, Y, Z)
```

其结果分别如图 2.4 和图 2.5 所示，可见，mesh 3D 的曲面结果是空心网格，而 surf 3D 曲面是由不透明的小平面构成的。

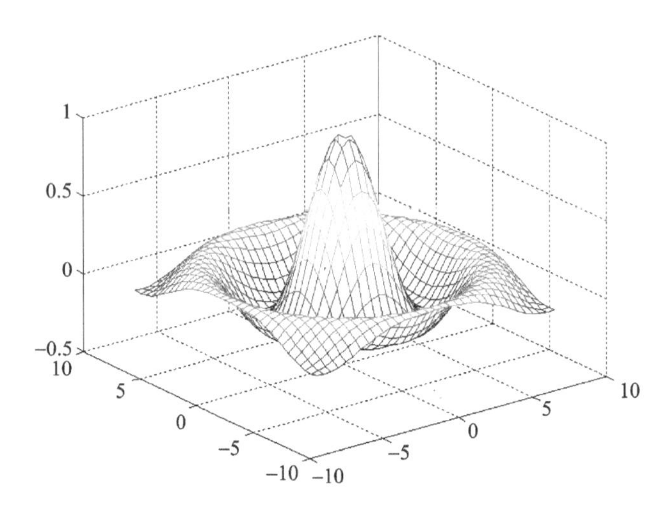

图 2.4　mesh 3D 曲面效果图

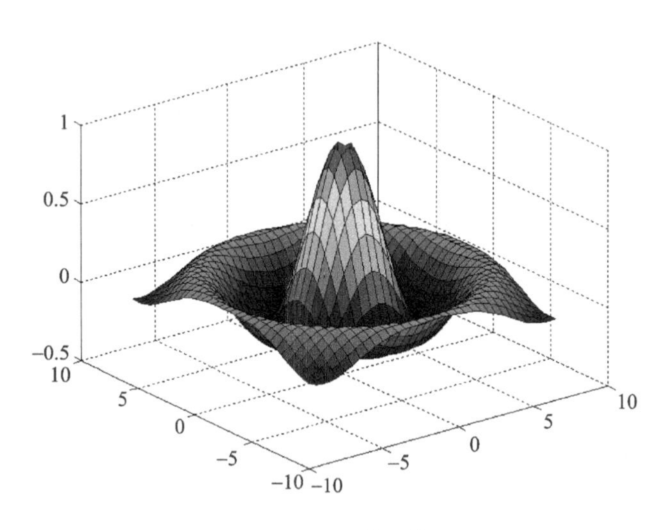

图 2.5　surf 3D 曲面效果图

当 mesh 和 surf 只有三维坐标数据时，图中线或面的颜色与 Z 的高度值相对应，如果还有四维变量 W（如梯度等，W＝gradient(Z)），则 surf(X, Y, Z, W)可用 colorbar 作图，即第四维数据用颜色表示（colorbar 显示颜色坐标），如图 2.6 所示。

另外，用三维网格数据还可以绘制曲面与等高线的组合图（meshc，surfc）等诸多功能，详情请参考 3D 作图帮助。

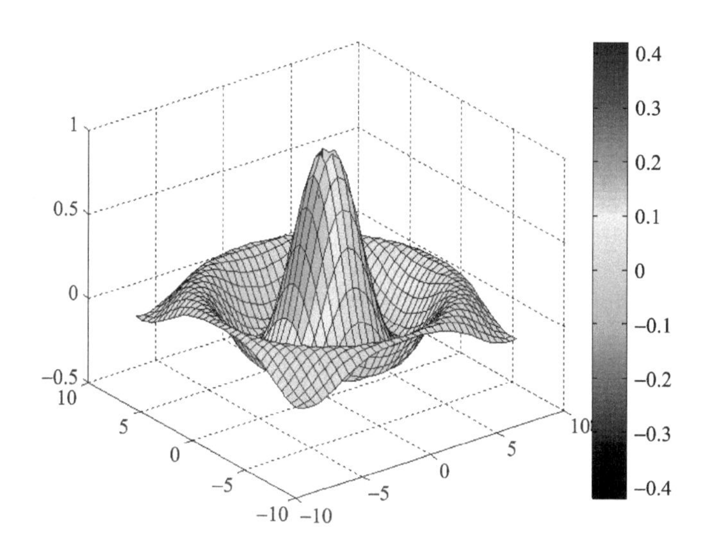

图 2.6　四维数据作图

2.5.3　三维离散数据的曲面作图

上述三维作图的条件是 2 个自变量要取网格数据，2 个自变量的形式有特殊要求，都是矩阵，所有网格节点上的因变量的值必须已知（在已知双变量函数的情况下，直接代入网格数据计算，如 2.5.2 小节所述）。而对于材料工作者经常要处理的是 2 因素对材料性能影响的实验数据，而这些实验数据都是一些三维离散的点。影响因素按网格点取值做实验，这样会使实验量过大。但是，在函数关系未知的情况下（材料研究大多数情况都是如此），如果实验数据太少，则在三维空间很难画出漂亮的曲面。例如，如果用 plot3 直接对离散三维数组（X，Y，V）作图，则效果如图 2.7 中的圆点所示，由于圆点之间没有数据，所以无法画出曲面效果。这就需要在稀疏的离散数据之间挖掘出更多的数据。在未知函数关系条件下获得已知离散数据之间数据的方法就是插值计算，关于插值计算请参见 3.2 节。因此，三维离散数据作曲面图要结合三维插值计算，如对双自变量（X，Y）、一个因变量（V）的离散实验数据进行作图，可利用网格插值函数对获得的离散三维数组（X，Y，V）进行网格插值，获得插值数组（Xq，Yq，Vq），再利用 mesh 和 plot3 进行作图。例如，已知 200 组三维离散数据（X，Y，V），已知 X，Y 的范围为［−2，2］，绘制其三维曲面及其各离散数据点，过程如下：

```
plot3(x,y,v,'o');                        % 用点 o 画出离散实验数据
hold on                                  % 保持现图形窗口，用以继续画图
[xq,yq] = meshgrid( - 2:.2:2, - 2:.2:2);      % 对 XY 平面进行网格划分，并获取各点坐标
vq = griddata(x,y,v,xq,yq);              % 对已知数据(X,Y,V)进行三维插值，计算网格(Xq,Yq)对应的 Vq 值
                                         % 参见 3.2.2 小节
mesh(xq,yq,vq);                          % 用插值数据画出过实验离散数据点的曲面
```

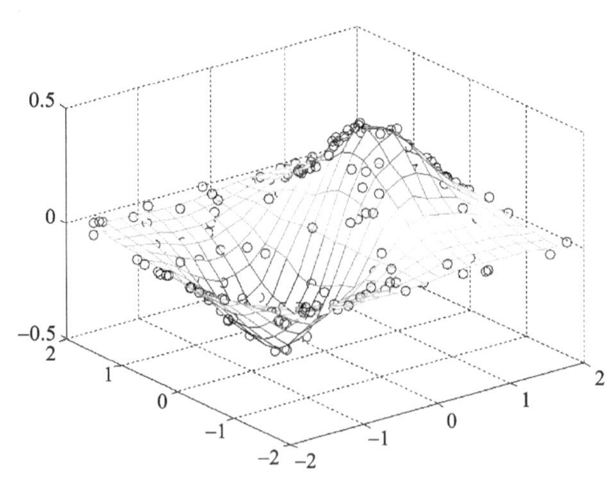

图 2.7　三维离散数据的曲面作图

2.5.4　函数的直接作图

以上是对数据作图，MATLAB 还可以直接对已知函数作图，无需先计算出具体的坐标数据。所谓已知函数，其可以是简单函数表达式，也可以是自编的函数 M 文件；可以是 $y=f(x)$ 的显函数，也可以是 $F(x,y)=0$ 的隐函数。函数的直接作图便于我们简便地了解函数的形态。

例如，双曲正切函数 $y=\tanh(x)$，对该函数在区间[−2, 2]上作图，程序如下：

```
fplot('tanh(x)',[-2 2]);                % 必须给出自变量的区间
```

或

```
ezplot('tanh(x)');                      % 可以省略区间，默认是[-2π,2π]
```

对于隐函数 $x^2-y^4=0$ 作图，程序如下：

```
ezplot('x^2 - y^4')
```

程序运行结果如图 2.8 所示。

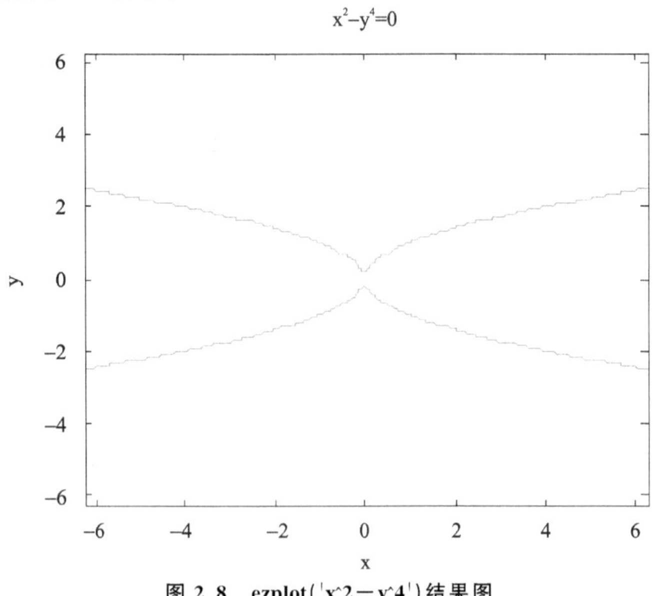

图 2.8　ezplot('x^2−y^4')结果图

对于自建函数 M 文件的情况，隐函数 $x^k-y^k-1=0$，其中 k 为参数，先建立 $z=x^k-y^k-1$ 的函数 M 文件：

```
function z = myfun(x,y,k)
z = x.^k - y.^k - 1;
```

如作 $k=2$ 时 $x^2-y^2-1=0$ 的图，则程序如下：

```
ezplot(@(x,y)myfun(x,y,2))
```

程序运行结果如图 2.9 所示。

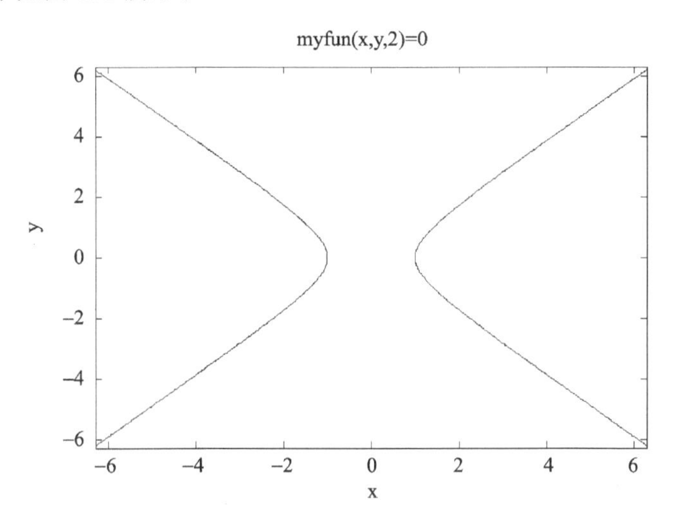

图 2.9　$x^2-y^2-1=0$ 的 ezplot 结果图

2.6　符号运算

MATLAB 除了具有强大的数值计算和作图功能之外，还有 MuPAD 符号运算引擎、符号数学工具箱（symbolic math toolbox），可以进行符号运算，主要用于算式简化、方程求解、求导、积分、级数、极限、函数变换等符号解析演算和变精度计算。对于材料研究者，符号运算的运用不是很多，但是，在对无穷级数求和或者对数学模型的解析式推导等时有时会用到，所以了解 MATLAB 的符号运算是有必要的。

一般数学表达式主要包括数学函数（sin、log 等）、算符（+、−、*、/、= 等）、变量（x、y、z 等）和参数（a、b、n 等），这里首先介绍 MATLAB 中符号变量及符号表达式的创建。注意：在 MATLAB 符号环境下，常说的变量和参数都叫作基本符号变量，创建形式相同。在函数求解、微积分等操作时要指定待解符号变量（或称自由符号变量），不做指定则默认为 x。其他符号变量为符号参数。

1. 基本符号变量的定义

基本符号变量的定义如下：

```
para = sym('para')          % 定义复数域上的单个符号变量
syms a b x y                % 定义复数域上的多个符号变量
```

2. 符号表达式的创建

例如，欲创建 $a+e^{bx}\sin(cy)$ 的数学表达式，程序如下：

```
g = sym('a + exp(b * x) * sin(c * y)')      % 仅创建字符变量 g 代表的符号表达式
```
或者
```
syms a b c x y                              % 先创建基本符号变量
g = a + exp(b * x) * sin(c * y)             % 再创建表达式的符号变量，注意此时不用''
```

3. 符号函数的创建

(1) 抽象符号函数的创建

抽象符号函数的创建如下：

```
syms f(x,y)     % 在复数域定义符号变量 x,y 为自变量的抽象函数
```

(2) 基本符号函数的创建

```
syms a b c x y                              % 先创建基本符号变量
f = a + exp(b * x) * sin(c * y)             % 再创建基本符号函数
```

4. 符号运算

对已定义好的符号表达式、函数、方程可以调用符号运算函数进行各种运算，如对以上定义的符号表达式 f 进行求导，程序如下：

```
dfdx = diff(g)                              % 对符号表达式 g 的默认自变量 x 求导
dfdx = b * exp(b * x) * sin(c * y)
dfdy = diff(g,y)                            % 对符号表达式 g 的指定自变量 y 求导
dfdy = c * exp(b * x) * cos(c * y)
```

符号运算除了可以对符号表达式等进行上述数学处理外，还可以通过符号运算简化数值计算过程，避免大量的数值计算导致计算误差累计，提高计算精度。最典型的例子就是无穷级数的求和问题，例如求下列级数的和：

$$y=\sum_{k=1}^{\infty}\frac{1}{k^2}$$

MATLAB 的命令如下：

```
syms k                          % 定义符号变量 k
y = symsum(1/k^2, 1, Inf);      % 用符号求和函数 symsum 对 1/k^2 从 k = 1 到 Inf(无穷)求和
y = pi^2/6                      % 字符运算结果
```

符号运算的结果是字符，可用函数 eval 将字符运算结果转化为双精度数值，命令如下：

```
y = eval(y)
y = 1.6449
```

再举一个稍微复杂的例子，即

$$y=\sum_{k=0}^{\infty}\frac{1}{2k+1}e^{-(2k+1)}\cos\left(\frac{2k+1}{4}\pi\right)$$

程序如下：

```
syms k
y = symsum(1/(2k + 1) * exp( - (2 * k + 1)) * cos((2 * k + 1)/4 * pi, 0, Inf);
```

符号运算结果：

```
y = (2^(1/2) * exp( - 1) * atan((exp( - 2) * exp( - (pi * i)/2))^(1/2) * i)
```

将字符结果转化为双精度数值结果，即

```
y = eval(y)
ans = 0.2475
```

由这个例子可以看出，符号运算的结果会很复杂，有时甚至得不到解析解。在材料研究中可能会遇到一些复杂的级数求和的问题，如扩散微分方程的解可能就是包含无穷级数和的项，非常复杂。在表面浓度恒定的薄片试样内的扩散过程，t 时刻 x 处的浓度 C 及 t 时刻的扩散量 M_t 的表达式如下：

$$C = C_1\left[1 - \frac{4}{\pi}\sum_{n=0}^{\infty}\frac{(-1)^n}{2n+1}e^{-D(2n+1)^2\pi^2 t/4l^2}\cos\frac{(2n+1)\pi x}{2l}\right]$$

$$M_t = M_{\infty}\left[1 - \sum_{n=0}^{\infty}\frac{8}{(2n+1)^2\pi^2}e^{-D(2n+1)^2\pi^2 t/4l^2}\right]$$

对于如此复杂的无穷级数求和，采用符号运算进行计算的可能性不大，还是要通过常规的循环语句进行数值运算。但是，无限累加是不可能的。对于收敛的无穷级数，当 n 足够大时，其级数项的值必趋于零，因此，累加至一定的精度后即可截止。

关于其他符号运算，可参考 MATLAB 帮助或相关书籍。

2.7　小　结

MATLAB 不是简单的高级计算机语言，而是强大的数学工具。在数值计算方面，MATLAB 的变量可以是复数矩阵，而且所有的数学运算和数学函数对该变量均有效，这使得复杂的科学计算变得非常简单。另外，MATLAB 还具有强大的作图功能，甚至还可以进行符号运算，进行解析式推导、运算等。除此之外，MATLAB 及其相关工具箱还可以进行控制、图像处理等。因此，MATLAB 是功能强大且应用极广的计算机应用平台。

通过后续章节的介绍，我们还会知道该平台提供了大量的、几乎所有数学算法的函数库，这使得我们可以通过简单的调用即可解决问题，而不是要先知道解决问题的过程和算法，再利用计算机语言进行编程来解决问题。也就是说，我们已经不需要担心如何计算，只需要知道想算什么即可。

由于 MATLAB 的功能过于强大，涉及领域过宽，所以完全掌握是非常困难的，也是没有必要的。只要掌握本章所介绍的 MATLAB 的特点和基本功能，应用时根据具体问题，参照后续章节内容以及 MATLAB 强大的帮助系统，就可以用该平台解决问题。

有了如此强大的计算工具后，材料工作者对实验数据就可以不是简单的数据处理了，而是可以进行深度挖掘了，且实现起来又非常简单；另外，在面对大量的复杂数学公式时，已不用再担心如何求解计算的问题，我们可以大胆地思考材料表象后面的本质问题，而相应的理论公式等复杂数学问题已不再是我们进行深层次探讨的障碍。

习　题

2.1　在命令窗口采用直接输入法产生行向量、列向量、矩阵变量，如 **A**＝[8,1,6;3,5,7;4,9,2]。

2.2　在命令窗口产生等间隔数值向量，如 ***x***＝1:0.5:4 等，产生不同间隔，由小到大、由大到小的向量。

2.3　在命令窗口产生特殊矩阵：零矩阵 zeros(3,4)、幺矩阵 ones(3,3)、单位矩阵 eye(4,4)、随机矩阵 rand(3,4)。

2.4　在命令窗口产生矩阵变量后，在 Workspace 窗口打开变量，并对变量的元素进行修改、保存、打开等操作。

2.5　在命令窗口产生复数矩阵，如："$x=A+B$ * i"。

2.6　在命令窗口随意产生矩阵 **A** 和 **B**，然后进行矩阵加减乘除运算。

2.7　在命令窗口随意产生二维数组 **A** 和 **B**，然后进行加、减、乘、除，以及三角函数、对数等函数运算。

2.8　将 2.7 题的计算过程写成 M 文件，保存为 test1.m，并在命令窗口执行 test1 命令。

2.9　建立三点抗弯强度计算函数 BT.m 文件，"T=1.5 * S. * P./b./h.^2"，输入参量为跨距 S、断裂载荷 P、试样宽度 b 和试样高度 h，并在命令窗口任意产生 5 个试样的各变量数据向量，并调用 y=BT(S,P,b,h)函数计算试样抗弯强度值。

2.10　产生任意一组数据(***X***,***Y***)，***X***,***Y*** 均为 $n\times1$ 维向量，用 plot(X,Y)画出二维图。

2.11　产生二维自变量(X,Y)的网格数据，计算某个函数 $Z=f(X,Y)$，并画出三维曲面图。

第3章 数值分析基础与材料研究

3.1 数值分析简介

数值分析(numerical analysis)是研究分析用计算机求解数学计算问题的数值计算方法及其理论的学科,主要是用计算机解决插值、函数逼近、曲线拟合、积分、微分、方程组求解及微分方程等数学问题。这是一门独立的数学课程,这里并不对各算法进行系统的论述,主要是介绍各方法在材料研究中的应用,通过介绍材料研究中常遇到的数据处理及数学问题,来介绍如何使用 MATLAB 平台来解决问题。

材料研究中观察到的现象必然有其内在机制,有其物理模型,而定量描述该物理模型必有相应的数学模型。所谓数学模型,就是数学函数或者方程,其数学形式可以是简单的,也可以是复杂的,可以是代数方程,也可以是微分方程。无论其形式如何,我们都要能够简便地求解、分析和计算。但是对于材料学科的人来说,这些数学过程有时是非常困难的,其所掌握的解析求解的数学方法有时是无法解决问题的,而且有些问题可能根本就没有解析解。因此,在材料研究中,数学的应用往往要借助计算机来实现,所以我们要掌握用计算机解决数学问题的方法。计算机在数学领域的应用主要是数值计算,而不是解析推导。

另外,我们对材料或现象的观测往往是非连续的离散数据,如何将这些离散数据与内在的物理数学模型建立联系,或是用离散数据建立数学模型,都属于数值分析的范畴。

数值分析就是使用计算机解决上述复杂数学问题,然而,实际上计算机只能进行简单的数值计算,并不会积分、微分、解方程等。因此,要想让计算机处理复杂的数学问题首先就要有相应的高效、误差小的近似算法,而通过简单的计算来处理复杂的数学问题就是数值分析的内容。有了算法后,通过计算机语言编程就可实现用计算机解决复杂的数学问题。随着计算机技术的发展,MATLAB 等科学计算平台已将数值分析的各算法建成相应函数(M 文件),使用该平台已不用像 C 语言那样根据算法进行烦琐的编程来求解数学问题了,而是只要知道如何调用相应函数即可。因此,本章主要介绍各数值分析方法与 MATLAB 的实现,以及其在材料研究中的应用。

3.2 插　值

插值(interpolation),就是在离散数据的基础上补插连续函数,使得这条连续曲线经过全部给定的离散数据点。插值是离散函数逼近的重要方法,利用它可通过函数在有限个点处的取值状况,估算出函数在其他点处的近似值。

例如,已知一组自变量和因变量的离散数据,但不知其关系的数学函数形式(如购买热电偶等传感器时会有电压与温度关系的数据表),如果想要知道除了已知离散点之外的任意一点的自变量或因变量的值,就需要从已知离散数据建立自变量与因变量的函数关系。这种建立函数关系的方法主要有两大类:一是假设某一函数形式,如多项式等,采用最小二乘法等方法拟合出该函数的参数，如多项式的各项系数。这一过程就是曲线拟合，将在 3.3 节介绍。二是建立某种函数，而该函数必须经过已知离散数据点，这种函数建立过程就是插值。插值与拟合的区别是：函数是否一定经过已知离散数据点。对于一般的实验数据，往往包含诸多不确定性因素，而且通常是多次测试的平均值，因此不把这样的数据作为真值，这时，函数的建立多采用拟合的方法；而对于传感器等参数数据则应该认为是标准值，其函数必须经过厂家提供的数据点，这就要用插值方法来建立函数关系。

插值方法主要有两类：全域插值和分段插值。一般来说，全域插值是用一个函数（包括函数形式及其参数）经过所有已知数据点，如数值分析中介绍的拉格朗日（Lagrange）插值和埃尔米特（Hermite）插值等。全域插值的基本函数形式是 n 次多项式，该多项式函数经过所有数据点，对于埃尔米特插值来说，该函数在各点处的导数值也要与已知数据相等。

例如，已知 n 个数据点 (x_k, y_k)，$k=1,2,\cdots,n$，则拉格朗日插值函数为

$$P(x)=\sum_{k}\left(\prod_{j\neq k}\frac{x-x_j}{x_k-x_j}\right)y_k$$

该函数显然经过所有已知数据点，另外，式中含自变量 x 除 $j=k$ 之外的连乘，也就是说，这种插值函数是 $(n-1)$ 次多项式。因此，该方法对于数据点较少、间隔适当的数据插值较为适合；而对于数据点较多的情况，高次多项式虽然拟合误差还是为零，但是插值预测精度反而会降低。因此，该方法实际应用的并不多。

另一类插值方法是分段插值，就是根据已知数据将插值范围分成 n 段，每一段内均有一个对应的函数进行插值。这一过程就像常用的查函数表。表 3.1 所列是 B 型热电偶温度与电压之间的关系表，表中给出了 1 600 ℃以上每间隔 1 ℃的电压值，在表中查出任意温度的电压值的过程就是分段插值过程。如查 1 601.4 ℃的电压值，首先要找到插值点所处的温度段，即温度在 1 601～1 602 ℃，电压在 11.275～11.286 mV；然后根据某个插值函数计算该区间的温度，最常用的方法就是线性函数，故 1 601.4℃的电压值为

$$11.275+(11.286-11.275)/(1\,602-1\,601)\times(1\,601.4-1\,601)=11.279\ (\text{mV})$$

表 3.1　B 型热电偶温度与电压之间的关系表

电压/mV \ 温度的个位数据 \ 温度十位以上的数据	0	1	2	3	4	5	6	7	8	9
1 600	11.263	11.275	11.286	11.298	11.31	11.321	11.333	11.345	11.357	11.368
1 610	11.38	11.392	11.403	11.415	11.427	11.438	11.45	11.462	11.474	11.485
1 620	11.497	11.509	11.52	11.532	11.544	11.555	11.567	11.579	11.591	11.602
1 630	11.614	11.626	11.637	11.649	11.661	11.673	11.684	11.696	11.708	11.719
1 640	11.731	11.743	11.754	11.766	11.778	11.79	11.801	11.813	11.825	11.836
1 650	11.848	11.86	11.871	11.883	11.895	11.907	11.918	11.93	11.942	11.953

一元函数的分段线性插值就是将二维坐标系中的离散点依次用直线连接，形成折线，也就是说，对于 n 个数据点，全域可分成 $n-1$ 段，每个分段的两段数据都是已知的，用两点法即可获得各分段的线性方程。该方法精度较低，且在数据点处的导数不连续。解决该问题的方法

是三次样条插值方法。三次样条插值方法在各区间采用三次多项式函数，并且要求在连接点上二阶导数连续。因此，除了分段函数经过已知点的条件外，还有导数连续的条件，利用该算法可获得分段三次多项式函数。所谓样条，出自早期的工程制图，是为了画出经过若干个点的圆滑曲线所使用的富有弹性的细长条尺。

利用三次样条插值方法不仅可以插值计算出离散数据点之间任意一点的数据，还可以画出经过所有离散数据点平滑的曲线（对于多维数据则是曲面），这对数据处理及分析具有重要的作用。

在 MATLAB 中已将各种插值算法编成 M 函数，我们只需调用相应函数，而无需考虑具体算法和插值函数的具体形式。下面就分别介绍 MATLAB 中的插值函数及其调用形式。

3.2.1　一维数据插值的 MATLAB 函数

如前文所述，MATLAB 中的插值方法主要是分段插值。关于 MATLAB 算法，本教材都不做介绍，只说明相关算法的使用、函数形式及其参数含义。

一维插值的 MATLAB 函数是 interp1，注意，这里所说的维数是指自变量的个数。已知二维数据集$(\boldsymbol{x}_0, \boldsymbol{y}_0)$，$\boldsymbol{x}_0$，$\boldsymbol{y}_0$ 分别为自变量和相应的因变量数据，$\boldsymbol{x}_0$ 和 $\boldsymbol{y}_0$ 的维度相同，一般均为 $1\times n$ 维向量；x_i 为要进行插值计算的自变量值，可以是标量，也可以是 $1\times n_i$ 维向量，进行插值运算的形式是

```
y = interp1(x0,y0, x, 'method')
```

该函数的计算结果中 $\boldsymbol{y}$ 与 $\boldsymbol{x}$ 同维；method 是指定插值方法，可选以下几种：

nearest：最邻近插值，即 $\boldsymbol{x}$ 在所在分段区域中，靠近左端时 $\boldsymbol{y}$ 取左端所对应的 $\boldsymbol{y}_0$ 值，反之亦然。

linear：线性插值（默认）；

spline：三次样条插值。

例 3.1　利用表 3.1 所列的热电偶数据，画出电压-温度关系曲线。

解：MATLAB 程序如下：

```
T0 = 1600:10:1650;                  % 输入标准温度及电压数据 T0,v0
v0 = [11.263,11.38,11.497,11.614,11.731,11.848];
v = 11:0.001:12;                    % 产生较密的插值电压值 v
T = interp1(v0,T0,v,'spline');% 调用三次样条插值函数，计算插值温度
plot(v0,T0,'o',v,T)                 % 用 o 画标准数据点，用直线连接插值结果
```

图形输出结果如图 3.1 所示。该结果表明用了表 3.1 中的 6 个数据，采用三次样条插值不仅可以很好地在已知数据范围内进行插值计算，还可以预测出标准数据范围(1 600,1 650)之外的关系，也就是说，三次样条插值可以进行数据的外推预测（其他方法不可）。但是，插值方法的外推精度与函数的非线性度有关，非线性度越高，外推的可信度越差。因此，外推结果需要验证。如用表 3.1 中温度为 1 659 ℃时所对应的 11.953 mV 电压值进行验证：

```
Ti = interp1(v0,T0,11.953,'spline')
Ti = 1659.0
```

结果表明，对于线性度较高的模型，其外推精度很高。

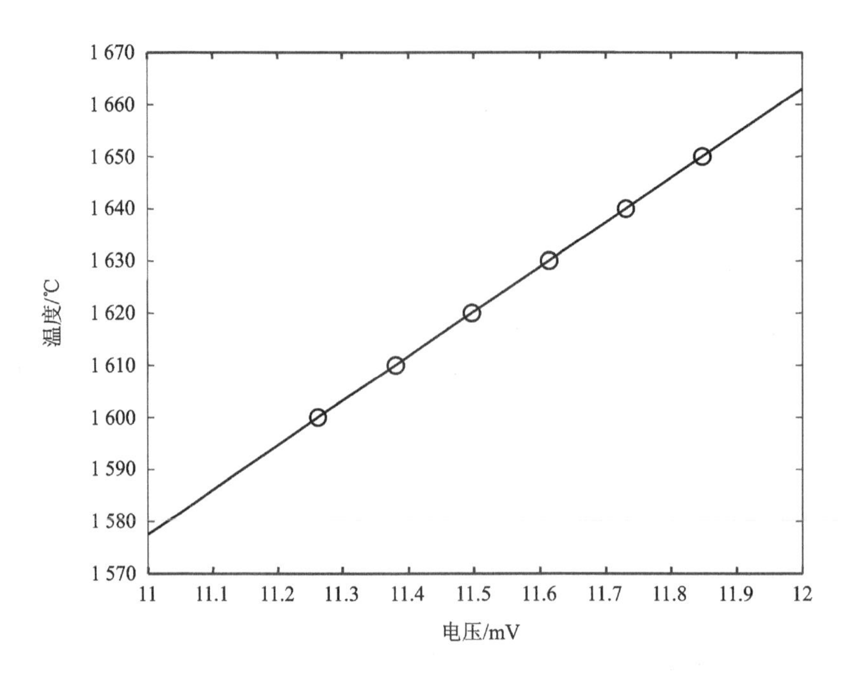

图 3.1　二维离散数据及三次样条插值结果图

该例还表明,插值并不需要事先设定函数的形式,用三次函数的三次样条法根据已知数据的关系就可以获得线性度很高的插值结果。

由该例可以看出,在 MATLAB 平台上,插值函数 interp1 既有算法程序的属性,又有结果函数的属性,调用该函数对已知数据集(x_0,y_0)用所选算法进行插值分析时,并不输出各段插值函数及其参数。插值函数 interp1 可以直接计算插值点 x_i 的插值结果。这和一般的函数求值形式一样,如 $y=\sin(x)$,只是函数要求多一些参数,如 x_0,y_0,spline 等。

3.2.2　多维网格数据插值的 MATLAB 函数

对于多维空间的数据点用多维坐标值表示,如三维空间用坐标值(x,y,z)表示。对于 m 个数据点,坐标变量均为 $m\times1$ 维列向量,其中,自变量 x 和 y 的取值没有任何要求。在 MATLAB 中,坐标变量均为同维向量的多维数据称为离散数据。如果将自变量多维空间按各自的坐标轴等间隔划分为网格,如分别将 x 和 y 坐标等间距划分 $m-1$ 和 $n-1$ 个间隔,坐标变量 x 和 y 均用特殊结构的 $m\times n$ 维矩阵表述等间隔网格节点坐标,则 z 是网格节点对应的因变量值,也是 $m\times n$ 维矩阵。这样的数据形式称为网格数据。MATLAB 中网格数据是由 meshgrid 函数产生的。如获取 x 从 -3 到 3,间隔为 0.25,y 从 5 到 10,间隔为 0.2 的二维网格数据,则命令如下:

```
[x, y] = meshgrid( - 3: 0.25: 3,5:0.2:10);
```

$\boldsymbol{x}$ 和 $\boldsymbol{y}$ 都是 26×25 的同维矩阵,分别存储了 x 轴 26 个节点、y 轴 25 个节点的网格节点的 x 轴和 y 轴数据。$\boldsymbol{x}$ 矩阵的每行相同,都是 x 轴各节点的 x 坐标值;$\boldsymbol{y}$ 矩阵的每列相同,都是 y 轴各节点的 y 坐标值。

对于多维网格数据的插值,MATLAB 提供了二、三、N 维数据插值函数,其函数形式与一维基本相似，函数名分别为 interp2、interp3、interp$n$，参数形式也相同。如二维插值：

```
z = interp2(x0, y0, z0, x, y,'method')
```

其中，插值自变量(x,y)可以是自变量平面的一个点（为标量），或是 xy 自变量平面上随机的 n 个点（同维向量），或是 xy 自变量平面上的网格点（网格矩阵）。

例 3.2　已知有限个三维网格数据(x,y,z)，画出其三维曲面，并计算出 $x=-0.125$ 的平面与该曲面相交的曲线。在此已知数据通过 MATLAB 内置的 peaks 函数获取。

解：MATLAB 程序如下：

```
[x,y] = meshgrid( - 3:.25:3);                    % 获得网格坐标矩阵 x,y
z = peaks(x,y);                                  % peaks 是 MATLAB 的某 2 自变量函数,z 与 x,y 同维
yi = - 3:0.025:3;xi = - 0.125 * ones(size(yi));  % 产生 x = - 0.125 平面上的插值坐标点坐标
zi = interp2(x,y,z,xi,yi,'spline');              % 用三次样条进行插值计算
mesh(x,y,z)                                      % 作网格数据的三维网格曲面图
Hold                                             % 保持图形界面,继续下述作图
plot3(xi,yi,zi)                                  % 画插值结果三维曲线
hold off                                         % 结束作图
```

结果如图 3.2 所示。

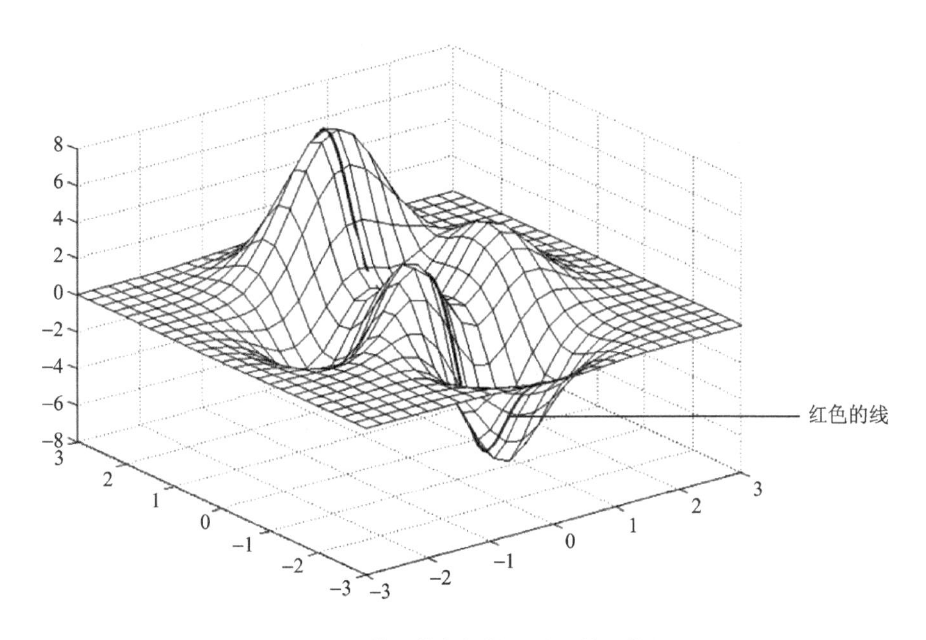

图 3.2　二维网格数据插值结果的三维图

图 3.2 中网格曲面的节点为已知数据(x, y,z)，曲面上红色的线是沿 $x=-0.125$ 的插值结果；还可以将该插值结果用二维曲表示，如下：

```
plot(yi,zi)
```

结果如图 3.3 所示。

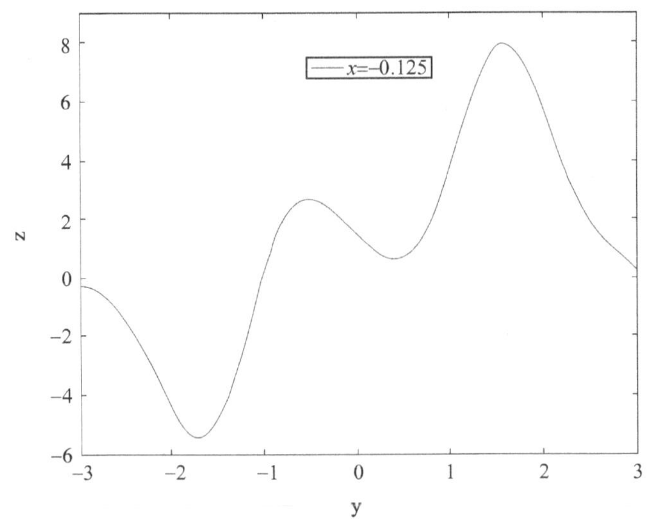

图 3.3　图 3.2 中的数据沿 $x=-0.125$ 平面插值的二维曲线

3.2.3　多维随机离散数据插值的 MATLAB 函数

多因素是材料研究的常态，为了简化，通常固定其他因素，研究其中某个因素的影响，如此逐个研究，所得一维数据可以简单地画出作用曲线。但是，使用这种方法难以获得多因素交互作用的信息，因此，同时变化多因素的研究是非常有必要的。对于这种多因素研究，多元离散数据处理是关键。使用 3.2.2 小节中的多维插值方法时，所有自变量网格节点都必须要有数据，这就使得多因素研究的工作量很大，因此，实际进行多因素研究时往往采用高效率的正交实验等方法。但是，该方法获得的数据是在多维空间随机离散的，所以无法直接画出数据关系曲面图，难以分析其影响规律。使用多维离散数据插值方法就可以解决该问题。二维离散数据插值的 MATLAB 函数如下：

```
zi = griddata(x,y,z,xi,yi,'method')
```

其中，(x, y, z)是 2 自变量离散数据，各变量与网格变量不同，不是矩阵而均为向量；x_i，y_i是插值点自变量坐标，可以是向量或是矩阵，一般该插值主要是求经过离散数据点的函数曲面，所以插值变量(x_i, y_i)可以用网格数据矩阵；method 包括 linear(默认)、cubic 等。该函数也可用于 3 自变量插值，形式一样，只是多一维自变量数据。

例 3.3　利用表 3.2 中的 2 因素(x, y)及其性能 z 的随机离散数据(x, y, z)，进行插值计算后作三维关系曲面。

表 3.2　例 3.3 使用的随机离散数据

因素 x	因素 y	性能 z	因素 x	因素 y	性能 z
1.90	0.12	0.05	0.89	0.40	0.34
0.46	0.71	0.23	1.23	0.03	0.27
1.21	1.63	0.02	1.58	1.49	0.01
0.97	0.02	0.38	1.84	0.89	0.03

续表 3.2

因素 x	因素 y	性能 z	因素 x	因素 y	性能 z
1.78	0.28	0.07	1.48	1.86	0.01
1.52	0.41	0.13	0.35	0.93	0.13
0.91	0.40	0.34	0.81	0.84	0.21
0.04	1.21	0.01	1.87	1.69	0.00
1.64	0.54	0.08	1.83	1.05	0.02
1.79	1.34	0.01	0.82	0.41	0.36

解：MATLAB 程序如下：

```
% 先分别给数据向量 x, y, z 赋值(略);
[xi, yi] = meshgrid(0: 0.025: 2);              % 给待插值的因素网格坐标赋值
zi = griddata(x,y,z,xi,yi,'cubic');            % 随机离散数据插值
mesh(xi,yi, zi);                               % 插值曲面作图
hold on
plot3(x,y, z,'o')                              % 在图上作图实验数据点
hold off
```

随机离散数据及其插值结果图如图 3.4 所示。

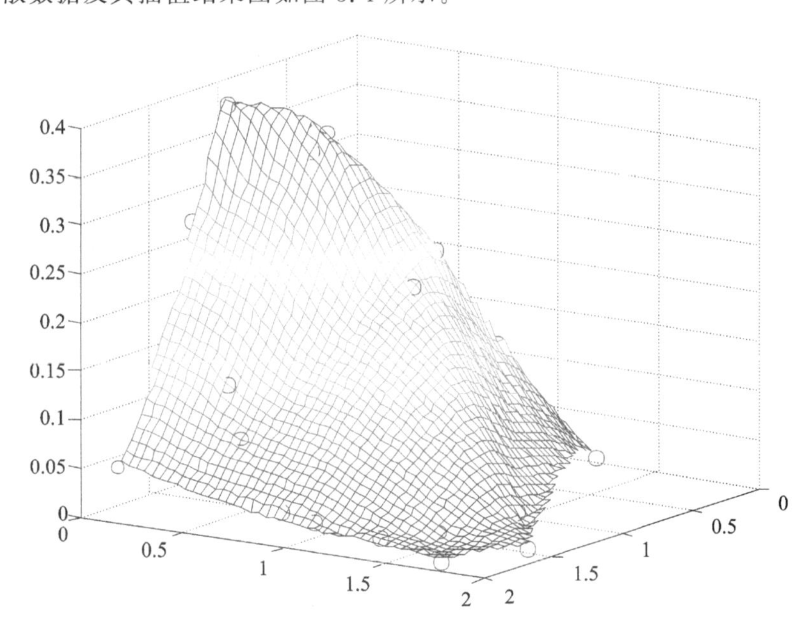

图 3.4　随机离散数据及其插值结果图

由图 3.4 可见，利用多维离散插值可以通过较少的多维空间的离散实验数据获得多因素影响的多维曲面函数。同样，有了插值后的网格数据就可以进一步处理，如固定一个因素的值，画出单因素的影响曲线等。多维数据的处理方法改变了利用传统的单因素简化法逐一研究多因素问题的思路，可以直接设计多因素同时变化的实验方案，通过数据处理揭示多因素的影响规律，同时还可以获得其中单因素的影响规律。该方法还可以结合正交实验、重要性抽

样、人工神经网络的技术进行相应的处理，请参见后续相关章节。

3.3 拟　合

利用3.2节介绍的插值方法可以获得离散数据之间的函数值以及经过离散数据点画出平滑的曲线(曲面)。该方法的特点是插值函数经过数据点，但是，该函数是全域或分段的多项式。对于已知数学模型的数据处理，函数不一定要经过数据点，而是利用离散数据获得其数学关系，包括函数形式及其参数。这样的数据处理能够获得物理意义清晰的信息和材料特性参数，这就是本节介绍的数据拟合。

3.3.1 拟合方法

拟合(fitting)是指拟定一个函数，其能很好地表述一组相关的离散数据。函数的基本形式是 $y=f(x,\beta)$，其中，x 为自变量，y 为因变量，f 表示变量之间数学关系的形式，β 为函数表达式中的参数。要确定变量之间的函数关系，首先要确定函数的形式，而函数形式可以由经验确定，也可以由变量之间的内禀规律获得；函数形式确定后，还需要确定函数中的参数，因为不同参数的同一类函数所对应的曲线会有不同的空间位置和形状。函数形式是一族函数，函数中的参数用于确定函数族中的某个特定函数。因此，在函数形式已定的情况下，拟合是寻找最能表述离散数据的函数的参数。所谓最能表述的数学语言，就是函数与数据间的误差最小，也就是说，拟合实际上是优化拟定函数的参数，使得函数与数据间的误差最小。由于该误差有正有负，所以优化目标函数是多点误差的平方和，这就是最主要的拟合方法——最小二乘法的原理。

拟合是由一个全域函数表述所有观测数据点的方法，优化后的函数曲线理论上是不可能经过所有数据点的，而且通常是一个点都不经过，这是曲线拟合与插值的最大区别。但是，这并不意味着拟合方法的误差较大，因为，一般实验观测值都存在一定的离散性，这可以看成是随机变量的一次抽样结果。所以，即使是用以内禀规律为依据的机理模型数学函数进行表述，也没有必要与实验值的误差为0。另外，虽然拟合的函数与已有数据存在一定的误差，但其预测特性可能更好。也就是说，插值函数太注重已有数据，会产生所谓过拟合的现象，所以预测新数据的精度反而较低。多数情况下，预测精度更为重要，这在机器学习中体现得更充分。

拟合过程就是根据已知的 n 个离散观测数据$(x,\ y)$(如材料研究中的因素及其相应性能的观测值)，优化计算出拟定函数中的待定参数 β，使得该函数最佳地表述观测数据。根据函数形式的不同，曲线拟合可以采用不同的方法。注意，不仅要关注自变量 x 与因变量 y 之间的函数形式(线性、非线性)，而且要观察数据$(x,\ y)$为已知量时，参数 β 的方程形式(线性、非线性)。拟合过程中数据$(x,\ y)$是已知量，而参数 β 是未知量，所以数据代入原函数后可以得到关于待定参数的方程 $f(x_i,\ \beta)=y_i$。例如，对于三次多项式函数 $y=a_0+a_1x+a_2x^2+a_3x^3$，函数是非线性的，但是将数据(x,y)代入后，对于未知参数 $\beta=(a_0,a_1,a_2,a_3)$，则是线性方程。

图3.5所示是常见的线性关系与实验数据的示意图。已知自变量 x 与因变量 y 是线性关系 $y=ax+b$，函数只有两个待定参数，即直线的斜率 a 和截距 b。实验观测值是图3.5中的6个点。对于直线，只有2个参数，2个数据点可以确定一条直线，6个数据反而无法确定一

条直线，而只能调整参数使得某条直线离所有点都较近，这一过程就是拟合。

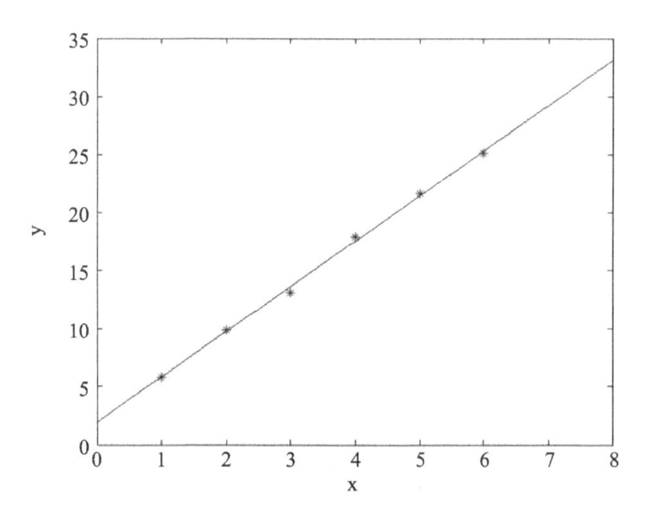

图3.5 常见的线性关系与实验数据的示意图

根据函数形式的不同，曲线拟合可以采用不同的方法，主要方法可以分为两大类：一类是待定参数 β 的方程形式是线性的，可以通过对超定线性方程组（方程个数 n 大于未知数个数 m）的求解直接算出参数 β；另一类就是最小二乘法。这是曲线拟合最常用的方法，既可以用于线性、多项式、指数函数等常用函数的拟合，也可用于任意复杂函数，甚至是由若干函数构成的复杂数学模型的参数拟合。

最小二乘法的基本原理就是将观察数据中的自变量 x 与初始假设的参数 β_0，代入数学模型计算出相应的因变量的预测值 $\hat{y}$，该预测值与实际观测值的差 $\hat{y}-y$ 就是该参数假设值所产生的误差。因此，只要优化出使该误差平方和最小的参数，就是该曲线拟合的最佳结果。在此不介绍曲线拟合的具体算法，只介绍拟合方法在MATLAB中的实现与应用。

在MATLAB中，对于不同的情况，曲线拟合有多种方法和函数可供选择。

3.3.2 多项式拟合

多项式是曲线拟合最常用的形式，其函数基本形式为一元 n 次方程，即

$$Y=a_n x^n+a_{n-1}x^{n-1}+\cdots+a_1 x+a_0$$

在Excel等图表软件中可简单实现各参数的拟合，在MATLAB中使用polyfit函数可实现多项式拟合。

首先，介绍多项式在MATLAB中的记述形式。对于 n 次多项式，用其 $n+1$ 个系数构成 $1\times(n+1)$ 维向量记述。将多项式按次数由高到低依次排列，缺少的次数项其系数记作零，如下例中缺少一次项：

$$y=5x^3-6x^2+2$$

记作：

```
p=[5, -6, 0, 2];
```

若要计算 $x=2$ 时上式 y 的值，可用polyval函数，即

```
y = polyval(p, 2);
```

设已知 m 组实验数据(x，y)，拟用 n 次多项式进行曲线拟合，可用 polyfit 函数，即

```
p = polyfit(x, y, n);
```

其中，$\boldsymbol{x}$ 和 $\boldsymbol{y}$ 都是 $1\times m$ 维向量。拟合结果赋值于向量 $\boldsymbol{p}$，是 $\boldsymbol{n}$ 次多项式的 $n+1$ 个系数。

如：

```
x = [ 1, 2, 3, 4, 5, 6, 7, 8, 9];              % 赋值数据向量
y = [ 15, 13, 9, 6, 7, 11, 17, 23, 30];
p = polyfit( x, y, 3);                         % 三次多项式拟合
xi = 0:0.2:10;
yi = polyval( p, xi);                          % 计算拟合出的三次多项式的值
plot(x, y,'r * ', xi, yi)                      % 画出实验数据点 * 和三次多项式拟合曲线
```

多项式拟合结果图如图 3.6 所示。

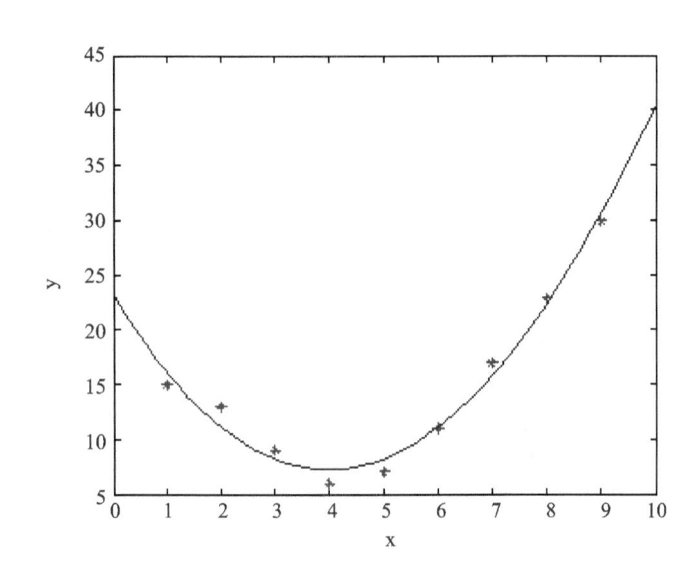

图 3.6　多项式拟合结果图

拟合结果是 p=[−0.007 6，1.060 6，−8.098 5，23.166 7]，即

$$y = -0.0076x^3 + 1.0606x^2 - 8.0985x + 23.1667$$

3.3.3　多元线性方程组求解法

对于多因素(x_1，x_2，…，x_n)线性数学模型，

$$y = a_0 + a_1 x_1 + a_2 x_2 + \cdots + a_n x_n$$

将 m 组观测数据(x_1，x_2，…，x_n，y)代入上式，可得关于模型参数(a_0，a_1，a_2，…，a_n)的线性方程组，其矩阵形式为

$$\begin{pmatrix} 1 & x_{11} & x_{21} & \cdots & x_{n1} \\ 1 & x_{12} & x_{22} & \cdots & x_{n2} \\ \vdots & \vdots & \vdots & & \vdots \\ 1 & x_{1m} & x_{2m} & \cdots & x_{nm} \end{pmatrix} \begin{pmatrix} a_0 \\ a_1 \\ \vdots \\ a_n \end{pmatrix} = \begin{pmatrix} y_1 \\ y_2 \\ \vdots \\ y_m \end{pmatrix}$$

或

$$\boldsymbol{Xa} = \boldsymbol{Y}$$

其中，$\boldsymbol{X}$ 为 $m\times(n+1)$ 维系数矩阵，$\boldsymbol{a}$ 为待定参数(未知数)向量，$\boldsymbol{Y}$ 为常数向量。当 $m>(n+1)$ 时，该方程组为超定方程，MATLAB 的求解方法可以有两种：一种是矩阵左除(与正定方程组求解一致)；另一种是最小二乘法，该算法的函数是 lscov。程序如下：

```
x1 = [.2, .5, .6, .8, 1.0, 1.1]';              % 自变量 x1 的数据列向量
x2 = [.1, .3, .4, .9, 1.1, 1.4]';              % 自变量 x2 的数据列向量
X = [ones(size(x1)), x1, x2];                  % 自变量数据的矩阵，其中第一列是与 x1 同维的全 1 矩阵
y = [.17, .26, .28, .23, .27, .34]';           % 因变量 y 的数据列向量
a = X\y;
```

或

```
a = lscov(X, y);
```

该方法除了可以拟合多元线性方程以外，还可以用于拟合多元非线性函数的线性组合数学模型，条件是非线性函数内不含待定系数，如：

$$y = a_0 + a_1\sin(x_1) + a_2\exp(-x_2)$$

该函数看似应是非线性问题，但由于曲线拟合时自变量 x 和因变量 y 是已知数，所以代入函数后就变成关于待定系数 a 的线性方程组，因此，依然可以用上述方法求解，只是这时的自变量矩阵变成

```
X = [ones(size(x1)), sin(x1),exp(- x2)]        % 可直接用矩阵变量的函数构建矩阵
```

3.3.4　非线性最小二乘法

前面已经讲述了一元多项式和多元线性数学模型的参数拟合问题，虽然多项式是描述非线性问题的最简单数学形式，但是多项式模型中的参数往往不具有明确的物理意义。在材料研究中，这种拟合只能从实验数据中拟合出因变量与自变量的经验公式，虽然具有一定的工程价值，但不能实现对影响因素作用的机理分析及过程物理参量和材料特性参数的获取。为了提高实验数据挖掘的价值，应尽量采用相关理论数学模型，或是基本理论数学模型(微分方程)的解，作为数据拟合的函数。这种理论数学模型中的参数往往具有明确的物理意义，具有更加普适的价值，而不是受各种具体实验条件影响的数学常数。但是，这种理论模型的函数形式往往很复杂，是非线性的，甚至不是一个简单函数能表述的，可能是方程组，也可能是复杂的一段计算机程序(函数模块)。这样的非线性拟合要采用非线性最小二乘法。MATLAB 提供了多种函数和曲线拟合工具箱(curve fitting toolbox)，本小节只简单介绍 lsqcurvefit 函数及其用法。

显函数无论多复杂均可写成 $y=F(\beta,x)$，即因变量可由自变量和参数通过一定的函数和数学运算求得，该函数的形式及计算过程是已知、可实现的。通过观察测试，可以获得该模型

的自变量与因变量的数据集(XDATA,YDATA),两数据可以是向量,也可以是矩阵。通过数据拟合该数学模型,就是获取该模型中的参数 β,使得用该参数 β 及自变量数据 XDATA,通过该函数计算的因变量的值 Y 与实验观测值 YDAYA 的误差平方和最小。函数拟合成为一个优化问题:

$$y=F(x,\beta)$$

$$\min_{\beta}\frac{1}{2}\|F(\text{XDATA},\beta)-\text{YDATA}\|_2^2=\frac{1}{2}\sum_i\left[F(\text{XDATA},\beta)-\text{YDATA}\right]^2$$

在 MATLAB 中,可使用 lsqcurvefit 函数解决这类问题,基本适用格式如下:

```
beta = lsqcurvefit(fun, beta0, XDATA, YDATA);
```

其中,fun 是根据 $y=F(x,\beta)$函数形式编写好的函数 M 文件名(函数名);beta0 是预估的初始参数值。由此可见,无论函数如何复杂,只要编写成输入变量为 x 和 β,输出值为 y 的函数,然后代入初始参数 beta0 和 XDATA 就可计算函数值 y;再根据 y 与 YDATA 的误差及相关优化算法,通过反复迭代优化就可以求得最优解的参数值 β。

例 3.4 已知一组二维数据(XDATA,YDATA),试用非线性函数 $y=ax+\sin(bx)+cx^3$ 拟合该数据,其中,x 为自变量,y 为因变量,a,b,c 为参数。

解:可用参数向量 $\boldsymbol{B}=[a,b,c]$表述 a,b,c 这 3 个参数。先建立函数 M 文件,如下:

```
function y = myfun(B, x)                  % 注意第 1 个传输变量是参数,第 2 个是自变量数据
y = B(1). * x + sin(B(2). * x) + B(3). * x.^3
end
```

函数 M 文件保存后,在命令窗口直接计算或编写 M 文件,进行下述计算步骤:

```
% 赋值数据变量 XDATA,YDATA(略)
B0 = [1, 1, 1];                                       % 赋值初始参数
B = lsqcurvefit(@myfun, B0, XDATA, YDATA);            % 最小二乘法拟合求解
```

调用最小二乘法拟合函数后,就可迭代优化获得拟合结果,即最优的 3 个参数值。

其他复杂函数的拟合与此例类似,只要建立包含参数、自变量的相关函数文件即可。通过这个最小二乘法函数拟合的函数形式可以体现计算机在计算复杂问题时的一种思路,就是将复杂的求解过程转化为从一个(或一组)待求参数(变量)的预测值出发,寻找更好的值,然后反复迭代,直至达到要求。该方法在优化以及方程求解等过程中经常用到。因此,这类算法函数都要求提供解的初始预估值。

其他曲线拟合方法可以参考曲线拟合工具箱等相关资料。

3.4 方程的数值求解

3.3 节的内容告诉我们,对实验数据进行挖掘时,应尽可能使用基本原理的理论模型,一般描述物理过程的理论方程是偏微分方程,如扩散、传热等。而对于一个具体过程,必须根据其边界条件及初始条件对偏微分方程进行求解,导出状态变量(浓度、温度等)与独立变量(空间坐标、时间)的函数关系。这些数学过程会涉及很多偏微分方程、非线性方程、方程组的求解问题。有时方程本身很复杂,有时边界条件等很复杂,这就使得方程的求解过程很复杂,甚至

根本没有解析解。在这种情况下，可以利用计算机通过数值解的方法来解决问题。MATLAB 针对不同的问题提供了大量简便的工具。有关微分方程的求解内容较多在第 4 章中专门介绍。

3.4.1 线性方程组的求解

3.3 节中关于多元线性函数中参数的拟合用到了线性方程组的求解，除此之外，材料计算中常用的有限元方法、有限体积法等都涉及了线性方程组的求解问题。

任何一个线性方程组均可表述为其矩阵形式，如：

$$\boldsymbol{A}\boldsymbol{x}=\boldsymbol{b}$$

其中，$\boldsymbol{A}$ 为 $m\times n$ 维系数矩阵，m 行为方程个数，n 列为未知数个数；$\boldsymbol{x}$ 为 $n\times 1$ 维未知数列向量；$\boldsymbol{b}$ 为 $m\times 1$ 维常数列向量。若 $m=n$，则称之为恰定方程组，存在唯一的解；若 $m>n$，则称之为超定方程组，没有确切的解，这就是 3.3 节介绍的线性拟合问题；若 $m<n$，则称之为欠定方程组，有无穷组解。在此只介绍恰定方程组的求解。

若恰定方程组的系数矩阵 $\boldsymbol{A}$ 是非奇异的，则求 $\boldsymbol{x}$ 的最直接方法是方程两边左乘系数矩阵 $\boldsymbol{A}$ 的逆（矩阵乘除法不具有交换律），即 $\boldsymbol{x}=\boldsymbol{A}^{-1}\boldsymbol{b}$。MATLAB 中矩阵求逆函数为 inv($\boldsymbol{A}$)，所以，该线性方程组的解为

```
x = inv(A) * b;
```

注意：该计算是矩阵运算，不是数组运算，所以是乘号（ * ），不是点乘（. * ），答案 $\boldsymbol{x}$ 是 $n\times 1$ 维列向量。

另外，对方程组两边同时左除系数矩阵 $\boldsymbol{A}$，也可直接求得未知数 $\boldsymbol{x}$。MATLAB 程序如下：

```
x = A\b;
```

用左除方法的计算效率和精度更高。

例 3.5　求线性方程组

$$\begin{cases} x_1+2x_2+3x_3+4x_4=1 \\ 5x_1+6x_2+x_3=0 \\ x_2+x_3=1 \\ x_1+x_2+2x_3+3x_4=0 \end{cases}$$

解：MATLAB 程序如下：

```
A = [1 2 3 4; 5 6 1 0; 0 1 1 0; 1 1 2 3];
b = [1 0 1 0]';            % '为矩阵转置
x = A\b
x = -1.1000
     0.9000
     0.1000
     0
```

除上述方法以外，还有矩阵行阶梯化 rref、非负最小二乘法 $x=\text{lsqnonneg}(A, b)$、矩阵分解法等。

3.4.2 一元非线性方程的求解

一元非线性方程可分为一元 n 次方程和一般非线性方程。

(1) 一元 n 次方程的求解

该方程为多项式的形式，即

$$a_n x^n + a_{n-1} x^{n-1} + \cdots + a_2 x^2 + a_1 x + a_0 = 0$$

MATLAB 中的求解函数为 roots(P)，其中，P 为多项式的系数向量。

例 3.6 求解方程 $x^4 - 7x^3 + 19x^2 - 23x + 10 = 0$。

解：MATLAB 程序如下：

```
P=[1 -7 19 -23 10];
x=roots(P)
x = 2.0000 + 1.0000i
    2.0000 - 1.0000i
    2.0000
    1.0000
```

即该方程的解为 2 个实数根和 1 对共轭复数根。

(2) 一元非线性方程的求解

对于任意一个一元非线性方程 $f(x)=0$，往往求解过程很复杂。采用数值计算求解一元非线性方程的算法是，先将原方程求解问题转化为函数 $F=f(x)$ 的求零点问题，即求解 x^* 使得 $F=f(x^*)=0$，其中，x^* 为函数 F 的零点，也就是原方程 $f(x)=0$ 的解。

若 $f(x)$ 在区间 $[a,b]$ 上连续，且 $f(a)\times f(b)<0$，即两函数值异号，则该函数在该区间至少有一个 x^* 使得 $f(x^*)=0$，即方程 $f(x)=0$ 在该区间至少有一个根。数值分析中介绍了多种算法，如二分法、弦截法、牛顿迭代法等能高效地寻找到函数的零点。关于算法在此不做介绍，读者可参考数值分析的相关书籍，此处只介绍 MATLAB 函数。

MATLAB 中提供 fzero 函数用于求解任意函数的零点，即可获得任意复杂一元非线性方程的解。

MATLAB 中函数的记述形式如下：

① 通过建立函数 M 文件获得函数的记述形式。

具体如下：

```
function y=myf(x)
y=...                % 记述函数形式
end
```

保存后的 M 文件名 myf.m 就是该函数名，对该函数进行运算、处理时，直接用该函数名 myf 即可。

② 对于单个表达式可表述的函数，可以用函数句柄的形式建立一个匿名函数。函数句柄既是一种变量，用于传参和赋值，也可当作函数名进行使用。具体形式如下：

```
myf=@(x)  x.^2+2*exp(x)+1;          % 建立函数 y=x^2+2e^x+1
```

其中，myf 是函数句柄变量名，@是函数句柄运算符，()内建立函数自变量 x，之后的表达式是

所要定义的函数。建立的匿名函数 myf 可以赋值计算，如 $x=2$ 时函数 myf 的值为

```
myf(2)
ans = 19.7781
```

对于已建好的函数，求该函数在随意一点 $x_0=a$ 附近或者 $x_0=[a,b]$ 区间的零点，可调用 fzero 函数，其形式如下：

```
x = fzero(myf,x0); % 如果 myf 是函数名而不是函数句柄，则要用字符单引号，写成 'myf'，或用@myf
```

其计算结果 x 的值就是非线性方程 $x^2+2e^x+1=0$ 的解。

3.4.3　多元非线性方程组的求解

对于多元非线性方程组，MATLAB 提供了求解函数 fsolve。例如二元非线性方程组

$$2x_1-x_2-e^{-x_1}=0$$

$$-x_1+2x_2-e^{-x_2}=0$$

其 MATLAB 的求解过程如下：

首先，建立函数，程序如下：

```
function F = myfun(x)
F = [2 * x(1) - x(2) - exp( - x(1));  - x(1) + 2 * x(2) - exp( - x(2))];
end
```

注意：MATLAB 中用列向量的形式建立多个函数，函数的传输变量可以是向量，用于建立多元函数；计算返回值 $\boldsymbol{F}$ 可以是列向量，用于求解方程组。

其次，求解上述方程组。如要在$[x_1, x_2]=[-5, -5]$ 附近求解上述方程组，则

```
x0 = [ - 5; - 5];
[x,fval] = fsolve(@myfun,x0)
```

获得结果如下：

```
x = 0.5671
    0.5671
fval = 1.0e - 006 *
       - 0.4059
       - 0.4059
```

其中，x 为方程组的解；fval 为 $F(x)$的值，代表该解所产生的误差。

3.5　离散数据分析及其 MATLAB 的实现

材料研究所获得的实验数据都是离散的，即使是看似连续的 XRD、FT - IR 等连续谱图也由间隔较小的离散数据绘制而成，因此，离散数据的分析、处理在材料研究过程中是非常重要的。前几节已经介绍了离散数据的插值、曲线拟合等分析、处理方法，本节将介绍其他常用离散数据分析、处理方法及其 MATLAB 的实现。

3.5.1 数据分析

本小节主要介绍用 MATLAB 简单分析、处理离散数据的方法。虽然简单的数据处理可以用 Excel 办公软件，但是，MATLAB 更便于后续的深度处理，而且 MATLAB 的特长是矩阵运算，进行大量的数据处理时具有优势。另外，MATLAB 与 Excel 的数据交换非常简单。

(1) 数据形式

在 MATLAB 中，对于单变量数据采用向量形式（行向量或列向量）进行存储，而多变量数据用 $m \times n$ 维矩阵变量存储，列数 n 为变量个数，行数 m 为各变量的观测次数。也就是说，以列为单位进行数据存储。简单的数据分析也默认以列为单位进行处理。

例如，某个试样的热分析数据，其包括温度、质量、差热，数据是每秒记录一次，记录了 200 个点，此时可建立一个 200×3 维矩阵变量 $\boldsymbol{y}$，再产生一个时间变量 $\boldsymbol{t}=[1:200]$ 的向量，用 plot(t,y) 函数可画出以时间为横坐标的温度、质量和差热 3 条曲线。

(2) 基本数据分析

MATLAB 提供的基本数据分析函数（默认都是以列为单位进行操作）如表 3.3 所列。

表 3.3 数据分析函数表

函数	说明
max	查找最大元素值及其位置
min	查找最小元素值及其位置
median	计算中值（中位数）
mean	计算平均值
sum	计算元素的和
cumsum	计算数据元素的累和(cumulative sum)
prod	计算元素各列所有元素的积
cumprod	计算数据元素的累乘(cumulative product)
std	计算标准差
cov	计算单变量的方差或多变量的协方差
corrcoef	计算多变量的相关系数
sort	各列元素顺序排列
sortrows	以行为单位某一列顺序排列

设原始数据 $\boldsymbol{Y}$ 是 $m \times n$ 维矩阵，上述函数均可直接对 $\boldsymbol{Y}$ 进行分析。两种累积计算结果仍是 $m \times n$ 维矩阵，各个元素是该元素位置之前原数据的累计计算结果。而乘积、和、均值、中值、标准差等的计算结果是 $1 \times n$ 维行向量，是各列所有元素的计算结果，其数值与累计计算的最后一行相等。

对 $\boldsymbol{Y}$ 求方差，其结果是 $n \times n$ 维对称方阵，主对角线上的元素 $n_{i,i}$ 是 i 变量的方差，而其他元素 $n_{i,j}$ 是变量 i 与 j 的协方差。

3.5.2 离散数据的差分、微分和积分

设原始离散数据 $\boldsymbol{Y}$ 是 $m \times n$ 维矩阵，$\boldsymbol{X}$ 是 $\boldsymbol{Y}$ 对应的自变量，$\boldsymbol{X}$ 是 $m \times 1$ 维列向量，其中，$\boldsymbol{X}$

常常是等步长 h 的数列，但也可以是非等步长的。

(1) 数值差分与导数

离散数据的差分就是变量当前的值与前一个值的差，MATLAB 中 diff 函数用于计算离散数据的差分。diff(Y)计算元素两两的差值，所以，计算结果比原数据 **Y** 少一行。

离散数据的导数就是应变量 **Y** 的差分与自变量 **X** 差分的商，即

```
dydx = diff(Y)./diff(X)
```

其中，计算结果 dydx 是$(m-1)\times n$ 维矩阵，如果自变量 **X** 是等步长 h 的，则

```
dydx = diff(Y)./h
```

(2) 数值偏微分

如果获得了二维或三维空间的某状态变量的测试数据，那么常常希望计算该状态变量的梯度在空间的分布，如温度梯度、电场强度、磁场强度等，这些梯度量除了有大小还有方向，因此，要计算状态变量的偏微分。

以二维空间为例，性能空间分布测试数据集为(X,Y,U)，(X,Y)是二维空间等间隔网格坐标数据，U 是该网格节点处的性能测试值。如果原数据不是等间隔网格数据，则可用多维离散数据插值转换成等间隔网格数据(参见 3.2.2 和 3.2.3 小节)。数据变量的形式都是 $m*n$ 的矩阵，m 和 n 分别是 x 和 y 方向的实测点数。$\boldsymbol{u}$ 的偏微分求解函数是 gradient，其调用形式为

```
[ux,uy] = gradient(u);
```

其中，计算结果 ux 和 uy 分别为 x 和 y 方向的偏微分值，是与 $\boldsymbol{u}$ 同大小的矩阵。利用该偏微分数据可画出梯度矢量图(quiver(x,y,ux,uy)这里不做详述)。

(3) 离散拉普拉斯计算

设 $\boldsymbol{u}$ 是 n 维空间网格节点处的状态的 n 维阵列数据，此时可用 del2 函数对 $\boldsymbol{u}$ 进行拉普拉斯计算，即

```
du2 = 2 * n * del2(u,h)
```

其中，$\boldsymbol{h}$ 为空步长，函数中的 $\boldsymbol{h}$ 可省略。

(4) 离散数据积分

XRD 测试结果数据是由自变量 2θ 和与之对应的衍射峰强 I 的离散数据构成的，欲求某个衍射峰的面积，就是求从衍射峰的起始角度 xs 到终了角度 xe 对强度 I 的积分。

离散数据积分可用每两个数据点与 x 轴间构成的梯形面积之和来近似。设已知离散数据$(\boldsymbol{X},\boldsymbol{Y})$，$\boldsymbol{X}$ 为一维自变量 $m\times 1$ 维单调向量数据，$\boldsymbol{Y}$ 是 n 维状态量 $m\times n$ 维阵列数据。MATLAB 有两个离散数据积分函数，分别是 trapz 和 cumtrapz，前者是对 **Y** 的各列数据从头到尾计算积分，因此，计算结果是 $1\times n$ 维行向量；而后者是对每一列进行累计积分，结果是与原数据 **Y** 同大小的阵列，各元素是从第 1 行积分到该行的结果。函数调用形式为

```
I = trapz(X,Y);
```

或

```
I = cumtrapz(X,Y);
```

如果自变量 $\boldsymbol{X}$ 是等步长 $\boldsymbol{h}$，则该积分为

```
I = h * trapz(Y);
```

或

```
I = h * cumtrapz(Y);
```

获得累计积分后，用任意两行值的差可以获得相应积分区间的积分值。

3.5.3 离散数据的傅里叶变换

傅里叶变换(Fourier Transform，FT)就是将任意连续周期函数用一组适当的正弦曲线组合进行表述。傅里叶变换包括连续傅里叶变换和离散傅里叶变换。其中，离散傅里叶变换(DFT)广泛用于信号分析，它可分析信号的成分，也可用这些成分合成信号。很多测试结果都是采集时域上的离散信号，通过 DFT 将时域信号变换为频域上的采样信号。一般来说，DFT 的计算量非常大，要借助计算机采用特定的算法进行快速计算，这就是快速傅里叶变换(Fast Fourier Transform，FFT)。

设 $X(n)$是时域上的 n 个信号数据，如果 n 是小质数幂(如 2^m)，则该离散时域信号可以进行快速傅里叶变换。MATLAB 中的快速傅里叶变换函数是 fft，逆快速傅里叶变换函数是 ifft。fft 的调用形式为

```
Y = fft(X);
```

其中，$\boldsymbol{Y}$ 为与 $\boldsymbol{X}$ 同维的复数矩阵。

关于傅里叶变换的更多细节及其应用请参考相关书籍。

3.6 数值分析在材料研究中的应用

3.6.1 插值在材料研究中的应用

插值计算的主要目的是通过已知数据点获取任意点的数据值，而不是函数形式，特别是常用的分段插值，各段的函数并没有作为计算结果；另外，内在的插值函数必须经过已知数据点。这两点与拟合计算不同。因此，是采用插值还是拟合要根据数据的性质和数据处理的主要目的来决定。如果已知数据非常重要，是高精度的关键校准点，则应采用插值；如果已知数据弥散性很大，精度不高，函数必须经过该点的意义不大，则可采用拟合，但拟合的前提条件是函数的数学形式是确定的。如果不关心自变量与因变量的数学关系函数，只需要知道相关数值，则可用插值；如果想知道整个区域自变量与因变量的具体函数形式，甚至函数中的参数都是极为重要的信息，则应用拟合。

插值能在不知自变量和因变量之间的函数关系式条件下，通过已知的自变量与因变量的离散数据，建立能够描述离散数据之间自变量和因变量的关系，获得自变量的任意值所对应的因变量的值。在材料研究中经常有这种需求。

1. 单因素数据的插值应用

一种插值需求是已知一组自变量和因变量的离散数据，求任意一点或任意一组数据。如

热电偶等传感器的输出值是电压值，要将所测的电压值转换为传感物理量（温度）的值，而这种电压与温度之间的关系很复杂，没有一个简单的数学函数形式，于是传感器厂家往往会提供一个电压与温度的表格。也就是说，有一些标准的离散数据，利用这些标准数据计算任意所测温度，就要采用插值计算。

例如 B 型热电偶标准电压与温度的对应关系表，如表 3.4 所列。

表 3.4　B 型热电偶标准电压与温度的对应关系

电压/mV	1.242	2.431	3.957	5.780	7.848	10.099	12.433
温度/℃	500	700	900	1 100	1 300	1 500	1 700

从表 3.4 中的数据可以看出，电压与温度显然不是线性关系，具体的关系函数形式也不明确，虽然可以用多项式拟合，但拟合的曲线不一定经过标准数据点，因此，采用插值法。例如，实际测量 5 个温度点的电压值为

```
vi = [4.021,5.142, 7.848, 11.821, 13.025];
```

利用插值函数 interp1 求出各点的温度，程序如下：

```
v = [1.242, 2.431, 3.957, 5.78, 7.848, 10.099, 12.433];
T = 500:200:1700;
Ti = interp1(v,T,vi); % 默认线性插值
```

线性插值结果为

```
Ti = [907,1030,1300,1647.6,NaN]
Ti2 = interp1(v,T,vi,'spline');           % 三次样条插值
```

三次样条插值结果为

```
Ti2 = [907.5,1033.2,1300,1647.6,1750.9]
```

由插值结果可以看出，插值经过标准数据点 1 300 ℃；线性插值与三次样条插值在数据间隔较大（200 ℃）时，有一定误差，但误差较小（本例只有一点约为 0.3%）；线性插值结果的最后一个值是 NaN，表示无法正确计算，这是因为线性插值不能外推（高于标准数据最高温度 1 700 ℃），而三次样条插值可以外推。注意，外推误差受数据的多少及非线性程度等多因素的影响，需要验证。

另一种应用场景是材料实验过程经常由自动记录仪获取大量的时间序列数据，例如，记录仪记录下每秒试样的温度、试样的重量、试样的长度等数据。如果以时间为自变量，其他物理量为因变量，则数据间隔很规整，每个时间点一套数据。如果想以温度为自变量，分析试样重量及尺寸与温度的关系，则原始数据间隔可能变得很不规整，特别是想对比多个试样的特性时，原始数据可能很不方便。这时需要从较乱的数据中求出同样自变量间隔的数据，如提取出每 10 ℃所对应各物理量的数据等。这种情况也需要进行插值。

例 3.7　为了表征隔热材料的隔热特性，监测 2 个试样不同时间加热面及试样背面的温度数据，并用表背温差大小作为隔热性能的特性参数。实测时间序列数据如表 3.5 所列。欲从该数据中整理出表面温度从 250 ℃到 950 ℃，温度间隔为 100 ℃，2 个试样表背温差的数据，并以表温为横坐标，温差为纵坐标作图。

表 3.5 实测时间序列数据

时间/min	试样 1 表温 Tu1/℃	试样 1 背温 Td1/℃	试样 2 表温 Tu2/℃	试样 2 背温 Td2/℃
0	25	25	25	25
10	421	247	315	135
20	738	432	681	332
30	894	515	808	412
40	985	561	919	460

解:用实验数据赋值变量 Tu1,Td2,Tu2,Td2 后,程序如下:

```
dT1 = Tu1 - Td1;dT2 = Tu2 - Td2;              % 计算原数据温差
Tui = 250:100:950;                            % 赋值插值表温
dTi1 = interp1(Tu1,dT1,Tui,'spline');         % 进行试样温差三次样条插值
dTi2 = interp1(Tu2,dT2,Tui,'spline');
plot(Tu1,dT1,'r * ',Tu2,dT2,'b * ')           % 用 * 画出原始数据,见图 3.7
plot(Tui,dTi1,'ro',Tui,dTi2,'bo')             % 用 o 画出插值数据,见图 3.8
```

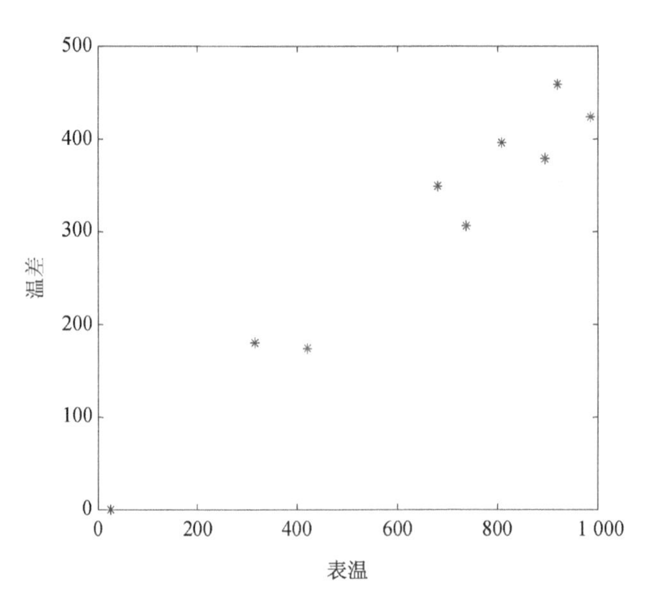

图 3.7 原始数据

另一类插值需求是由一组较为稀疏的自变量和因变量的离散数据,在不知相关数学关系形式的条件下,画出经过数据点的曲线或曲面。一般采用分段插值方法计算时并不给出各分段插值函数的具体形式,曲线或曲面都是由较密的插值所绘的折线或折平面实现的,但实际上任意一点的值都是可以精确算出的。这在实际材料研究数据处理、显示方面很有用。由于实验工作量、实验成本所限,实验数据一般较为稀疏,对于单因素问题,如果是单调或单峰(谷)关系,则一般至少要做 5 个点;如果关系复杂,则数据还要多些。另外,随着因素个数的增加,实验量会急剧增加。因此,由较稀疏的数据画出较合理的关系曲线或曲面是很有必要的。

例 3.8 某单因素实验数据如表 3.6 所列,采用 WPS 等图表软件可作出平滑的曲线,如图 3.9 所示,但是,该曲线上任意一点的值都无法得知。如果采用三次样条插值后再作图,则

可以很好地解决这一问题。

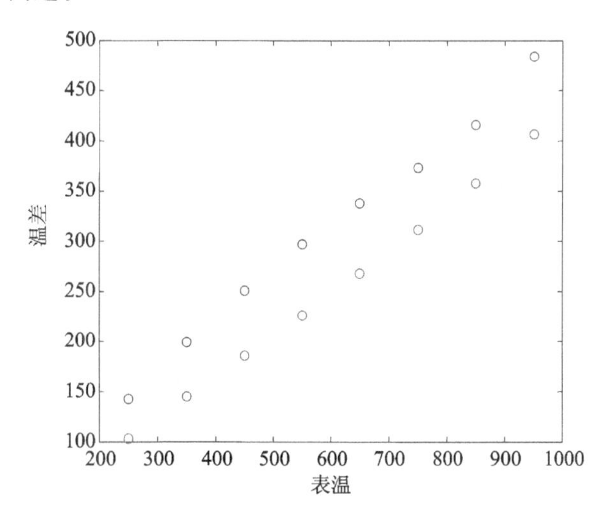

图 3.8　插值的规则数据

表 3.6　某单因素实验数据

因素 x	1	2	3	4	5	6	7	8	9	10
特性 y	10	12	14	19	50	38	29	26	25	24

解：

实验数据赋值 x，y 变量后的程序如下：

```
xi = 1:0.1:10;          % 产生间隔为 0.1 的插值自变量的值
yi = interp1(x,y,xi,'spline');  % 调用三次样条插值函数
plot(x,y,'r * ',xi,yi)          % 画出原数据点及插值曲线
```

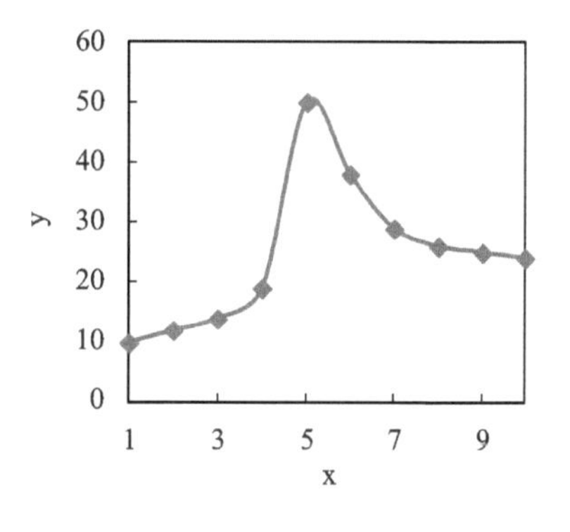

图 3.9　实验结果图表软件的曲线图

作图结果如图 3.10 所示，与图 3.9 有明显差异，这是由两者算法的不同所导致的。作图软件的结果看起来更合理，而插值作图峰值的右侧较为合理，左侧的第二峰及谷不甚合理。这是由峰左侧的非线性过大，而数据点较少所致。另外，插值的峰值并不在最大数据点处，这是根据峰值两侧数据变化趋势推测的，具有一定的合理性。最主要的是，插值作图的曲线是可以定量算出任意一点的值的，这是对无确定数学模型的离散数据进行优化设计的基础。

2. 多因素数据插值的应用

对于材料研究来说，多因素影响的离散数据多维作图更具挑战性，一般的办公软件已无法胜任。在此以 2 因素的离散数据为例，来说明插值作图的应用。对于 2 因素研究的实验设计，最简单的是各因素范围的等间隔网格划分，各网格节点坐标是 2 因素的取值，然后进行实验。获得材料特性的实验结果数据是 $m \times n$ 维矩阵（或是 m 行 n 列的表），m 和 n 分别是因素 1 和因素 2 的取值个数。如果所有网格节点上都有数据，则可用 3.2.2 小节介绍的多维网格数据插值进行处理；如果有些网格上的数据有缺失，则要用 3.2.3 小节介绍的多维随机离散数据插

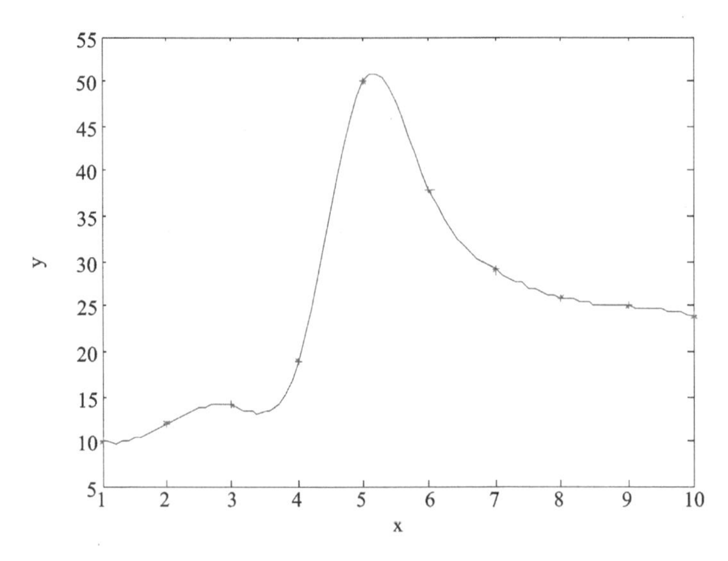

图 3.10　实验结果插值作图的曲线图

值方法。

例如有 2 个因素 x 和 y，其取值范围分别为[0,1]和[0,2]，取值间隔分别为 0.2 和 0.4，因素平面网格节点所测试的材料某特性数据值 U 如表 3.7 所列。

表 3.7　被测材料的某特性数据 U

y \ U \ x	0	0.2	0.4	0.6	0.8	1.0
0	9.8	2.9	1.6	7.7	18.7	29.4
0.4	4.1	0.1	0.5	6.6	16.3	25.4
0.8	17.8	15.3	14.1	15.6	18.9	21.8
1.2	58.9	55.9	49.9	42.7	35.5	28.7
1.6	81	77.6	68.9	57.1	44.2	32.1
2.0	58.6	56.2	49.9	41	31.2	22.1

对于这样的网格数据，利用 3.2.2 小节介绍的多维网格数据插值方法进行处理，程序如下：

```
[x, y] = meshgrid(0:0.2:1, 0:0.4:2);                    % 形成因素平面网格数据 6 * 6 维矩阵
u = [9.8, ....29.4; .....22.1];                         % 赋值特性数据 6 * 6 维矩阵
[xi,yi] = meshgrid(0:0.01:1, 0:0.01:2);                 % 形成更细的网格插值变量矩阵
Ui = interp2(x,y,u,xi,yi,'spline');                     % 计算二维网格插值
X = reshape(x,1,36); Y = reshape(y,1,36);U = reshape(u,1,36);  % 将 6 * 6 维矩阵转换成向量
plot3(X,Y,U,'o')                                        % 用 o 画出原始数据
hold on                                                 % 图形保持
mesh(xi,yi,Ui); hold off                                % 用插值数据画出网格曲面，见图 3.11
```

如果表3.7中的一些点没有数据(见表3.8),则数据变成非网格的离散数据。另外,表3.8也可以看成2因素6水平的实验设计,可借助正交实验表,也可自己设计,采用尽可能少的实验次数,尽可能获取多因素影响的详细信息。比如,表3.8中2变量区域的四角均做实验取点,尽量使插值为内插,而不是外延。区域内实验点尽量分布均匀,各行各列的实验点数尽可能相同,这里均为3个。

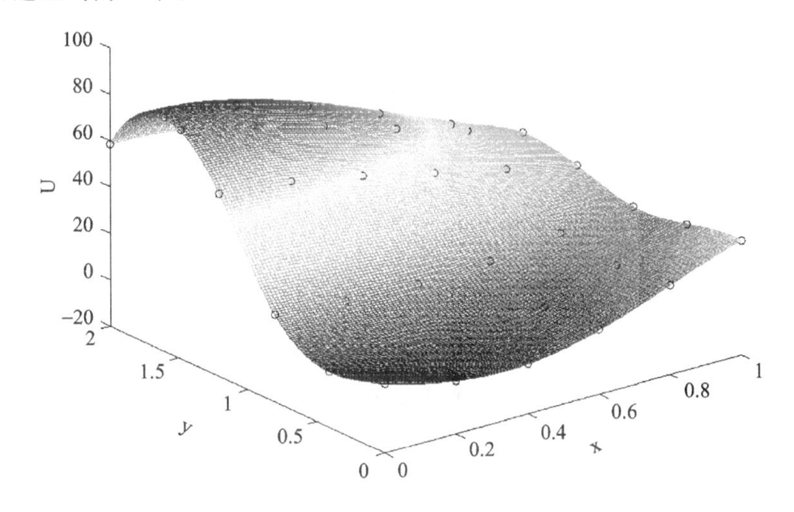

图3.11 网格数据插值作图结果

表3.8 稀疏矩阵数据表

y \ U \ x	0	0.2	0.4	0.6	0.8	1.0
0	9.8		1.6			29.4
0.4		0.1		6.6	16.3	
0.8	17.8		14.1		18.9	
1.2		55.9		42.7		28.7
1.6		77.6		57.1	44.2	
2.0	58.6		49.9			22.1

由于离散数据插值函数要求变量为向量,而不是矩阵,因此需要将网格阵列数据表转换成向量数据表,如表3.9所列。

表3.9 向量数据表

x	0	0	0	0.2	0.2	0.2	0.4	0.4	0.4
y	0	0.8	2.0	0.4	1.2	1.6	0	0.8	2.0
U	9.8	17.8	58.6	0.1	55.9	77.6	1.6	14.1	49.9
x	0.6	0.6	0.6	0.8	0.8	0.8	1.0	1.0	1.0
y	0.4	1.2	1.6	0.4	0.8	1.6	0	1.2	2.0
U	6.6	42.7	57.1	16.3	18.9	44.2	29.4	28.7	22.1

用3.2.3小节介绍的多维随机离散数据插值方法进行插值，其过程如下：

```
Ui = griddata(x,y,U,xi,yi,'cubic');
```

同上作图后的结果如图3.12所示。由图3.12可见，较少的离散数据也可以通过插值获得平滑的曲面。当然，由稀疏的均匀取点实验所作的曲面与图3.9有所不同，但通过重要性抽样补充实验(可参见7.3节)可获得更好的结果。

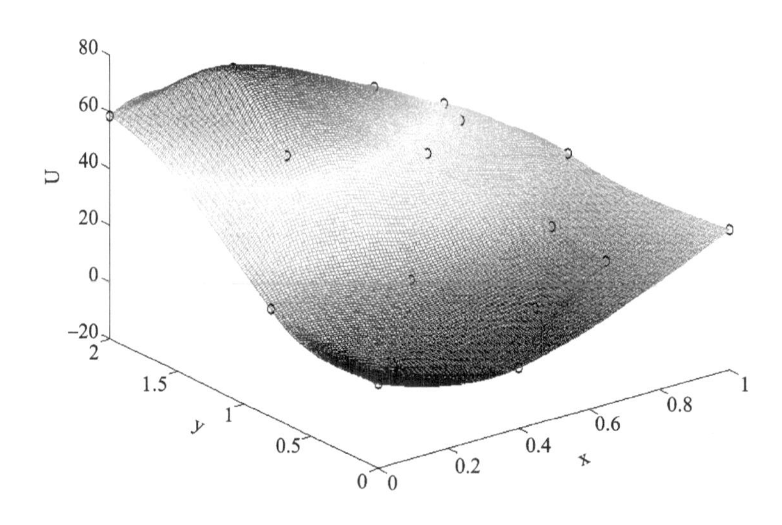

图3.12　离散数据插值结果图

利用插值方法除了可以从离散的实验数据绘制出多维连续曲面外，还可以通过插值函数进行全域多元优化，这是多元因素研究的核心目的。这部分内容可参见7.3节。

3.6.2　曲线拟合在材料研究中的应用

曲线拟合在材料研究的数据处理中得到了广泛应用，如由实验获得的一组自变量和因变量的数据(x,y)，假设两变量之间的函数形式是简单的n次多项式、指数、对数等函数，则可用Excel、wps表格等常用办公软件的数据作图及函数拟合功能，获得所定函数的参数。这种方法可以通过参考各软件的帮助或参考书得知，在此主要介绍复杂的非线性函数的拟合问题及其应用。

对于非经验模型来说，其数学形式往往是非线性的，最一般的形式是偏微分方程。在实际材料研究条件下，如果该微分方程有解析解，那么其数学形式也是非常复杂的，无法用常用办公软件进行数据拟合。

例如，通过高温埋渗方法对材料表面、亚表面进行化学组分改变，进而达到材料改性的目的。该方法的本质就是扩散问题，表述扩散问题的理论模型就是菲克定律，对于一维非稳态扩散来说，

$$\frac{\partial C}{\partial t} = D\,\frac{\partial^2 C}{\partial x^2}$$

由该偏微分方程可知，任意时刻某组分的空间分布都只与扩散系数有关，也就是说，如果某表面渗的元素在该材料中的扩散系数已知，便可设定热处理工艺参数，达到材料改性设计要求。但是，如何获得该体系的扩散系数呢？这是该数学模型的反问题。如果我们已经获得该体系

在某一时刻该元素的空间分布数据，例如，已获得热处理 1 h 后，材料表面层电子探针（或能谱）组分分布测试数据，则通过对数学模型的拟合，理论上是可以求出该体系的扩散系数的。但是，上述理论模型是偏微分方程，表述状态变量浓度 C 变化的数学关系，我们获得的某时刻、某处的状态观测值，不能用于该数学模型进行拟合，而是要求出该数学模型在该实验条件下的状态方程，方可进行拟合。假设扩散深度远小于母材尺寸，则该过程可近似为一维有限厚度试样扩散，其扩散偏微分方程的解是一个无穷级数：

$$\frac{C-C_0}{C_1-C_0}=1-\frac{4}{\pi}\sum_{n=0}^{\infty}\frac{(-1)^n}{2n+1}\exp\left[\frac{-D(2n+1)^2\pi^2 t}{4l^2}\right]\cos\frac{(2n+1)\pi}{2l}x$$

其中，C、C_0 和 C_1 分别为试样中某时某处的浓度、扩散前试样中的浓度和试样表面浓度，后两者是已知量；l 是试样厚度；t 和 x 分别为扩散时间和距离表面的距离坐标。对于一个扩散实验来说，C_0、C_1、l 和 t 均为实验条件，是已知常数。为便于简化方程，假设 $C_0=0, C_1=1$，$\frac{\pi}{2l}=1, t=1$（单位略），则上式可简化为

$$C=1-\frac{4}{\pi}\sum_{n=0}^{\infty}\frac{(-1)^n}{2n+1}\exp\left[-D(2n+1)^2\right]\cos(2n+1)x$$

其中，扩散系数 D 是材料参数，对于该实验来说是一个常数，所以，如果 D 已知，则空间变量 x 一定时浓度是确定的；反之，如果实验已经获得了扩散试样中不同深度的扩散元素的浓度数据 (x,C)，则通过对上述公式拟合可获得该体系的扩散系数 D。对于已知 D 求各点浓度，只是求一个无穷级数的问题，较为简单；但是，反过来，已知 (x,C) 拟合无穷级数非线性项指数中的待定系数 D 却较为复杂。根据 3.3.4 小节介绍的方法，采用 MATLAB 可以非常简单地拟合出非线性函数中的常数。具体过程如下：

首先建立待拟合扩散方程函数，程序如下：

```
function y = Dfun(D, x)
n=[0:500]';            %产生一个 0～500 的序数列向量。设该无穷级数和的前 501 项已达精度要求
Si=(-1).^n./(2.*n+1).*exp(-D.*(2.*n+1).^2).*cos((2.*n+1).*x);
                       %建立级数项列向量(501*1)
S=sum(Si);             % 求 Si 列向量各元素的和
y=1-4/pi*S;
End
```

注意：上述级数求和并没有像传统计算机语言一样采用循环语句，而是利用 MATLAB 的所有函数对矩阵（数组）有效的特点。先以级数的项数变量 n 做一个 0～500 的序数列向量，然后将 n 代入级数项通式，即可获得级数各项的列向量，最后调用列求和函数 sum 来完成级数求和。

有了函数之后，根据扩散实验数据（XDATA，CDATA）设置初始扩散系数 D0＝1E－6，然后调用最小二乘法曲线拟合函数 lsqcurvefit，即可迭代拟合出扩散系数 D，程序如下：

```
D=lsqcurvefit(@Dfun, D0, XDATA, CDATA);
```

有了该体系的扩散系数后，利用所建函数即可计算出任意位置 X 处的浓度 C，程序如下：

```
C=Dfun(D,X);
```

由这个例子可以看出，任何复杂的非线性函数的拟合，都可以用 MATLAB 简单地实现。

掌握非线性函数的拟合方法会大大提高研究过程中对实验数据的挖掘能力，可直接采用理论数学模型，不用通过过多的近似假设简化函数形式，便可以获得更具普遍意义、更具明确物理意义的过程参数或材料本征参数。

上述实例的数学模型是一个复杂的非线性方程。实际上，有时还会遇到无法用一个数学表达式表述的数学模型的情况，如第 5 章介绍的复杂数学模型，其形式可能只能用一段计算机程序或是像人工神经网络等机器学习习得的模型，但是，只要输入参数和已知自变量就能算出因变量的模型，都可以按照上述方法直接调用拟合函数。

3.6.3 方程求解在材料研究中的应用

材料研究过程中常常会用到方程求解的问题，根据实际情况，虽然方程的类型及复杂程度各不相同，但采用数值分析方法都可以将方程求解问题转换为函数求零的问题，这样函数的求解方法就与方程的类型和复杂程度无关了。

这里还是举一个扩散偏微分方程求解中的一个例子。在某边界条件下的扩散微分方程的解包含一个无穷级数的和，该无穷级数项中有一个量 $q_n(n=0,1,\cdots,\infty)$ 是下列方程的非零解，显然该解也有无穷个，在此只介绍该非线性方程的解法。

$$\tan q_n = \frac{3q_n}{3+q_n^2}$$

首先，将该方程的各项移到等式的一边，建立下述函数 F，即

$$F(q_n) = \tan q_n - \frac{3q_n}{3+q_n^2}$$

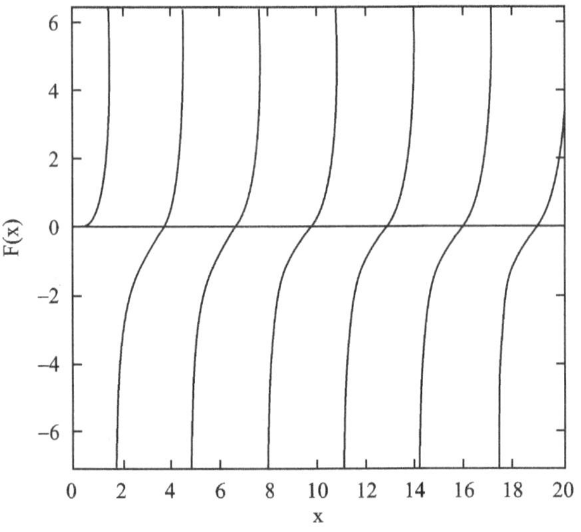

图 3.13　fplot 函数图形

用 MATLAB 的 ezplot 或 fplot 函数，可显示上述函数的图形。由图 3.13 可见，该函数除了在 $x=0$ 处为 0 之外，在[0,20]范围内 6 次经过 0 点，也就是说，原方程存在 6 个非零解。假如需要求该方程的 500 个非零解，则先要搜寻每个解的大致区域，由于该函数在每个区域均为单调增函数，从负值到正值，所以所用算法可以根据该特点进行搜寻(具体算法不在此叙述)。然后，在确定 500 个区域后，即可调用 MATLAB 函数 fzero 进行求解。例如，求第一个非零解的具体过程如下：

先建立函数 F,即

```
function y = F(x)
y = tan(x) - 3 * x./(3 + x.^2);
end
```

然后,调用 fzero 函数求 $x_0=3$ 附近的解,即

```
x = fzero('F',x0)
```

运行结果为

```
x  = 3.7264
```

除了上述非线性方程的问题,线性方程组的求解在材料计算过程中也经常用到,如常用的有限元法、有限体积法等模型求解都需要进行线性方程组的求解。这些建模方法的基本思路是将连续空间、时间离散化,使复杂的非线性、瞬态的问题简化处理。如在一个较小的时间间隔内,状态变量可以认为不随时间变化,瞬态问题转化为稳态问题;同时发生的交互影响的过程可以考虑成相互独立的过程;在较小的空间单元内,复杂的非线性问题就可能转化为简单的线性问题。这些建模方法可参见第 5 章。这些方法在对各个单元建立简单的数学关系后,都要将各单元的方程联立成方程组进行求解,才能表述整体状态。

例如,采用有限体积法计算多孔材料一维高温传热过程时,将材料分成厚度一定的薄层叠层结构,每一层都可以认为温度是均匀的,则各层正负两方向的辐射热流量 G_i^+、G_i^- 与材料的辐射传热参数及温度是线性方程关系,联立各层方程的下述线性方程组(相关细节请查阅相关参考文献)。如果材料参数和各层温度已知,则求解该方程组就可得各层间的辐射热流量。

$$
\begin{bmatrix}
1 & -\theta_2 & & & & -\gamma_2 & & & & & & \\
 & 1 & -\theta_3 & & & & -\gamma_3 & & & & & \\
 & & 1 & -\theta_4 & & & & & -\gamma_4 & & & \\
 & & & \ddots & & & & & & \ddots & & \\
 & & & & 1 & -\theta_{n-1} & & & & & -\gamma_{n-1} & \\
 & & & & & 1 & & & & & & -\gamma_n \\
-\gamma_1 & & & & & & 1 & & & & & \\
 & -\gamma_2 & & & & & -\theta_2 & 1 & & & & \\
 & & -\gamma_3 & & & & & -\theta_3 & 1 & & & \\
 & & & \ddots & & & & & & \ddots & & \\
 & & & & -\gamma_{n-2} & & & & & -\theta_{n-2} & 1 & \\
 & & & & & -\gamma_{n-1} & & & & & -\theta_{n-1} & 1
\end{bmatrix}
\begin{bmatrix}
G_1^{k-} \\ G_2^{k-} \\ G_3^{k-} \\ \vdots \\ G_{n-2}^{k-} \\ G_{n-1}^{k-} \\ G_2^{k+} \\ G_3^{k+} \\ G_4^{k+} \\ \vdots \\ G_{n-1}^{k+} \\ G_n^{k+}
\end{bmatrix}
=
\begin{bmatrix}
\sigma\varepsilon_2(T_2^k)^4 \\ \sigma\varepsilon_3(T_3^k)^4 \\ \sigma\varepsilon_4(T_4^k)^4 \\ \vdots \\ \sigma\varepsilon_{n-1}(T_{n-1}^k)^4 \\ \sigma\varepsilon_n(T_n^k)^4 \\ \sigma\varepsilon_1(T_1^k)^4 \\ \sigma\varepsilon_2(T_2^k)^4 \\ \sigma\varepsilon_3(T_3^k)^4 \\ \vdots \\ \sigma\varepsilon_{n-2}(T_{n-2}^k)^4 \\ \sigma\varepsilon_{n-1}(T_{n-1}^k)^4
\end{bmatrix}
$$

对于这样的线性方程组 $\boldsymbol{AX}=\boldsymbol{b}$,在 MATLAB 中,利用 $\boldsymbol{X}=\boldsymbol{A}\backslash\boldsymbol{b}$ 即可解得。

3.6.4　离散数据分析在材料研究中的应用

材料研究中所获取的数据均属于离散数据,包括各种谱图的数据,均是有限个数据点。这些数据一般包括两部分:一是自变量,包括材料条件、测试条件、空间坐标、时间等因素变量;二是材料特性或是测试信号强度等。这些数据均可用矩阵形式($\boldsymbol{X},\boldsymbol{Y}$)表示。对这样的离散数据分析,包括简单的最大值、最小值、平均值、标准差等统计分析,一般的办公软件也能胜任,在此

不做介绍。这里只介绍在材料研究中利用 MATLAB 进行离散数据积分和微分等的应用实例。

材料研究中经常进行 XRD、DSC 等仪器分析测试，设备除了能够直接给出相关谱图曲线外，还可以输出测试结果原始数据。如 XRD 测试可以给出各 2θ 角度的 X 射线衍射强度值；DSC 可以给出各温度时热量变化和试样重量数据。这些离散原始数据的分析处理可以挖掘出比单单一个谱图有更多价值的信息。例如，利用 XRD 进行物相定量分析，如果能用衍射峰的面积而不是峰高将会获得更好的结果。原数据只能获得峰高数据，而面积则需要对该离散数据进行积分计算，而且需要减去本底。

例如，图 3.14 所示就是某材料的 XRD 图谱，其中小图是第二强峰的放大图。

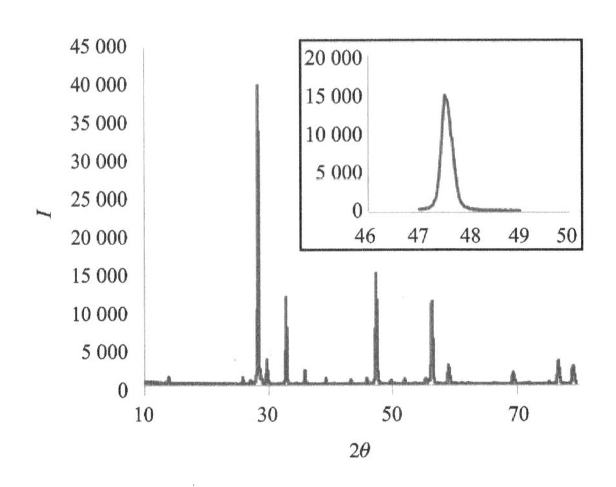

图 3.14　某材料的 XRD 图谱

首先，查看该峰的原始数据，确定峰的起始角度和结束角度，例如起始点数据为(xs，ys)，结束点数据为(xe，ye)，将该区间的测试数据分别赋值到 X 和 Y 变量中。假设该峰的基线是经过起点(xs，ys)和终点(xe，ye)的直线，则各点强度的修正值如下：

```
Y1 = Y - (ye - ys)./(xe - xs).*(X - xs);
```

修正后的峰面积为

```
I = trapz(X,Y1);
```

再举一个热重实验数据处理的例子。从试样热重曲线数据中求出失重速率曲线，则需要求离散数据的导数。图 3.15 所示是某材料的热重曲线，该离散数据是 n 个温度 T 及其所对应的重量变化率 w。

对该数据曲线求导可获得材料重量对温度的变化速率，能够更加形象地表述该重量变化与温度的关系，这就需要对原始数据进行离散数据微分处理。将变量 T 和 w 的原始数据赋值之后，计算其数值导数，如下：

```
dwdT = diff(w)./diff(T);
```

结果如图 3.16 所示。由图 3.16 可见，对应重量急速变化的温度处导数存在一个负方向的峰值。另外，离散数据导数的“噪声”较大。这个问题可以用移动平均的方法进行平滑化处理，MATLAB 的用法如下：

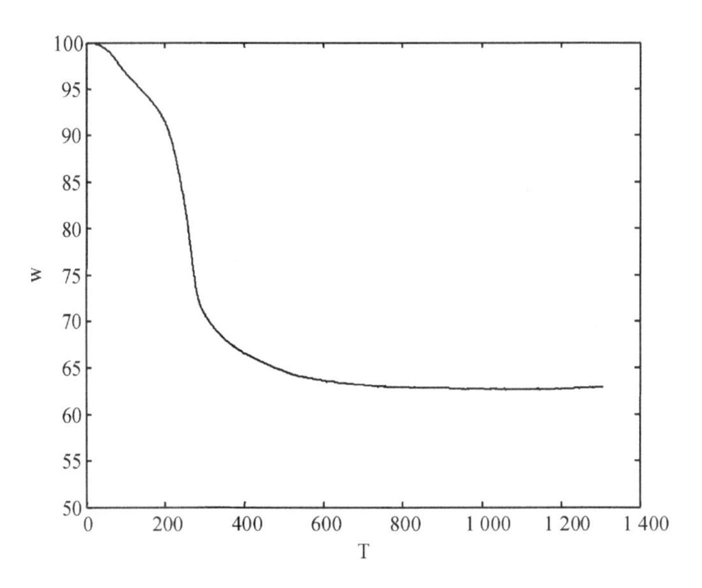

图 3.15　某材料的热重实验结果

```
dwdts = smooth(dwdT, n);              % n 为平均的数据个数
```

图 3.17 所示是 $n=10$ 的平滑化后的结果。

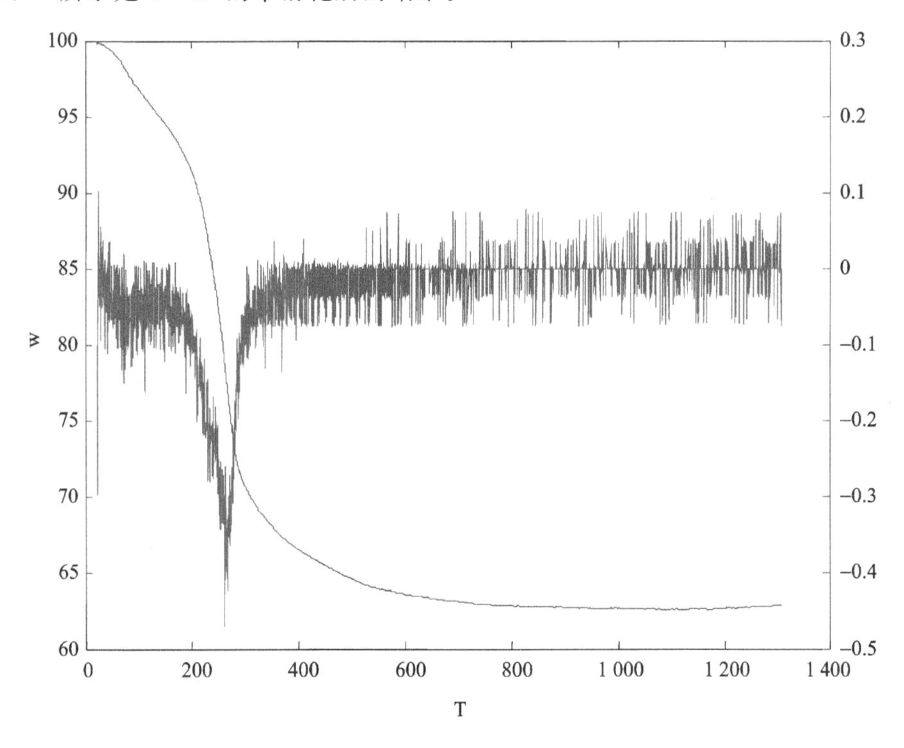

图 3.16　热重曲线求导结果

采用下述处理可以获得失重速度最快时的温度,即

```
[m,i] = min(dwdTs);              % 查找数据中的最小值 m 及其所在位置 i
Tm = T(i);                       % 获得最小值所对应的横坐标温度值
```

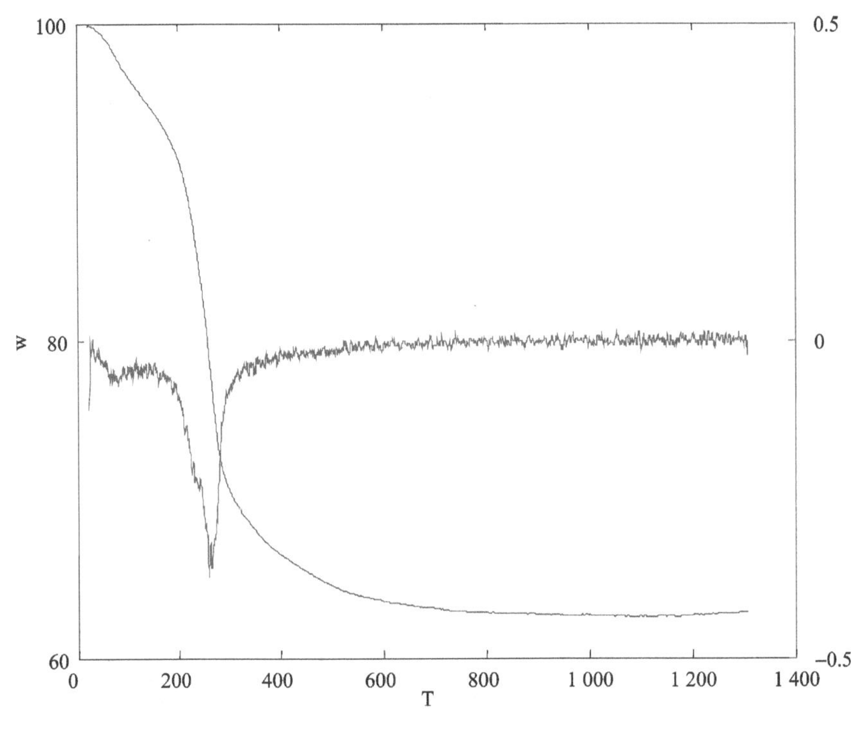

图 3.17　导数曲线的平滑处理结果

3.7　小　结

利用数值分析方法可以将所有的复杂数学问题转化为计算机能够解决的问题。另外，所有的数值分析方法在 MATLAB 平台上已经转化为相应的函数，通过简单的调用即可直接解决问题。也就是说，在计算能力高速发展的今天，我们已经不需要担心如何计算，只要知道想算什么即可。

有了如此强大的计算工具后，材料工作者对实验数据不仅可以进行简单的数据处理，而且可以进行深度挖掘，并且这种深度挖掘已可以无需过多简化就能简单实现。在面对大量的复杂数学公式时，已不用担心如何去求解计算了，我们可以大胆地思考材料表象后面的本质问题，相应的理论公式等复杂数学问题不再是我们进行深层次探讨的障碍。

本章介绍了已知函数形式的函数拟合和求解的基本方法，其中，函数形式本身是材料研究建立影响因素与材料特性关系的重要内容。材料研究对象数学模型的建立方法、函数形式的确立是提高材料研究中数学应用能力必不可少的环节，有了函数形式才有后续的求解问题。

习　题

4.1　试述数值分析的主要内容。

4.2　试述插值的特点及其应用。

4.3　试述 MATLAB 各插值函数的调用方法及应用。

4.4 试述二维网格数据及二维随机离散数据格式的差异和产生方法。

4.5 试述拟合的特点及其应用。

4.6 试述 MATLAB 的各拟合方法及应用。

4.7 建立一个2个参数、3个自变量的非线性函数的M文件，随机设定参数，并用随机数产生该函数10组自变量与因变量的数据(X,Y)，用该数据拟合出该数学模型的参数。

4.8 试述非线性复杂方程的求解过程。

4.9 试述非线性方程组的求解过程。

4.10 试述 MATLAB 离散数据分析函数和功能。

4.11 寻找材料研究中数值分析实例，并用 MATLAB 求解。

4.12 设计一个非可直接测量的材料特性测试方法，并简述其 MATLAB 数据挖掘过程。

4.13 XRD、XPS 等测试常常有重峰的问题，需要做分峰处理，试论述分峰计算原理及其基本过程。

第4章　微分方程与材料研究

4.1　微分方程

微分方程指含有未知函数及其导数的数学关系式。微分方程是建立系统状态变量随时间的变化(状态变量对时间的导数)以及状态变量在空间的分布(状态变量对空间坐标的导数)与状态变量或独立变量间关系的主要形式,因此,微分方程是定量表述物理、化学过程机理的重要数学手段,如描述扩散过程和传热过程的基本方程:

$$\frac{\partial C}{\partial t}=\frac{\partial}{\partial x}\left(D\ \frac{\partial C}{\partial x}\right)$$

$$\frac{\partial}{\partial x}\left(\lambda\ \frac{\partial T}{\partial x}\right)+q_{v}=\rho C\ \frac{\partial T}{\partial t}$$

微分方程给出了系统状态变量随时间、空间独立变量变化的关系,是基本原理方程,是一种普适方程。而在实际应用中,我们需要获得某一体系在特定条件下,某一时刻某一空间位置的状态值 u(如温度、浓度等)。也就是说,要对微分方程进行求解,获得满足该微分方程的状态函数 $u=f(t,x)$。对普适的微分方程直接求解称作求通解,对于一些简单的一阶常微分方程可以获得解析通解,如高等数学中所学的。而一般情况下,很难获得微分方程的解析通解,更多的是求解在特定条件下该微分方程的解,这一过程称作求微分方程的特解。根据给定条件的不同,微分方程求解又分为初值问题和边值问题。初值问题就是开始($t=0$)时,已知体系各位置的状态量,求解之后随着时间的变化各位置的状态值;边值问题是已知体系在边界处的状态值或者边界处状态变量的空间梯度(对空间变量的一阶导数),求解体系内部状态变量的分布。

根据状态函数的自变量个数,微分方程分为常微分方程和偏微分方程。如果状态函数只与一个独立变量有关,如状态变量只与时间有关,或只与一个空间变量有关,则该条件下的微分方程就是常微分方程;而含有两个以上独立变量的微分方程则为偏微分方程。只有少数简单的常微分方程可以通过积分的方法获得状态函数的解析解,大多数微分方程的求解需要通过计算机进行数值求解。

微分方程的数值求解方法也属于数值分析的范畴,由于其重要性和特殊性,在此作为单独的一章进行介绍。

4.2　常微分方程的求解

高等数学中介绍了一些求解常微分方程的解析解方法,但是对于材料研究所涉及的微分方程问题来说,多数情况是由于初始条件、边界条件或是方程本身的复杂性而难以获得解析解。因此,需要采用数值解方法。本节将介绍典型的常微分方程的数值求解问题。

4.2.1　一阶常微分方程的初值问题

常见的常微分方程的求解是初值问题，也就是说，方程中只有时间 1 个独立自变量，只有状态变量对时间变量的导数。该方程的已知条件是初始条件，即过程开始时的状态值是已知的。例如，有如下一阶常微分方程及初始条件：

$$\frac{dy}{dt}=f(t,y)$$

$$y(t_0)=y_0$$

状态变量 y 是时间 t 的函数。初值问题就是在已知 t_0 时的状态值，求 $t_1,t_2,\cdots,t_n$ 各时间点的状态值 $y_1,y_2,\cdots,y_n$。常用的数值解方法是有限差分法，用差分近似微分，即

$$\frac{dy}{dt}\approx\frac{\Delta y}{\Delta t}=f(t,y)$$

设等时间步长 $\Delta t=h$，则 1 个时间步长后的状态值为

$$y(t_{i+1})=y(t_i)+hf(t,y)$$

如果直接将上一个时间 t_i 及其已知状态量 $y(t_i)$代入函数 f 中，即可递推出下一个时间的状态值 $y(t_{i+1})$，这就是最简单的数值方法——欧拉法。为了提高计算精度，在欧拉法的基础上，在 1 个时间步长之间，如 $h/2$ 等几个时间点，计算 f 值，然后用这些 f 值的线性组合求得下一个步长的状态值。如经典的 4 阶龙格-库塔法：

$$y(t_{i+1})=y(t_i)+\frac{h}{6}(S_1+2S_2+2S_3+S_4)$$

$$S_1=f(t_i,y_i)$$

$$S_2=f\left(t_i+\frac{h}{2},y_i+\frac{h}{2}S_1\right)$$

$$S_3=f\left(t_i+\frac{h}{2},y_i+\frac{h}{2}S_2\right)$$

$$S_4=f(t_i+h,y_i+hS_3)$$

该算法的推导以及其他算法在此不一一介绍，可参见相关的数值分析教材。

在 MATLAB 中提供了多种常微分方程求解器，可根据方程的特性，如刚度、计算精度、效率等，采用适当的求解器。对于用数值法求解微分方程的初值问题来说，选取适当的时间步长很重要，时间步长小则解的精度高、稳定，但计算效率低；时间步长大，可提高计算效率，但对于某些方程来说可能会导致解不稳定，这就是微分方程的刚性问题。刚性不是绝对的，取决于方程本身、初始条件和算法。如果不在意计算效率，那么取较小的时间步长就不存在刚性问题。

MATLAB 常微分方程求解器列于表 4.1 中。

表 4.1　常微分方程求解器

求解器名	问题类型	精　度	用　途
ode45	非刚性	中	大多场合，试解首选
ode23	非刚性	低	容差较大或中性刚度
ode113	非刚性	低到高	容差严格或计算代价大的场合
ode15s	刚性	低到高	ode45 太慢的情况、微分代数方程

续表 4.1

求解器名	问题类型	精　度	用　途
ode23s	刚性	低	容差大的刚性问题、质量矩阵是常数的问题
ode23t	中度刚性	低	不带数值阻尼的中度刚性问题、微分代数方程
ode23tb	刚性	低	容差大的刚性问题

利用表 4.1 中的求解器可求解下列基本形式的一阶常微分方程或方程组,即

$$y' = f(t, y) \quad 或 \quad \boldsymbol{M}(t, y)\boldsymbol{y}' = \boldsymbol{f}(t, y)$$

后者可以是微分方程组,其中,$\boldsymbol{M}$ 是质量矩阵,元素可包含 t,y。$\boldsymbol{y}'$和 $\boldsymbol{f}$ 可是列向量,应对微分方程组的求解。常微分方程的初值问题求解过程是先定义函数 f,然后调用常微分方程求解器,具体形式如下:

```
[t,y] = ode45(odefun,tspan,y0,options)
```

此处例举了求解器 ode45,调用其他求解器的形式也是一样。其中,odefun 是定义好的函数名;tspan 是求解时间的跨度向量,如果是二维的[t0,te],则 t0 是开始时间,即初始条件的时间,te 是求解结束的时间,如果 tspan 大于二维,则是求解特定时间的解;y0 是初始条件向量;options 用于改变求解器的默认设置,参考 odeset 函数的说明,在此不做详述。有质量矩阵的方程也是在 odeset 函数中设定。计算返回值 $\boldsymbol{t}$ 是时间向量,$\boldsymbol{y}$ 是各时间对应的状态值矩阵。

例 4.1　求解下列初始条件下的常微分方程组。

$$y_1' = y_2 y_3, \quad y_1(0) = 0$$
$$y_2' = -y_1 y_3, \quad y_2(0) = 1$$
$$y_3' = -0.51 y_1 y_2, \quad y_3(0) = 1$$

解:首先,建立函数如下:

```
function dy = rigid(t,y)
dy = zeros(3,1);              % 产生一个 3 * 1 维的向量变量
dy(1) = y(2) * y(3);
dy(2) = - y(1) * y(3);
dy(3) = - 0.51 * y(1) * y(2);
end
```

然后调用常微分方程求解器求解,如下:

```
[t,Y] = ode45(@rigid,[0 12],[0 1 1]);
```

即可获得时间在[0, 12]之间的 3 个未知函数的数值解。

4.2.2　高阶常微分方程的求解

通过设置新函数等于低阶导数,可将高阶常微分方程转化为一阶常微分方程组,再用 4.2.1 小节所述步骤进行求解。驰豫振荡中的 van der Pol 方程是二阶常微分方程,如下:

$$y'' - \mu(1 - y^2)y' + y = 0$$

式中:μ 为常数。

二阶微分方程的初值问题需要两个初始条件,即时间为 0 时的状态值及其一阶导数:

$$y(0)=0,\quad y'(0)=1$$

设 $y_1=y, y_2=y'$，则 $y''=y'_2$，那么上述二阶常微分方程可转变为关于 y_1 和 y_2 的一阶常微分方程组：

$$\begin{bmatrix} y'_1 \\ y'_2 \end{bmatrix} = \begin{bmatrix} y_2 \\ \mu(1-y_1^2)y_2-y_1 \end{bmatrix}$$

$$\begin{bmatrix} y_1(0) \\ y_2(0) \end{bmatrix} = \begin{bmatrix} 0 \\ 1 \end{bmatrix}$$

该方程组可调用一阶常微分方程求解器求得 y 及 y'各时间的数值解。

4.2.3　常微分方程的边值问题

对于稳态的一维空间模型体系，状态量只与一个空间变量有关，描述该体系的微分方程是一个空间变量常微分方程。该方程求解的条件是边界上的状态值已知，对于一维空间的边界就是有限一维线段的两端，即 2 点边值条件。这样的常微分方程的求解就是边值问题。如有一阶微分方程及其边界条件如下：

$$y'=f(x,y,[p])$$

$$\begin{bmatrix} y(a) \\ y(b) \end{bmatrix} = \begin{bmatrix} y_a \\ y_b \end{bmatrix}$$

其中，方程中可以含有未知参数 p。

MATLAB 中提供了 2 种边值问题求解器，即 bvp4c 和 bvp5c 中，bvp4c 的调用形式如下：

```
sol = bvp4c(odefun, bcfun, solinit);
```

其中，odefun 为微分方程函数名。bcfun 为计算边界条件残值的函数，如对于边界条件为[1，－2]的 2 点边值问题，其形式如下：

```
function res = bcfun(ya,yb)
  res = [ ya - 1;yb + 2]
end
```

solinit 是由 bvpinit 函数计算产生的结构变量，solinit = bvpinit(x, yinit)，其中 $\boldsymbol{x}$ 是空间变量区间欲求解的网格点坐标，为向量；yinit 是猜测的解 y 的初始值，如可用边界条件 ya。求解结果 sol 是结构变量，包含：sol. x，空间网格数据；sol. y，空间网格对应的函数 y 的解；sol. yp，空间网格对应的导数 y'的解；sol. parameters，方程中未知参数 p 的解。我们也可以调用deval(x, sol)函数获得域内任意自变量 x 对应的 y 及 y'的值。

该求解器还可求解单边值及多边值问题，请参见 MATLAB 帮助或相关参考书。

4.3　偏微分方程的求解

4.3.1　偏微分方程的类型

材料科学及工程中常遇到的物理化学问题常常涉及三维空间变量，如温度空间分布、浓度空间分布等空间场，再加上非稳态过程的时间变量，在这样的条件下，表述系统状态要涉及偏微分方程及其求解问题。偏微分方程主要分为以下3种形式：

（1）椭圆方程

空间域Ω内椭圆方程(elliptic equation)的基本形式如下：

$$-\nabla(c\ \nabla u)+au=f\quad \text{in } \Omega$$

其中，u是未知状态函数；c，a，f是空间域Ω上的函数，也可是常数；$\nabla=\frac{\partial}{\partial x_1}+\frac{\partial}{\partial x_2}+\frac{\partial}{\partial x_3}$，为状态量的空间梯度算符，$x$为空间变量。可见，椭圆方程只有对空间变量的偏微分，与时间无关，是稳态问题。

边界条件有两种形式：

第一类边界条件(dirichlet)：$hu=r\quad \text{on } \partial\Omega$

第二类边界条件(neumann)：$\boldsymbol{n}\cdot(c\ \nabla u)+qu=g\quad \text{on } \partial\Omega$

其中，$\boldsymbol{n}$为边界Ω上的外向单位法向向量；h，r，c，q，g为边界上的函数，也可为常数。常用的第二类边界条件是边界法向的梯度为0，即c为1，q，g为0。

最典型的椭圆方程是泊松方程$\nabla^2\varphi=\left(\frac{\partial^2}{\partial x^2}+\frac{\partial^2}{\partial y^2}+\frac{\partial^2}{\partial z^2}\right)\varphi(x,y,z)=f(x,y,z)$，若$f$为0，则是拉普拉斯方程。

（2）抛物线方程

空间域Ω内抛物线方程(parabolic equation)的基本形式如下：

$$d\ \frac{\partial u}{\partial t}-\nabla(c\ \nabla u)+au=f\quad \text{in } \Omega$$

因为与时间有关，故是非稳态问题。该类方程由状态变量对时间的一阶导数和对空间的二阶导数构成，求解该类偏微分方程除了要有边界条件外，还要有初始条件，即

$$u(x,0)=u_0(x),\quad x\in\Omega$$

由抛物线方程可以看出，当d为0时，其退化为稳态的椭圆方程。

非稳态的传热及扩散方程均属抛物线方程。

（3）双曲方程

空间域Ω内双曲方程(hyperbolic equation)的基本形式如下：

$$d\ \frac{\partial^2 u}{\partial t^2}-\nabla(c\nabla u)+au=f\quad \text{in } \Omega$$

双曲方程是关于状态量对时间的二阶导数和空间的二阶导数的偏微分方程，其初始条件为

$$u(x,0)=u_0(x),\quad \frac{\partial u}{\partial t}(x,0)=v_0(x),\quad x\in\Omega$$

描述波动或振动现象的微分方程均属双曲方程。

4.3.2 偏微分方程的有限元求解

偏微分方程的数值解方法主要是有限元方法。有限元方法就是通过对时间和空间的离散化，将全域时间、空间连续的复杂问题近似地转化成有限个小单元内的连续问题，在各个小单元内用简单的多项式近似真函数，使复杂的偏微分方程的求解近似转化为有限个代数方程组的求解问题。

有限元方法主要包括3个步骤：

首先，将微分方程的三维实体空间划分成有限个小的单元实体空间。该单元有实际体积，

具有材料属性，因此，划分单元时，单元内必须是同一种材料。对于三维空间，单元一般取四面体；对于二维空间，单元一般取三角形。单元之间用共节点连接。对于空间的单元划分，MATLAB 及其他有限元软件都能自动划分。将划分好的单元及其节点进行编号。

其次，用线性或 2 次试验函数表述单元内的状态变量分布。

最后，根据变分原理及有限元理论，建立所有单元的线性方程组，求解获得各试验函数的系数以及各节点的状态值。

有限元分析求解过程一般不用编写计算机程序，因为 MATLAB 以及其他有限元分析专业软件都有强大的前后处理模块和很好的用户图形界面，求解过程十分简单。因此，这里主要介绍 MATLAB 的偏微分方程有限元求解过程。

4.3.3　一维空间的偏微分方程的 MATLAB 求解

在很多场合下，可根据体系的对称性将研究对象近似看成是一维空间模型，如垂直于薄板方向的传热、扩散，长圆柱、球形体系的问题等。如果三维空间退化为一维，则独立变量只剩下时间及 1 个空间共 2 个独立变量。对于椭圆方程，因没有时间变量，所以一维椭圆方程退化为常微分方程，可以用 4.2.3 小节所述的常微分方程的边值问题方法进行求解。而对于抛物线方程及双曲方程，则依然是偏微分方程的初值边值问题，只是空间变量是一维的。

MATLAB 提供了一维空间抛物线及椭圆方程的求解器 pdepe，求解对象的一般形式为

$$c\left(x,t,u,\frac{\partial u}{\partial x}\right)\frac{\partial u}{\partial t}=x^{-m}\frac{\partial}{\partial x}\left[x^m f\left(x,t,u,\frac{\partial u}{\partial x}\right)\right]+s\left(x,t,u,\frac{\partial u}{\partial x}\right)$$

初始条件：$u(x,t_0)=u_0(x)$。

边界条件：$p(x,t,u)+q(x,t)f\left(x,t,u,\frac{\partial u}{\partial x}\right)=0$。

针对具体方程问题时，首先编写 3 个函数：

① 表述上述标准微分方程中相应的关于空间坐标 x、时间 t、状态变量 u 及状态对空间的一阶导数 $\mathrm{d}u\mathrm{d}x$ 的 3 个系数函数：

```
[c,f,s] = pdefun(x,t,u,dudx);
```

② 初始条件函数：

```
u = icfun(x);
```

③ 标准边界条件中 p 和 q 的左右共 4 个值的函数：

```
[pl,ql,pr,qr] = bcfun(xl,ul,xr,ur,t);
```

其中，边界条件中的 l，r 分别代表左、右边界值。

然后，调用求解器 pdepe，即

```
sol = pdepe(m,pdefun,icfun,bcfun,xmesh,tspan)
```

其中，m 为对称性参数，平板为 0，圆柱为 1，球形为 2；xmesh 为求解一维空间网格点 $1\times m$ 维向量；tspan 为求解时间序列 $1\times n$ 维向量；sol 是未知函数 u 解的 $n\times m$ 维矩阵，其中，行对应某时间各位置的解，列对应某空间点各时间的解。

举例说明该求解器的用法。设偏微分方程、初始及边界条件为

$$\pi^2\frac{\partial u}{\partial t}=\frac{\partial^2 u}{\partial x^2},\quad 0\leqslant x\leqslant 1,t\geqslant 0$$

$$u(x,0)=\sin(\pi x)$$

$$u(0,t)\equiv 0$$

$$\pi e^{-t}+\frac{\partial u(1,t)}{\partial x}=0$$

将该问题与标准的偏微分方程及其初始条件和边界条件的形式进行对比，编写以下 3 个函数：

```
function [c,f,s] = pdefun(x,t,u,dudx)
c = pi^2;
f = dudx;
s = 0;
end
function u0 = icfun(x)
u0 = sin(pi * x);                % 初始条件，是空间坐标的函数
end
function [pl,ql,pr,qr] = bcfun(xl,ul,xr,ur,t)
pl = ul; ql = 0;                 % 左边界条件，是常数
pr = pi * exp( - t);  qr = 1;    % 右边界条件，是时间的函数
end
```

然后就可以准备调用偏微分方程求解器了。对时间、空间均线性离散取点：

```
m = 0;                      % 平板一维模型
x = linspace(0,1,20);       % 空间[0,1]线性离散取点 20 个
t = linspace(0,2,5);        % 时间[0,2]线性离散取点 5 个
sol = pdepe(m, @pdefun, @icfun, @bcfun, x, t);
```

其中，sol 是未知函数 u 解的 5×20 维矩阵，5 行对应 5 个时间点，20 列对应 20 个空间点。可用 surf(x,t,sol)画出该方程解的三维图像，如图 4.1 所示。

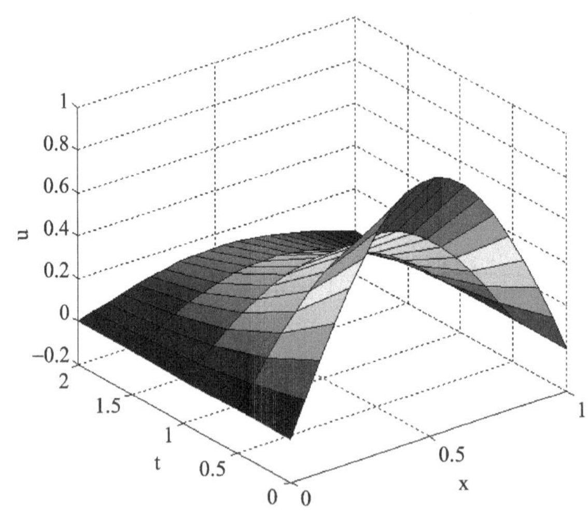

图 4.1　偏微分方程求解结果

4.3.4　二维空间的偏微分方程的 MATLAB 求解

对于对称性较低的体系，要求解二、三维空间的偏微分方程，一般采用有限元方法。有限

元方法就是将连续空间划分成有限个小单元,未知函数 u 在全空间域可能是非常复杂的函数形式,甚至没有解析式,但是在较小的空间单元内,该函数可以用简单的多项式近似,再通过联立求解各元素上的多项式函数即可获得全域的解。目前,有很多有限元专业软件可用于求解多维偏微分方程,本小节主要介绍用 MATLAB 的偏微分方程工具箱 pdetool 来求解二维空间的偏微分方程。该工具箱提供方便的图形用户界面,甚至不用编写一个命令即可完成各种二维空间偏微分方程的求解。二维空间虽然不是真实的三维空间,但是,由于图形显示方便,又比一维空间模型更能表述较低对称性的状况,故二维空间模型常常在材料研究中用到。

在 MATLAB 命令窗口中输入"pdetool",或者在 app 窗口中单击 PDE Modeler,即可打开偏微分方程求解窗口,如图 4.2 所示。

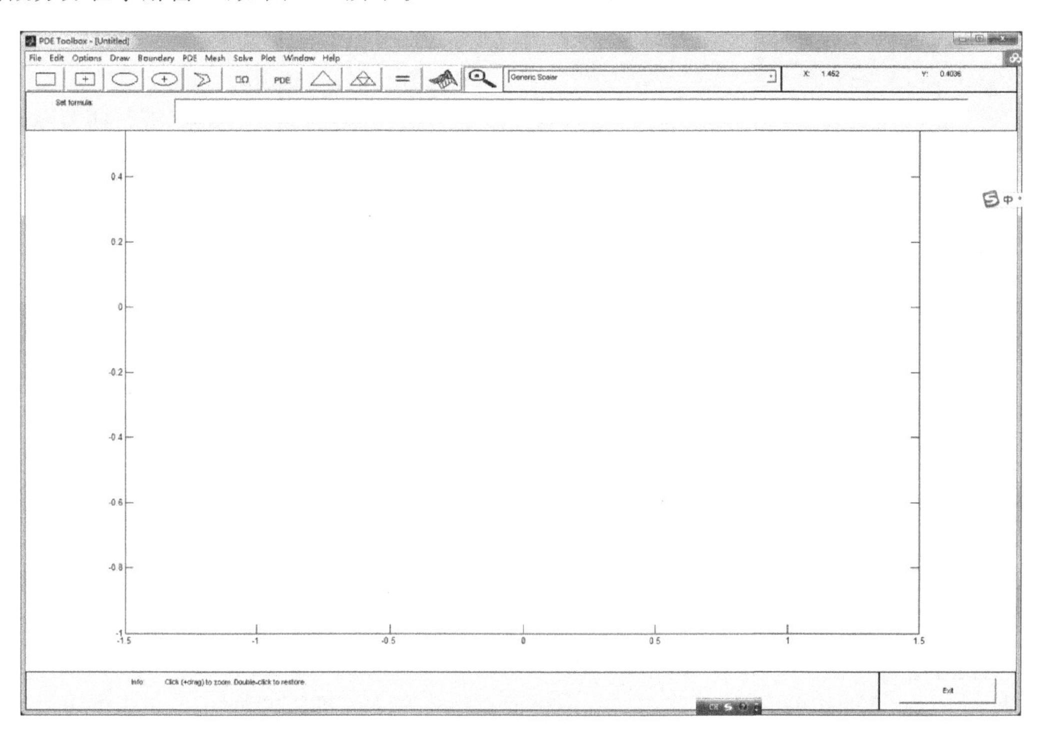

图 4.2　偏微分方程求解窗口

该工具箱的使用细节可参考 MATLAB 帮助或相关参考书,在此只简单介绍二维偏微分方程的求解过程,如下:

(1) 定义方程的二维空间域

工具栏的前 5 个按钮分别可以在窗口坐标中绘出矩形、中心矩形、圆、中心圆和任意多边形。各图形可以在工具栏下方的公式窗口中进行加、减操作。

(2) 定义边界条件

单击工具栏中的按钮,定义的二维空间域的边界就被自动分成若干线段,可分别设置不同的边界条件。单击某一线段或按 Shift 键+单击选择若干线段,然后双击所选边界,会跳出边界条件定义窗口。首先,单击选择边界条件的类型(参见 4.3.1 小节关于边界条件的相关内容);然后,输入相应参数的值,确认。

(3) 空间域的有限元划分

单击工具栏中的 △|△ 按钮,可自动将所设的空间域划分为有限个三角形单元,左侧是初始网格的划分,右侧是网格的细化。

(4) 定义偏微分方程的类型及其参数

单击工具栏中的 PDE 按钮,打开定义微分方程窗口。先在窗口左侧选择偏微分方程类型(参见 4.3.1 小节),窗口上方会提示所选方程类型的标准方程形式;再与实际所要求解的方程对比,在参数文本框中输入各参数(c, a, f, d)的值。各参数可以是常数,也可以是坐标(x, y)、状态变量 u、时间 t 和状态变量的空间梯度(ux,uy)的函数。如果参数含有 u,ux,uy,则该方程为非线性方程。对于非线性方程,通过选择 solve→Parameters 菜单项,在打开的窗口中选择使用非线性求解器。

(5) 定义初始条件

对于有时间变量的(抛物线、双曲线)偏微分方程,需要设置初始条件和求解时间节点。确定方程类型后,选择 solve→Parameters 菜单项,在打开的窗口中的"time:"文本框中输入时间取点,如"0:10",即求解 11 个时间点的解。在初始条件(u(t0)和 u'(t0))文本框中输入相应的值。

(6) 偏微分方程的求解

上述设定结束后,单击工具栏中的 = 按钮,计算机将进行求解,求解结束后,方程域将显示用颜色表示的解的二维分布。

(7) 计算结果的显示与输出

计算结果可进行三维图示及动画显示,单击工具栏中的按钮,在打开的作图选择窗口中选择 height(3-D plot)或动画(Animation)后,在 Time for plot 文本框中输入所求时间值,单击 plot 即可显示该时刻二维空间变量 x,y 和解 u 的三维图(或动画)。

方程的解 $\boldsymbol{u}$ 是 $m \times nt$ 维矩阵,其中,m 是网格节点的个数,nt 是时间点的个数。由于椭圆方程没有时间变量,故 $nt=1$,也就是说,$\boldsymbol{u}$ 的每一列是对应时间各节点的解值。因此,输出的求解结果除了解 $\boldsymbol{u}$ 的以外,还需要输出网格数据,以获得完整的($\boldsymbol{x}$,$\boldsymbol{y}$,$\boldsymbol{u}$)三维数据。选择 Mesh→Export Mesh 菜单项,可输出所划网格的点($\boldsymbol{p}$)、线($\boldsymbol{e}$)和三角形($\boldsymbol{t}$)3 个变量矩阵到工作空间,其中,$\boldsymbol{p}$ 是 $2 \times m$ 维矩阵,表示 m 个节点的(x,y)坐标值。输出节点坐标 $\boldsymbol{p}$ 后,通过选择 Solve→Export Solution 菜单项,即可输出解 $\boldsymbol{u}$ 到工作空间。输出的各变量可在 MATLAB 的 Workspace 窗口进行查看、保存或者再处理等操作。

4.4 微分方程在材料研究中的应用

在材料研究过程中,经常会遇到体系的状态随时间发生变化,或者状态在空间分布不均匀时发生相应的物理化学变化的情况,此时若用数学模型来表述该物理化学变化过程或状态,则必然涉及微分方程。例如,如果所研究的体系状态是温度,则相应的物理过程就是传热,可以用傅里叶定律微分方程表述;如果研究的是体系的浓度或化学位,则相应的物理过程就是扩散,可以用菲克定律的微分方程表述;如果研究的是体系的位移,则是流体的传质或固体的力学问题,可以用质量守恒或能量守恒等微分方程表述;如果研究的是电位移或磁感应强度等电磁状态量,则可用麦克斯韦方程表述,等等。这些微分方程都是机理数学模型,它具有普适性、一般性的特点。但是,对于一个具体的体系、一定条件下的问题,需要对微分方程在一定初始条件和边界条件下进行求解,以获得系统在某一时刻、任意空间位置的状态量的值,也就是获得状态变量与独立变量(时间、空间)的状态函数关系。

机理数学模型微分方程是完美的、不受条件限制的,但是,微分方程的解一定是在特定的条件下才能获得,该解的形式以及是否能有解析解都与求解条件及一定的假设密切相关。在教材中,为了获得较为简单明了的解析解,能够较好地说明状态量与独立变量或影响因素的关系,经常会采用极端的初始、边界条件或假设,如无限大平行板、导热系数与温度无关、扩散系数与浓度无关、状态量的空间分布为线性等简化假设。但是,对于多数实际材料研究来说,这些极端的假设往往是难以成立的,甚至研究的目的正是揭示其复杂性,研究实际状况与常规认知相矛盾的原因,这时往往要求我们必须从最根本的基本原理模型出发,直面实际问题的复杂性,重新考虑各种条件及假设。问题越复杂,微分方程的解也就越复杂,甚至没有解析解。如复杂边界条件下的扩散方程的解多数是无穷级数的和,甚至只能进行数值求解。这样的解形式上较难看,很难直接进行分析与讨论,但是却能够更准确地描述实际状态,为研究提供可靠的数据与信息。

微分方程在材料研究中的应用非常广,如从电子、原子层面研究的薛定谔方程,到宏观力学、传热、电磁特性、扩散等相关的微分方程。对于这些专业的、应用较多的领域,已开发了大量的商业或共享软件,可以非常方便地获得各种复杂条件下的数值解,在此不做介绍。

这里举一个小众研究中所涉及的微分方程的问题,可用 MATLAB 的有限元求解。胶体颗粒在电解质溶液中的相互作用是纳米材料研究、特种陶瓷材料胶体成型研究等领域的重要课题。胶体颗粒在水等电解质中会带一定的表面电荷,这种带电颗粒间的相互作用是静电作用及范德华作用的结果,这就是所谓的 DLVO 理论,其中关键的因素是静电相互作用。在电解质中带电颗粒的相互作用是不能用库仑定律描述的,该环境下的静电相互作用的本质是带电颗粒周围电解质中的电位分布,描述该电位分布的是泊松-玻耳兹曼微分方程,如下:

$$\nabla^2 \psi = \sum \frac{N_i z_i \mathrm{e}}{\varepsilon_0 \varepsilon} \mathrm{e}^{-z_i \mathrm{e}\varphi / kT}$$

这是一个关于电位 ψ 的非线性椭圆微分方程,假设表面电位 ψ_0 较低,指数函数近似取泰勒展开的第一项,原方程可转变为线性椭圆微分方程。进一步在半无限大平板边界条件下求解,该微分方程的解析解为

$$\psi = \psi_0 \exp\left[-\left(x / \kappa^{-1}\right)\right]$$

$$\kappa^{-1} = \left(\frac{\varepsilon_r \varepsilon_0 k_B T}{F^2 \sum N_i Z_i^2}\right)^{1/2}$$

由该解析解可以看出,电解质中的电位分布由表面的 ψ_0 以与表面距离 x 的负指数形式衰减,其衰减程度与定义为双电层厚度 κ^{-1} 的值相关,而该参数与介质温度及电解质中的离子强度有关。温度高则电位衰减得慢,离子强度低则电位衰减得慢。电位随距离衰减得慢意味着双电层较厚,静电相互作用较大,作用范围广。这是教材中根据电位的解析解对双电层模型的定性说明。但是,这样的简单边界条件对实际情况并没有具体意义。

例如,研究纳米颗粒相互作用是两个球形边界,高固体含量时还要考虑多颗粒间的电位分布问题;为了改善颗粒的分散性,经常添加离子型高分子分散剂,该分散剂也是带电胶体颗粒,边界条件更为复杂;分散剂在颗粒表面的吸附会导致颗粒表面带电不均匀,甚至会有符号相反

的带电区域;介质中不只有一种反号离子(counterion),所有的离子都会对电位分布产生影响;复杂的表面带电状况会影响电解质中各离子浓度分布的状况,从而会影响界面处的化学反应,等等。这些复杂问题的求解,就需要采用数值解方法对原泊松-玻耳兹曼偏微分方程进行求解。对于二维偏微分方程,可用 MATLAB 的偏微分方程工具箱进行求解。图 4.3 所示是粒子表面非均匀带电及多粒子相互作用的计算结果。改变不同的电解质离子强度可以研究其对双电层变化的影响,为揭示复杂条件下颗粒的相互作用机制以及颗粒自组装条件设计提供理论依据。

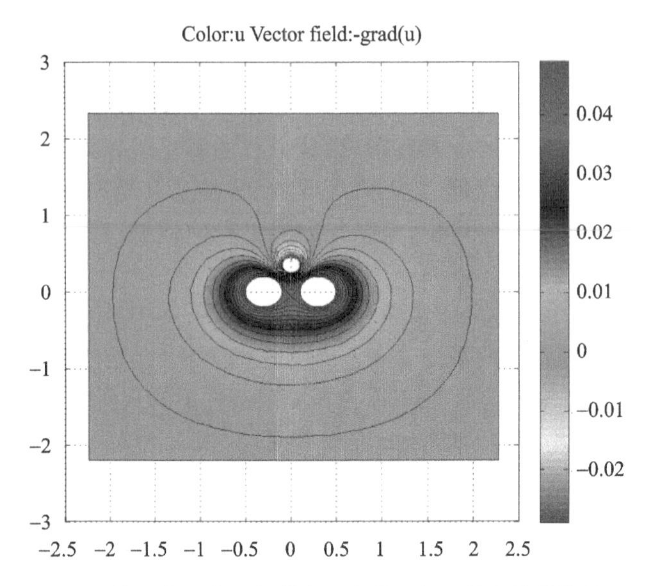

图 4.3 粒子表面非均匀带电及多粒子相互作用的计算结果

4.5 小 结

微分方程是机理模型的基本数学形式,是普适方程,针对具体的实际问题必须进行微分方程的求解,而这一求解过程的难易程度与方程的复杂程度、实际问题的初始条件和边界条件情况密切相关。在没有计算机的帮助时,我们尽可能地简化方程及其条件,以获得较简单的解析解。然而,这些简化往往使得我们无法真正揭示复杂状况的实际问题。因此,回归最原始的微分方程,采用数值计算方法尽可能减少简化、假设,是从理论层面深入研究复杂问题的重要途径。

MATLAB 提供了大量从常微分方程到偏微分方程的求解算法,特别是对复杂的二维偏微分方程的求解,甚至都无需编程,直接在工具窗口画出边界,在参数设置窗口选择方程类型,输入各参数值,单击计算,即可计算出结果。这使得求解复杂微分方程,研究材料复杂过程的机理变得简单,无需再为复杂微分方程的求解烦恼,也无需花很多的精力即可获得想要的数据。

习　题

4.1　了解常微分方程的初值问题和边值问题及其求解方法。

4.2　掌握常微分方程的求解过程及方法。

4.3　了解偏微分方程及其边界条件的类型。

4.4　掌握 MATLAB 偏微分方程工具箱的使用步骤。

4.5　寻找相关材料研究中的偏微分方程问题并求解分析。

第5章　数学模型与材料研究

所谓材料研究，就是获得材料组成、制备工艺条件与结构及其性能的关系，揭示该关系的内在机制，从而优化条件获得性能更优异的材料。材料研究的过程就是利用大量组成配方在各种制备工艺及其条件下制备材料，然后对所获得的材料进行组织结构、各种性能的表征，获取大量的离散数据，通过数据处理建立影响因素与性能的关系，再通过材料学相关的基础知识讨论其内在机制。在这个研究过程中有两个关键问题：一是实验数据的处理与挖掘过程，二是机理的探讨。数据处理与挖掘已在第4章进行了介绍，建立离散数据的关系就是获取影响因素（自变量）与性能（因变量）的数学函数。根据已有数据建立其函数关系首先要知道该函数的数学形式，然后通过对数据进行拟合、回归操作来获得该函数中的待定参数。问题是，该关系的数学函数从何而来，其依据是什么，是否具有明确的物理意义呢？另外，对于该关系的机理讨论也有不同的层次，如是定性的还是定量的，是唯象的还是本质的。这些问题都与数学建模有关。掌握数学建模的相关知识就可以针对所研究的具体问题的性质、特点建立合理的数学模型，建立合适的函数形式，提高研究的效率和水平。

材料研究领域的数学建模往往较为简单，因为材料研究对象常常涉及扩散、传热、力学、电磁学等基本物理、化学过程，而这些过程都有相应的基本理论、相应的数学方程描述，特别是基本原理方程。例如扩散第一定律，该数学模型描述了浓度随时间的变化与浓度空间梯度的关系，其中还包含重要的材料参数扩散系数。这些过程的数学模型已不需要材料学家自己建立，直接拿来用即可。但是，这些非常精美的基本原理数学形式大多是偏微分方程，是普适的数学模型。这些数学模型似乎与通常材料研究的关系不大，偏微分方程与实验观测到的某一时刻某一元素在空间的分布没有直接联系。基本原理数学模型必须针对每一个具体实验观察的边界条件和初始条件，求解出该偏微分方程的解，如果可以获得浓度与时间、空间位置的状态函数，那么该数学模型就与材料研究的实验数据直接相关了。对于材料学研究人员来说，过去求解偏微分方程可能是一件不容易的事，但现在有了强大的计算机以及数学工具MATLAB，所以这些数学模型的建立及应用已不是一件难事。

材料过程往往是复杂的，其包含多个基本过程，并且这些过程相互作用，另外影响状态量的因素也非常多，因此建立其模型，用数学形式进行表述较为困难。这就需要数学建模的知识和方法，利用这些知识和方法对复杂过程进行抽象化、概念化，并适当简化，建立反映真实过程本质的模型，并用数学形式进行表述。有了建立不同数学模型的能力，材料学研究人员将会大大提高自己的实验数据的挖掘能力以及揭示材料研究本质规律的水平。

用数学手段可以更精确、定量地表述实际问题，通过有针对性地简化、抽象，可以将复杂的实际问题提炼成数学模型，用数学模型再现一个系统、过程或现象。这一过程也可以称为计算模拟。能够用一个数学模型很好地再现一个实际过程，也就是常说的计算与实验结果一致。成功的计算模拟本身不是数学建模的目的，但是成功地模拟现实说明我们已经掌握了该过程的本质，所建立的数学模型是正确的，所做的近似、假设是合理的。成功地实现计算模拟的更重要的意义是：一个正确的数学模型可以揭示实际问题的本质，推测实际过程的规律，优化控制实际过程。也就是说，既可以用该模型预测材料特性，又可以优化制备材料的条件。

5.1　数学建模基础

5.1.1　数学模型及其分类

数学模型是实际事物或过程的一种数学简化。它常常以某种意义上接近实际事物的抽象形式存在,但与真实的事物又有着本质区别。实际过程往往非常复杂,包含一些不确定因素、非主要因素等,数学模型不能是其简单的模拟与再现,要具有科学性、逻辑性、客观性和可重复性,即使是随机数学模型,也必然是服从某种必然规律的随机过程。数学模型与实际过程过分逼近必然导致模型的复杂化,难以揭示实际过程的关键因素和本质,而成为一种唯象模型。

数学模型就是针对一个真实过程,为了一个特定目的,根据其内在规律作出必要的简化假设,然后运用适当的数学工具得到的一个数学结构。数学模型往往以物理知识为基础,由物理模型转化而来,并依靠物理模型来验证。

数学模型可以按照模型中的理论与经验成分、表象特征进行分类,具体如下:

1. 按理论与经验成分分类

按理论与经验成分,数学模型可分为机理模型、半经验模型和经验模型。

(1) 机理模型

机理模型是由相关过程的基本物理定律的原始数学形式(常常是偏微分方程),或者基本物理定律在没有经验假设的条件下推导而来的数学模型,如扩散第一定律(一维),如下:

$$\frac{\partial C}{\partial t}=\frac{\partial}{\partial x}\left(D\frac{\partial C}{\partial x}\right)$$

机理模型源自基本原理,正确、普适性强,但其形式往往复杂,求解困难,甚至有时无法求解。

(2) 半经验模型

半经验模型主要依据物理定律,同时包含一定的经验假设。如上述扩散第一定律,根据经验,如果扩散物质的浓度不是很高,则模型中的扩散系数 D 可以近似地认为与浓度无关,也就是说,与空间坐标无关,那么上述机理模型可简化为

$$\frac{\partial C}{\partial t}=D\frac{\partial^2 C}{\partial x^2}$$

该微分方程的求解会简单很多。

另外,有时可以根据一定物理现象的表象规律,经验地选择模型的数学形式。这种数学模型不是严格地从基本原理导出的,具有经验成分,也具有一定的理论基础,同时,模型中的参数也可具有一定的物理意义。如某化学反应过程表征量与时间的关系,如果是反应控制过程,则选用线性函数;如果是扩散控制过程,则采用二次函数。再如热平衡动力学过程的物理量与温度的关系,由于热平衡条件下动力学问题与玻耳兹曼分布密切相关,因此,相关数学模型取含有玻耳兹曼因子的函数形式,即

$$v=v_0\exp\left(-\frac{E_a}{kT}\right)$$

(3) 经验模型

经验模型以具体系统的实际考查结果为基础,不体现过程的物理机制和特征。如实测扩散后物质浓度的空间分布可以用多项式表述,即

$$C(x)=a_2x^2+a_1x+a_0$$

其中,a_2、a_1、a_0 为常数。经验模型的数学形式多为多项式或指数函数等简单的常用函数,其中的常数通常情况下没有明确的物理意义。虽然经验模型难以揭示过程的本质,但依然是定量描述该过程的重要手段,可以建立影响因素自变量与材料特性的数学关系,具有比较研究和工程应用价值,可以实现材料特性的预测以及材料的优化。

2. 按表象特征分类

(1) 确定性与随机性模型

模型是否有或者说是否考虑随机因素的影响。确定性模型就是输入一定的自变量值后所获得的材料特性是一个确定的值,即 $u=f(x)$;而随机模型就是输入一定的自变量值后所计算出的材料特性是一个不确定的值,有随机性,但是其统计规律是成立的,即 $u=f(x)+\xi$,其中,ξ 是个随机数。

(2) 静态与动态(瞬态)模型

模型是否含有时间独立变量。例如,扩散是一个动态过程,但是,如果达到平衡时浓度的空间分布和扩散量与时间无关,即 $J=-D\dfrac{\partial C}{\partial x}$,则是静态模型;反之,未达到平衡的过程都是动态模型,材料状态值与时间有关。如机理方程中含有对时间的偏微分,即$\dfrac{\partial C}{\partial t}=D\dfrac{\partial^2 C}{\partial x^2}$。

(3) 线性与非线性模型

线性函数的基本形式是 $u=a_1x+a_0$,其他函数形式都为非线性。模型线性与否不一定是指最终材料特性或过程物理量与影响因素的关系,而是指基本物理定律的数学模型是否是线性的。如材料是作为弹性体还是塑性体,微分方程是否是线性的等。对于多因素模型,线性与非线性最主要的差别是多因素之间是否存在交互作用。对于多因素系统,交互作用是非常重要的。

(4) 离散与连续模型

变量是否连续。

对于实际问题来说,模型大多是随机的、动态的、非线性的,而确定、静态和线性模型是特例,或是在一定的近似、假设条件下简化的结果。

5.1.2 模型变量及参数

数学建模就是将实际过程或现象用数学形式表述,建立用数学符号、数学方程或计算机程序构建的数学模型,通过数学方法求解计算,分析解决实际问题。数学模型具有数学特征,能够定量地表述现实世界的数量关系和空间形式,它具有抽象性、逻辑严密性,以及结论的明确性和体系的完整性。

对于材料研究来说,数学建模就是建立材料特性 U 与其影响因素 X 之间的数学函数关系,这种数学函数关系的形式可以是代数方程(包括 U 的显函数和隐函数)、微分方程,或者是方程组,也可以是非常复杂的具有函数性质(有输入变量和输出变量)的计算机程序,还可以是

根本写不出具体函数形式的人工神经网络等。但是，它们的功能是一致的，输入一定的影响因素变量的值，便可算出相应的材料特性值。

影响材料特性的因素有很多，层次也不同，如果将所有影响因素都作为数学模型的自变量，则该模型非常复杂，甚至无法建立，或是只能建立类似于人工神经网络的黑箱模型，而无法揭示研究对象的本质。因此，数学建模要根据具体研究的层次、关键问题，将影响因素进行分类，用参数代替一些变量，这样可以大大简化数学模型。

例如某合金元素在母合金中的扩散过程，扩散量或者该元素的浓度与扩散时间、空间位置、温度有关，还与扩散元素、基体元素及其相互作用大小、基体的晶体结构、点缺陷多少等诸多材料学因素有关。显然，这些因素的特性不同，层次也不同，因此，我们可以将这些因素变量分为独立变量、环境变量和材料变量。

独立变量：时间、空间；

环境变量：实验的环境条件，如温度、压力等；

材料变量：材料的化学组成、相组成、晶体结构、材料缺陷等。

由此可见，影响材料特性的因素变量很多，很复杂，如果建立一个包含所有因素的数学模型是很困难的。但是，对于具体的一次实验观察来说，材料体系是确定的，材料因素是确定的定值，该因素影响状态变量，但它本身并不是变量。我们可以把这样的因素集合成一个材料参量，或称为参数。如扩散问题中的扩散系数，该参数体现了物质的扩散能力，具有明确的物理意义，包含诸多材料变量，但是材料体系确定之后，该参数就确定了，不再是变量。参数不一定是常数，可以是环境变量的函数，也可以是独立变量的函数。如扩散系数是温度的函数，也可以是浓度的函数，还可以是空间变量的函数。

一般理论模型中的一个参数可以包含多个因素变量，参数与所含变量之间可以是理论数学关系，也可以是经验关系，或实测的离散数学关系。通过参数值的变化可以探讨其对材料性能的影响，但要分析参数所含因素的影响，还要进一步分析参数与各因素的关系。如果直接建立各个影响因素与材料性能的关系，则该数学模型会很复杂，往往难以建立理论模型。

模型中参数的导入不仅可以简化数学模型，还可以提高模型的普适性。例如，通过导入扩散系数、杨氏模量等参数，可以建立适用于任何材料的扩散和力学数学模型。也就是说，正是很好地引入了参数，才使得各物理过程的基本原理数学模型既简洁又具有普适性。对于具体的某个材料，只需变化相应的材料参数值，而数学模型的形式是不会发生变化的。

由此可见，参数与变量的确立是建模的重要一步。

另外，虽然在原数学模型中参数属于影响因素，但由于参数已具有特定的物理意义，所以其成为特性参数。特别是材料参数，已成为能够直接表征材料某一特性的指标，如材料扩散系数、导热系数、弹性常数、粘度等。其中，扩散系数大小表示该体系中扩散物质迁移的难易程度；弹性常数表示在应力载荷下材料应变的程度等。

数学模型参数值的获取可以通过对模型的实际观测来获得自变量与因变量的观测数据，通过拟合获得该体系的模型参数。如果是材料参数，可以积累材料参数库，为他人引用。另外，由于材料参数已具有一定的物理意义，所以，也可以直接通过理论计算获得。如扩散的本质是原子的热运动，通过建立原子模型，采用第一性原理分子动力学，可以从原子的相互作用来计算扩散过程，计算扩散能力，并获得理论扩散系数。材料的弹性常数也可以通过对材料原子间相互作用的第一性原理计算获得。当然，对于材料，特别是多晶材料，会存在大量缺陷，理论材料参数与实际体系有较大的差距，故实际应用中要根据具体情况而定。

5.1.3 建模方法及步骤

材料研究中所涉及的问题千差万别，从材料的电子、化学键、晶体结构层面到材料显微结构、介观结构层面，从材料制备过程到材料服役过程，因此，材料建模的方法与过程也是多种多样，要根据具体问题的特性采用合适的建模方法和相应的步骤。但是，一般来说，建模主要包括以下几个步骤：

1. 模型准备与抽象

了解问题的实际背景；分析现象的内在本质，实际过程中所包含的基本物理化学过程；明确建模的目的。主要是用数学模型模拟实际问题，还是揭示现象的本质、内在机制；根据问题的类型及建模的目的，确定建模的类型与基本方法；分析该模型的特点和可行性；分析可能的数学形式和计算成本。

例如，某电子陶瓷材料添加某种添加剂后显著改变了其电性能，这样的问题显然主要是电子结构层面的问题，而与显微结构或介观结构的关系不大。对于这样的问题，显然应建立晶体结构、晶界模型，采用量子力学方法计算点缺陷及其对电子结构和电性能的影响。建立原子层面的模型可以揭示该掺杂元素对性能影响的本质。但是，如果我们建模的目的只是想建立添加剂用量、添加方式、制备工艺条件等因素与性能的关系，便于预测和材料工艺优化，那么可能只要建立经验模型甚至黑箱模型即可。

对于一些可能涉及诸多过程的实际问题，建模准备要仔细分析。如喷雾干燥是超细粉造粒的重要手段，理想的喷雾干燥粉体是几十微米的球形粉，但常有非球形粉产生。如果针对这样的一个实际问题建模，则要考虑从悬浊液雾化为雾滴，雾滴再被干燥塔的热空气加热的传热过程；雾滴温度升高，悬浊液的液体介质（如水）从雾滴表面蒸发，雾滴体积变小，其中的固体颗粒在液体表面张力的作用下向雾滴内部移动；液体在表面蒸发而原本溶解在其中的可溶性溶质（如水溶性粘结剂等）会留在表面的溶剂中，导致表面溶质浓度升高；溶质浓度梯度会导致溶质向内扩散；固体颗粒不断退缩导致相互接触，体积收缩停止，液体退缩进粉体颗粒间的空隙中，这种空隙形成的毛细管力的差异以及颗粒移动难易的差距（如粘结剂浓度差异导致的）会导致球形粉体的变形。该问题的建模可能要涉及传热、蒸发、扩散、毛细现象等诸多过程，要考虑干燥环境的温度、湿度，以及悬浊液液体介质种类、固体颗粒大小、固含量、可溶性物质种类及浓度、溶质的扩散系数等诸多因素，这是一个非常复杂的模型。因为传热、扩散、毛细现象有基本数学模型，利用热工基础知识可以建立环境条件与蒸发速度的关系等，所以，虽然该过程很复杂，但是数学建模是可行的。

2. 模型假设

根据实际对象的特征和建模的目的，对问题进行必要的简化，并用精确的语言提出一些恰当的假设。正如前面所述，一般实际问题是随机的、瞬态的、非线性的，而这样的模型往往因素很多，数学关系很复杂，模型的求解也很难。模型越是要揭示本质，往往需要的假设也就越多。需要剥离一些非主要因素的干扰，在不影响关键因素及核心过程的前提下，合理假设，简化模型和求解算法，才能揭示实际问题的本质和关键影响因素。而纯经验模型往往只需要大量的因素与材料特性的实验观测数据，甚至不需要建立其数学关系形式和假设，如采用人工神经网络等机器学习方法，即可建立该问题的模型。

假设又可按照其目的分为简化模型的假设和简化模型求解算法的假设。如假设状态量不随时间变化，则该实际问题可简化为静态模型。再如通过对独立变量时间和空间离散化，假设时间以某一个时间步长跳跃变化，则在该时间内，各个过程都是分别进行的，这是静态问题；连续空间被离散成微小区域，在各小区域内状态量是均一的。通过这样的假设，复杂的偏微分方程求解问题就转化为代数方程问题。就算被认为是纯理论计算的第一性原理计算，为了简化计算也需要绝热近似、赝势近似等假设和近似。

假设和近似是影响模型有效性、准确性和可行性的关键，设置前要充分论证其合理性，分析其可能产生的后果以及对建模目的的影响。在之后的模型分析和验证中，要着重考察模型假设和近似是否有问题。

3. 模型建立

在对实际问题的抽象和一定假设的基础上，利用适当的数学工具来刻画各变量、常量之间的数学关系，建立相应的数学结构，即 $Y=f(X,\beta)$。也就是说，模型应包含自变量 X（输入量）、参数 β、因变量 Y 和表述其关系的数学结构。这种数学结构可以是代数方程、偏微分方程、方程组、人工神经网络，也可以是一个具有函数特性的计算机程序。

表述模型各变量和参数关系的数学结构可以来自经验，也可以来自各基本物理过程的物理定律公式，还可以来自能量守恒、物质守恒、体积恒定等简单的等式。对于机理模型、经验模型等具体模型的建模方法可参考后续章节。

4. 模型求解

以上所建立的数学模型往往含有未知参数，它是不受具体条件限制的、具有普适性的模型，比如扩散第一定律的偏微分方程。而针对某一个具体问题，必须根据其具体条件，如材料体系、工艺条件、观测条件等，对模型进行求解，获得该模型在具体条件下的特殊解，比如在一定初始条件和边界条件下偏微分方程的解。这种解的形式一般是状态变量与自变量的显函数，函数中的参数是适用于该条件的特定值。

模型求解可以通过数学方法获得解析解，再利用获取的自变量和状态量的观测数据，计算（或近似计算）模型的所有参数。而更多的复杂模型难以或者无法获得解析解，则可用自变量和状态量的观测数据直接采用计算机数值解的方法进行求解。

5. 模型分析

模型分析是对所要建立模型的思路进行阐述，对所得的结果进行数学上的分析。分析所建数学模型是否稳定、收敛，是否能体现建模思路，预测的影响因素作用是否合理。如果模型有问题，则分析物理模型、因素、条件假设、模型求解等各过程，查找问题所在，修改并解决问题。

6. 模型检验

在模型分析的基础上，将模型计算结果与实际情形或者其他模型计算结果进行比较，以此来验证模型的准确性、合理性和适用性。如果模型与实际较吻合，则要对计算结果给出其实际含义，并进行解释。如果模型与实际吻合较差，则应再次进行模型分析，或修改假设，重复建模过程，或做出合理的解释。

7. 模型应用与推广

通过模型检验证明所建模型是合理、正确的，该模型可以用于材料特性预测、影响因素分析、机理分析、材料或过程参数挖掘、材料优化设计等。模型应用方式因问题的性质和建模的目的而异。模型的推广是在现有模型的基础上，针对实际应用场景，对模型或模型参数调整后进行新的应用。

建模的目的不是模拟现实，模型计算结果与实验结果一致仅仅是完成了模型检验，更重要的是模型的应用与推广。不同的模型其应用方式也不同，机理模型通过模型计算不仅要预测因素变量对性能的影响及其规律，还要分析其内在机制，挖掘具有物理意义的参量，提升原实验数据的信息价值；经验模型将有限个离散实验数据上升到数学模型，成为连续函数，可以预测任意条件下的特性，可以进行微分、积分、优化等数学处理。

模型的推广应用要注意模型的适用范围，模型的适用范围主要由以下几方面决定：①物理模型的有效范围；②模型假设的适用范围；③模型求解时所用数据的范围。当一个弹性力学物理模型被用于一个高应力场时，则有可能超过材料线性范围而使模型失效。用扩散系数为实常数的假设条件的模型计算浓度很高的扩散就会产生误差。对于经验模型，其适用范围与该模型所用实验数据的范围密切相关，在该范围内的计算结果类似于函数插值，一般误差会很小。而用模型预测所用数据范围之外的特性属于函数的外推，模型是否适用，误差如何，与模型的特性相关，这时需要谨慎。对于机器学习建模，由于其过程包含检验，模型的推广性能会比一般数值分析获得的模型要好。

5.1.4 数学建模在材料研究中的作用

材料研究就是要揭示材料组成、结构与材料性能及服役性能之间的关系，用数学语言建立自变量(组成、结构)与因变量(材料性能、服役性能)的函数，也就是说，材料研究应该最终都是进行数学建模。通常的材料研究过程大多是在不同组成配方和制备工艺条件下制备材料，表征其结构及其性能和服役特性，获得大量的离散数据，观察并讨论影响因素的影响规律，定性地讨论其机理。虽然影响材料的因素很多，但由于数学应用能力有限，所以经常采用单变量与材料特性研究为主，这也是材料研究论文的基本形式。这种单因素研究方法往往是片面的，讨论常常是就事论事，参考他人的讨论而讨论，难以深入、全面、定量地探讨其机理。如果能够在大量离散实验数据的分析基础上，建立数学模型，无论是机理模型还是经验模型，那么都会大大提高实验数据的价值，揭示材料特性及其影响因素的本质，或建立全面、系统、定量的数学关系，不是寻找局域(单因素或离散)最优，而是能全局、多因素预测及优化。

机理模型的建模可以从表象的自变量和因变量的离散数据，探讨其内在的本质机制，理解影响因素的作用机理，获取实验测试无法直接获得的关键材料参数，为材料进一步深入研究，实现原始创新奠定基础。另外，有了机理模型，只要能够获取其他条件的模型参数，模型就会具有很好的推广特性，以及预测和优化未知条件下的材料特性。

单因素经验模型(线性或二次多项式拟合)经常用于材料实验数据处理，但是，这完全没有体现经验模型在材料研究中的作用和价值。材料特性不可能是单因素函数，只是单因素实验是当前材料研究的常用方法。但是，由于单因素函数的组合不能体现实际多因素的作用，特别是多因素的交互作用。因此，这种模型既没有机理研究的价值，也没有工程应用价值。也就是说，经验模型最重要的是用于表述复杂的、机理模型难以描述的多因素及交互作用问题，虽然这种模型的理论价值不高，但是其工程应用价值却很高。材料综合特性预测系统往往是由经验模型，甚至是黑箱模型构成的。

大型材料研究课题的最终形式除了获得性能优异的新材料之外，还应有通过大量的理论和实验研究，在大量研究数据的基础上建立的计算机专家系统，即软件成果。传统的计算机专家系统包括数据库和知识库等，随着人工智能的迅速发展，材料研究成果数学模型化越来越必不可少。也就是说，数学模型将是材料研究总结的最佳形式。机理模型是理论研究深度的体现，经验模型能够体现复杂、多因素关系，多模型的结合既可以实现复杂体系的计算机预测与优化，又可以揭示关键因素或过程的机理。

5.2　机理数学模型与应用

材料研究所涉及的问题一般包含一些基本物理化学过程及其相关的基础理论，如扩散、传热、传质，以及量子力学、热力学、动力学、电磁学、光学及力学等，都有相关的数学模型，这些机理模型可直接用于材料研究建模，也可以成为模型的一部分。除了这些物理、化学家提供的理论模型之外，还有一些基于基本原理的建模过程。

材料特性是由材料的化学组成、相组成、显微结构、缺陷、服役环境等因素决定的，除了化学组成主要是由起始配方决定之外，其他因素都是由材料制备工艺及其工艺条件决定的。其中，材料制备工艺过程会涉及诸多传热、传质、化学反应、相变等过程。对于如此复杂的体系，建立从原子、电子层面到包含制备工艺参数的模型，对材料性能进行预测是非常困难的，建立全过程的机理模型更是几乎不可能。虽然现在提出跨尺度材料计算，但全机理模型也是困难的。另外，全机理模型也是没有必要的，因为考虑的因素越多越难揭示本质。机理模型还是主要针对某个局部过程或关键问题。

5.2.1　机理数学模型的建立

机理模型根据研究目的的不同可以有不同层次的形式。如同样是研究原子在固体材料中的扩散，可以从宏观的、唯象的空间浓度分布层面建模，即建立扩散定律的偏微分方程；也可以针对一个溶质原子建模，建立含有溶质原子的基体材料晶体模型，设计溶质原子迁移路线，再用基于量子力学的第一性原理计算各状态的能量，分析其扩散路径及其活化能，探讨其扩散难易程度及其影响因素，这种层次的模型可以从电子层面，即化学键断键、成键等方面，探讨扩散问题；还可以建立原子模型，采用分子动力学方法计算扩散过程及其扩散系数，该模型将电子相互作用近似成为原子间相互作用势，可以考虑大量的原子数，并可以考虑温度、压力等环境条件，通过统计可以计算出扩散系数；亦可以将材料作为连续体，根据最普适的基本原理——能量最低原理，采用蒙特卡罗或元胞自动机方法计算浓度分布。因此，机理模型的建立首先要分析主要研究什么层面的问题。

根据探讨问题层面的不同，材料可以分为两大类模型：一是原子论模型，即把材料看成是由一粒一粒的原子构成的，相当于将材料研究对象放大几十万倍，原子之间通过核外电子相互作用。该类模型主要包括量子力学计算、量子化学计算和分子动力学计算等模型。二是连续体模型，将材料看成是连续体，除了材料中气孔缺陷之外，材料是致密、连续的固体。传统的物理、化学过程理论模型一般都属于这一类。原子论模型可参考相关计算材料学书籍，本小节主要介绍连续体模型。

连续体模型可由物理、化学过程或材料特性相关理论的数学模型直接获得，如扩散定律、传热方程、电磁学的麦克斯韦方程等，这些都建立了材料状态变量与自变量的函数关系。在此主要介绍一些其他建立自变量与状态变量数学关系的概念，具体的建模方法要根据具体的对象建立不同的方程。

1. 自变量

虽然影响材料特性的因素很多，但是作为机理模型一般只取空间（三维）和时间作为自变量（independent variable），其他因素变量可化作模型中的材料参数。自变量也称作独立变量。

2. 状态变量

状态变量（state variable）是表征材料特性或材料状态的物理量，是自变量的函数。如表述扩散的状态变量是浓度或是化学位，表述传热的状态变量是温度，表述力学状态的状态变量是应变或是应力等。状态变量可以是标量，也可以是张量。根据是否与材料质量有关，状态变量分为广延变量（与质量成正比）和强度变量（与质量无关）。

3. 运动方程

运动方程（kinematics equation 或 equation of motion）是描述物理系统的运动与时间的关系。一般是坐标（广义坐标）或动量分量与时间的函数。如果系统的动力学已知，则运动方程是运动动力学微分方程的解。系统的运动可以从两方面进行描述：动力学和运动学。动力学是包含了物体的动量、力和能量的综合表述。动力学方程一般是服从物理定律（牛顿第二定律、欧拉方程等）的微分方程或微分方程的解；运动学则是运动简单表述，仅与空间位置和时间相关变量有关。运动方程是空间位置 r、速度 v（位置对时间的一阶导数）、加速度 a（位置对时间的二阶导数）及时间 t 的函数。

运动方程可以描述粉体聚集体和多晶材料的应变、应变速率和自转等。

4. 状态方程

所谓状态，就是体系所有宏观性质（化学性质和物理性质）的综合表现。状态变量是体系状态的某一个属性。状态变量分为两类：一类是容量性质（又称广度性质（extensive property））变量。在一定条件下，这类性质的量只与体系中所含物质的量成正比关系，具有加和性，如质量、体积、内能等。另一类是强度性质（intensive property）变量。这类性质的量与体系中物质的量无关，即不具有数量加和性质，如温度、压强、密度和浓度。强度属性只取决于体系自身的特性，但是，对于混合体系，强度属性则具有组分加和性。如混合气体的总压强可以由各个组分的分压相加得出。

状态变量值只与体系状态有关，体系状态一定，则其状态变量就认为是确定的，与状态的变化历史及变化路径无关。

状态方程（state equation）就是状态变量与状态变量及独立变量之间的数学关系。一般情况下，状态变量是独立变量的函数，只有在均质平衡条件下，才与独立变量无关。热力学状态方程都是均质热力学平衡态问题，所以，热力学状态方程与独立变量无关，只与温度、压力、密度等变量有关。

关于容量性质的状态方程可以利用容量性状态变量的加和性或守恒性建立。如根据质量守恒、能量守恒、体积守恒等，建立的体系各部分的状态变量之和为常量，或各部分状态变量的变化量之和为零。

在平衡体系中，任一部分的强度性质的数值都相等；强度性质没有部分加和性，但具有组分加和性。根据这些特性，可以建立关于强度性状态变量的状态方程。

另外，在非平衡体系中，强度性状态变量差异，即状态变量在空间分布的不均一（状态变量场），是系统发生变化运动的内在驱动力。如温度场是热传导的驱动力，压力场是流体流动的驱动力，浓度场是物质扩散的驱动力等。因此，可以建立强度性状态变量场的偏微分方程机理模型，如扩散定律等。通过对具体条件下的偏微分方程求解，可获得强度性状态变量与独立变量的函数关系。

5.2.2　时间、空间的离散化建模

机理模型一般都是考虑在全时域和全空域适用的方程，因此，大多是较为复杂的偏微分方程及其方程组，这种模型在数学上很精美，具有很强的普适性。物理学中的基本定理的数学形式多数都是偏微分方程。但是，对于材料学问题，可能不是关注普适模型，而是关注具体的材料或环境下的问题。如果从最基本的偏微分方程模型出发，则需要针对具体模型的初始及边界条件进行求解，而对于材料实际复杂的条件，这一求解过程大多要采用计算机数值解算法，而多数数值解算法也是将时间和空间离散化近似处理，如有限元法、有限差分法等。因此，即使建模时是时间、空间连续的偏微分方程模型，求解时也会涉及时间、空间离散的问题。如果建模时就采用时间、空间离散方法，则往往可以大大简化数学模型，不用建立偏微分方程，而是用代数方程组就可以解决问题，模型的求解也变得非常简单。

另外，一个问题可能涉及同时进行着的几个过程。对于这样一些复杂问题的建模，可以采用时间、空间离散化建模，将同时进行的、相互作用的复杂过程简化为相互独立的、依次进行的过程，同样可以大大简化模型的形式。

时间离散就是将连续的时间变量变成具有较小时间间隔的有限的离散时间数组变量。通过时间离散后，将连续不断变化的系统近似看成按一定时间步长跳动变化的模型。只要时间步长合适，就可以近似地认为在一个时间步长内，体系的状态变量不随时间发生变化，或是多个同时进行的过程是按顺序依次独立进行的。例如最典型的分子动力学模型，体系中的各原子在同时运动，原子间力因所有原子位置在不断变化而无法精确计算，各原子的运动状态也就无法计算。这是一个典型的多体问题，是无法精确求解的。如果通过时间离散化，在很小的时间间隔内将所有原子都看成是静止不动的，则可简单地算出某个原子在此位置条件下的受力情况，该原子在该力的作用下按照牛顿力学定律发生一个时间步长的运动变化。如此依次计算所有原子，这样，多体运动问题就被简化为单体运动问题。

再例如上述陶瓷浆料的喷雾干燥过程：陶瓷浆料雾化，雾滴被热风加热；液体介质持续从雾滴表面蒸发；液体表面张力导致雾滴中的固体颗粒向内收缩，雾滴变小；液体蒸发导致表面介质中可溶性溶质浓度升高；而浓度梯度产生溶质向内扩散。该过程包含传热、溶剂蒸发、雾滴收缩、固体颗粒运动、溶质扩散多过程，且这些过程是同时进行的。采用时间、空间连续建模，需多种微分方程及代数方程进行联立求解，非常复杂。而如果采用时间离散，那么在一个时间步长内，过程都可以近似看成依次独立进行的。采用空间离散，连续的雾滴可被离散成层状球体，各层内的状态量是一定的。此时，该复杂的过程可简化为：一个时间步长内，根据传热条件传递了一定的热量，雾滴表面温度升高多少；在该温度下，由水的蒸发速度算出蒸发的水

量，雾滴产生与蒸发量相等的体积收缩，各层体积变小，陶瓷颗粒与水在各层间形成相对流动；颗粒向内移动，水溶液携带着溶质向外流动；蒸发使表面层溶剂减少，而溶质量不变，所以表面层溶质浓度升高（溶质偏析）；各层间存在溶质浓度差异，溶质进行一个时间步长的层间扩散。如此反复进行下一个时间步长的过程演变。同时进行的传热、蒸发、流动、扩散等多过程可以简化成依次独立进行的单过程的叠加。时间离散可以将复杂的瞬态问题变成简单的各时间的物理量的反复代数迭代运算。

空间离散就是将体系对象原本连续的三维空间近似成由有限个微小空间组合而成的空间集合。原来体系的状态变量在空间是连续变化的，函数是平滑的曲线。空间离散后，在各个小单元内状态变量可以近似成均匀分布，即是一个常量，整体分布函数变成台阶变化的形式；各个小单元内状态变量也可近似成简单的线性分布，整体分布函数简化成折线。状态分布函数形式上的这种变化，可使得原本必须用偏微分方程表述的数学模型简化为简单的代数方程组或者分段简单函数的和。空间离散最典型的例子就是数值积分，通过自变量空间离散化后，连续变化的复杂被积函数与自变量轴构成的面积，近似成有限个矩形（或梯形）面积的和。空间离散的空间单元可以是具有实际空间维度的微小空间，如有限元模型和有限体积法模型中的空间离散；也可以是离散成无空间维度的质点，如晶粒生长的蒙特卡罗模型等的空间离散。通过将研究对象的空间合理地离散化，复杂的机理模型可以通过各单元的质量守恒、能量守恒、连续体条件等简单的数学模型，再联立方程组获得。

这里用一个多孔陶瓷材料高温传热的一维模型为例进行说明。陶瓷材料对于热射线（近红外）是半透明的，也就是说，多孔陶瓷材料的高温传热不仅要考虑材料的固体导热，还要考虑固体的辐射传热。尤其是在 1 000 ℃以上的高温传热条件下，辐射传热可能成为主要的传热形式。另外，由于是多孔材料，存在大量的固气界面，辐射存在多层反射的问题。这样的复杂问题可以用有限体积法将材料空间离散。对于一维传热问题，材料可以近似离散成垂直于热流方向的层状材料，在每层材料中温度是一定的。各层界面发生热反射，各层材料有透过率和吸收率，各层材料自身也进行热辐射，各层之间存在导热传热。虽然该模型涉及复杂的传热过程，但对于每一层材料来说都只是一个能量守恒的问题，也就是说，正负方向的辐射热流进出能量、导热进出能量与该层材料温度变化所需的能量代数和为零。该代数方程描述状态变量温度与材料热导率、辐射率、吸收率和透过率的数学关系，通过各层的方程联立及边界条件，可以获得该传热过程的数学模型。有了该模型，如果材料各传热参数已知，就可以预测材料温度分布和隔热性能；反之，若有一系列材料表、背两表面的温度数据就可拟合计算出该材料的各传热参数，具体内容可参见相关参考文件。

因此，通过时间离散可以将瞬态问题和多过程问题模型中对时间的偏微分化解，而空间离散可以将物理化学量的场（对空间的偏微分）化解，复杂的机理模型可以不用偏微分方程，而是用简单的代数方程组表述。

5.2.3 机理模型参数的获取

数学模型建立后，无论该模型的数学形式如何，广义上说都是建立了材料特性因变量与影响因素自变量和参数的函数关系，这种模型往往具有普适性，可以描述对象的一般特性规律。而对于一般材料研究，都是以一个具体的材料体系为对象，这样相关的数学模型也应是针对该体系的、特定的，而不是一般性的。将一个一般性的数学模型变成一个特定模型的过程就是将数学模型中的参数变成适用于该具体体系及过程的常数(具体的数值)。数学本身并不能表述化学或材料体系,但是数学模型中的参数往往代表了材料特性,因此通过确定参数值的大小使该数学模型表述具体材料体系的问题。如采用不同杨氏模量值的同一个数学模型,可以描述金属铝或陶瓷氧化铝的应力应变特性。

机理模型中包含的参数大多是具有物理意义的材料参数,这些材料参数常常可以在材料手册中查到,并可直接使用。但是,材料参数往往还受材料化学组成及制备过程等复杂因素的影响,因此,有时材料手册或参考文献中的材料参数不能直接采用,而是需要针对一个具体问题的实际条件获取其模型参数。所以,模型参数的获取也是建模的重要一环。

已建立数学模型 $y=f(x,\beta)$,其中,y 是材料特性或是材料某过程的状态量,它是可直接观察的物理量,或是可通过可直接观测物理量计算得到的状态量;x 是材料体系(材料化学组成、相组成、结构参数等)、材料制备工艺条件和材料特性表征条件等;β 是该数学模型的参数,数学模型的数学形式确立后,确定参数 β 的值是应用该模型的第一步。参数确定后,输入条件自变量 x 的值,模型就能预测出材料特性 y;反之,给定材料特性 y 可以反推出相应的条件 x。

材料参数的主要获取方法是对该模型进行实际抽样观察,针对实际体系不同的自变量条件 X_0,获得材料特性的观测值 Y_0。设独立条件变量 x 的抽样次数为 m,将 m 组已知数据 (X_0,Y_0) 分别代入数学模型,可得 m 个关于未知量 β 的方程组 $Y_0=f(X_0,\beta)$。如果抽样观察数 m 大于或等于待定参数 β 的个数 n,则无论该方程如何复杂,通过第4章介绍的数值分析方法,或直接求解,或拟合,即可获得该数学模型的参数 β。

5.2.4　机理数学模型与材料参数的表征方法

如上所述,建立数学模型的目的一般是建立影响因素自变量 x 与材料性能 y 的关系,用于材料性能预测或者材料体系和工艺条件的优化。除此之外,还可以通过对某个过程的数学建模,建立材料性能参数的表征方法。因为,机理数学模型中一般会涉及相关材料特性参数 β。如果这些材料特性参数是不可直接测量物理量,而因变量 y 是可直接测量物理量,则可设计一个过程,测量不同条件 X_0 下可测量物理量的值 Y_0,通过建立该过程的机理数学模型 $y=f(x,\beta)$,将观测的数据 (X_0,Y_0) 代入模型,用5.2.3小节所述的模型参数获取方法即可计算出不可直接测量的材料特性参数。

材料特性表征主要有3种形式:①欲表征量直接可测,如尺寸、质量等;②欲表征量可由直接可测量量的显函数直接计算获得,如密度、电阻率、抗弯强度等;③欲表征量不能由可直接测量量的显函数计算获得。通过建立相关机理数学模型,该模型是关于欲表征量的隐函数,可用可测量数据拟合可以求解出欲表征量,如高温传热的导热系数、热辐射系数、热吸收系数及扩散系数等。前两种方法是最常见的简单测试方法,第三种方法是一些仪器分析方法中常用的技术,如激光粒度仪、脉冲激光热导仪等。这些方法都无法直接测量或直接算出欲表征的粉体粒度和材料热导率,而是通过建立粉体粒度与光散射强度之间关系的数学模型;建立脉冲激光能量与试样表面温度随时间变化的数学模型,用可测量物理量的激光强度、温度数据代入模型求解获得。利用这种方法可以开发各种难以表征的材料特性参数的测试方法,新的测试表征技术往往是材料原始创新研究的重要环节。

另外,利用机理模型及其参数获取方法还可以从常规的实验数据中挖掘出材料特性参数。例如,对于一组扩散控制的氧化增重动力学研究实验数据,可以建立扩散机理数学模型,用不同时间试样质量的数据就可以拟合出该条件下的扩散系数；再如利用微区拉曼分析表征氧空位的浓度数据，并根据扩散机理数学模型拟合出材料中氧的扩散系数。

对于更复杂的过程，如多孔材料高温传热过程，高温传热包含固体、气体导热，热辐射的透过、吸收、发射、反射等复杂过程，涉及材料热导率、热射线发射率、透过率、反射率等材料特性参数。更复杂的过程也可以参照5.2.1小节和5.2.2小节介绍的方法建立其机理数学模型，获得试样表面温度与该材料相关的传热特性参数的数学关系。这种关系可能非常复杂，但是只要获得 m 组独立的试样表背温数据（m 大于模型中参数的个数），就能拟合出该模型中的材料参数。

所以，机理数学模型的建立，对实验数据的深度挖掘以及开发新的材料特性测试方法具有重要作用。

5.2.5 机理数学模型与材料特性的预测

数学模型就是材料特性与影响因素的函数关系，因此机理数学模型的第一功能就是材料特性预测，探讨各因素的影响规律，揭示其机理。数学模型的数学形式及其参数一旦确定，就可以预测各影响因素取特定值时的材料特性。

对于机理数学模型，模型的普适性强，只要模型的假设成立，就适用于任意体系的任意条件的预测。模型假设包含两部分：一部分是该研究对象的实际物理化学过程简化为相应物理模型或数学模型过程的假设条件，如纳米多孔材料中气孔尺寸小于气体分子平均自由程，气体的热导忽略不计等；另一部分是数学模型的参数对于一个特定的体系来说是一个常数。也就是说，用机理数学模型进行预测时，首先要确认研究的材料体系以及因素条件范围内，机理模型的初始假设是否能够成立。

在机理数学模型中，模型参数常常是材料体系的特征参数，材料体系不同模型参数的值也不同，因此，只要该体系材料的相关参数已知，就可以用机理模型预测同一条件下不同材料的性能。另外，对于一个特定的材料体系，即模型参数一定，可以预测各影响因素对材料性能的影响。特别是，机理模型预测影响因素的取值范围不受模型参数获取时实验取值范围的限制，不像经验模型预测有外推适用性的问题（参见5.3节）。也就是说，可以在有限的范围内抽样实验，获取的机理模型的材料参数可以用于更广范围的性能预测。当然，一些较敏感的因素要注意，如温度要确认是否超出模型假设范围，包括模型参数是否发生变化等。一方面要通过材料学的知识进行判断，另一方面可以通过实际抽样实验进行验证。

模型的预测功能都是计算出各影响因素对材料特性的影响规律，但是，机理模型的预测除了影响规律的表象之外，更要注重机理的探讨与分析。这一点与经验模型预测的目的应该有很大的区别。机理模型的预测与实际观测结果一致，这本身就说明该模型已经揭示了该材料特性或过程的本质，抓住了关键因素及其作用机理，建立模型时的物理假设是正确的，复杂现象的抽象是正确的。分析各因素的影响规律以及材料参数（模型参数）对性能特性的影响等，可以进一步从机制层面研究对象及其规律。

用已知数学模型进行预测，无论其形式多么复杂，在技术上都没有什么困难，在此就不做具体说明了。

5.2.6 机理模型与材料的优化设计

建立数学模型的另一个重要作用是用已建立的材料特性与影响因素间的数学关系，找出性能最优的材料体系和制备条件，或是性能达到某要求的材料体系和制备条件的范围，这就是材料优化设计。材料优化设计才是材料研究也是材料建模的最终目的，也就是如何能制备出性能最为优异的材料，或是如何制备出满足性能要求的材料。

对于机理模型，主要目的是揭示研究对象及其影响因素的本质，但是，由于机理模型具有普适性强的特点，所以其材料优设设计也是非常重要的。除了像经验模型一样可以对各影响因素进行优化设计之外，由于机理模型的参数具有物理意义，可以代表材料体系，因此，还可以对模型的参数进行优化设计。

另外，机理数学模型都是具有物理模型的，材料特性或过程的机理机制是明确的，因此，其优化除了单纯的数学问题之外，还可以从物理机制上进行优化设计。如机理模型中的一些材料参数，如热导率、杨氏模量、介电常数、磁导率等都是物理意义明确的量，其作用常常也是很明确的，这些都有助于复杂系统的材料优化设计。

对于已知数学模型的材料优化设计，就是已知目标函数求极值或者规划的数学问题。对于简单函数的极值问题，如果该函数的导函数存在，就可以令该导函数为零，通过求解该方程或方程组获得极值的自变量值。但是，如果数学模型的形式很复杂，可能不是一个简单代数式，而是一个函数程序，或是多极值函数等，那么这样复杂模型的优化设计的数学过程可能会很复杂，相关方法将在第 7 章详细介绍。

5.3 经验数学模型与应用

5.2 节所述的机理数学模型中的影响因素的作用机制明确，数学形式具有理论基础，模型参数具有明确的物理意义。但是，有时研究的对象非常复杂，难以清晰地理清其基本的物理机制，或是采用机理模型的计算成本过高，或是没有必要过分纠结各影响因素的作用机制，而只需建立能够描述材料特性与其影响因素之间的函数关系，能够进行材料性能预测或是材料性能优化设计即可。这样，数学建模的目的仅仅是建立一个最合适的函数关系，而该函数的数学形式并不重要。所谓最合适的函数关系，就是在所关心的影响因素区域内，该函数所预测的材料特性与实际观测值的误差最小。也就是说，描述同一个对象可以用若干种形式的函数，函数形式的选取可以完全凭经验(经验包括他人所采用的函数，或是由直接观察实验数据的变化态势而定)，也可以是具有一定物理意义的能简单描述对象特征的半经验数学关系。这种不是由基本原理建立的数学模型称为经验数学模型。

虽然经验数学模型不能像机理模型那样具有很强的理论价值，但是，其建模过程简单，应用广泛，对材料研究来说也是非常重要的。

经验数学模型不用从基本原理进行推导求解，因此，一般都采用简单的常用函数，如多项式函数、指数函数、对数函数等。其中，多项式函数是最常用的经验模型，其适用性最广。例如，对于一组单因素研究的实验数据(x,y)，我们常用多项式拟合的方法，获得材料性能 y 与影响因素 x 之间的关系，即 $y=a_0+a_1x+a_2x^2+a_3x^3+\cdots$，多项式的次数可以简单地根据函数与实验值拟合程度的相关系数来确定。经验数学建模就是凭经验，或是由函数与实验数据的拟合精度来选定函数形式，用实验观测数据拟合确定所选函数中的参数值。单因素函数拟合在材料研究数据处理中经常用到。

除了上述一元多项式函数的一般形式外，还有指数函数 $y=ae^{bx}$ 和对数函数 $y=a\ln x+b$ 等，其中 a，b 为常数。经验模型中的参数一般只有数学意义，而没有物理意义。

有时经验模型的数学形式可以根据一定的物理现象的表象规律经验进行选择。如某化学反应过程表征量与时间的关系，如果是反应控制过程，则选用线性函数 $y=kt$；如果是扩散控制过程，则采用二次函数 $y=kt^{1/2}$。因此，有时也用经验模型中的参数值来讨论对象的机理，但并不代表这些参数具有明确的物理意义，而只是一种经验的体现，经由大量的实验或是理论佐证后，将这些参数的取值范围赋予一定的物理意义。

再如热平衡动力学过程的物理量与温度的关系，由于热平衡条件下动力学问题与玻耳兹曼分布密切相关，因此，常常用到 $v=v_0\exp\left(-\frac{E_a}{kT}\right)$，其中，$v_0$ 为前置因子，E_a 是该过程的活化能，k 为玻耳兹曼常数。这种数学模型具有一定的理论基础，但没有严格的推导求解，还是唯象的，因此，可以看成是半经验模型。其中的重要参数活化能具有物理意义，表征过程的势垒高度、过程的难易程度，还表示该过程物理量受温度影响的程度。例如，在材料固相烧结过程中，扩散主要有 3 种机制：表面扩散、晶界扩散和体扩散。3 种扩散的活化能依次增加，也就是说，扩散难度依次增加，温度敏感性依次增加。因此，低温时表面扩散易发生，传质过程以表面扩散为主。而随着温度的升高，体扩散迅速加快，成为主要过程。由于表面扩散不能导致致密化，而且消耗烧结驱动力，因此，烧结过程低温阶段的时间过长，不利于材料致密化。但对于多孔材料的烧成来说，只希望获得一定的机械强度，而不发生致密化，并且保持较高的气孔率，因此可低温长时间保温，利用表面扩散特性实现高气孔率、高强度的目标。对于动力学物理量来说，活化能是一个重要参数，但是也要考虑前置因子的大小。

总之，经验模型是用一个简单的数学函数来表述材料特性与影响因子的关系，通过实验观测数据，拟合出函数中的待定系数。建立的数学模型可以预测材料特性，优化性能，甚至通过模型参数结合经验来探讨过程机理。但是，由于经验模型的形式和参数均来自经验，缺乏机制保障，所以，其普适性、外延性差。模型参数的获取是在一定范围内通过因素取值拟合来获得的，即使拟合的相关系数很高，但由于函数形式没有机理支撑，用该模型预测拟合数据范围外的性能，即所谓外延预测是缺乏保证的，有可能误差非常大。因此，经验模型的外延预测一定要注意验证。对于具有一定理论基础的半经验模型，其外延预测的可靠性会好一些。

5.4 离散数据模型与应用

经验模型具有可简单建立材料特性与影响因素数学关系的特点，简单的数学形式除了便于进行预测和优化外，还可以进行一定层面的机理探讨。但是，对于因素变量取值范围较大，或是多因素条件下，一个简单的函数往往难以保证在全域内都能与实验观测数据拟合得很好，这是经验模型难以解决的问题。如果这种情况下还要求和经验模型一样，能够在大量实验数据的基础上，建立一个简便的能够很好地表现该系统的数学模型，其解决方案就是离散数据模型。

所谓离散数据模型，就是不需要建立一个全域的解析函数数学形式，而在体系因变量和自变量的大量离散数据(数据库)的基础上,采用一定的算法在离散数据中进行插值计算,给出系统在任意影响因素条件下的材料性能预测值。正如 3.2 节中的插值方法所介绍的,适用性强的算法主要是分段插值,因此,无论哪一种算法都只有各区域的插值函数,没有全域的函数,而且该函数的形式和参数均没有物理意义,只是能够较精确地预测材料特性而已。

离散数据模型能够实现性能预测,但是有没有具体的函数能实现建模的另一个主要目的——优化设计吗?答案当然是肯定的。虽然没有解析式形式的函数,但是既然该模型输入自变量就能返回因变量的计算结果,就是广义的函数,有目标函数就能进行优化设计。由于该目标函数无法获得其导函数,因此,不能用解析的方法进行优化,但是可以进行数值解优化,其方法可参见第 7 章相关内容。

离散数据模型就是选定体系影响因素和材料特性,确定因素取值范围,通过合理抽样获取大量数据,建立数据库,根据数据特点选用适当的插值算法,然后编写简单的 MATLAB 程序来实现。

离散数据模型是建立在插值算法基础上的,所以该模型的外延特性较差。机器学习习得的模型也是建立在大量离散数据基础上的,但是机器学习算法不仅考虑现有数据的拟合精度,更重视对新数据的预测精度,因此,离散数据模型采用机器学习算法可以获得性能更好的数学模型。细节请参考"第二篇　机器学习基础与应用"的相关内容。

5.5　黑箱模型

机理模型和经验模型都是用明确的数学函数形式将因素自变量 x 与特性或状态因变量 y 联系起来,数学模型可以形象地看成是一个盒子,如图 5.1 所示。盒子的左侧是系统的各因素自变量,右侧是特性因变量。向这个盒子内输入一套自变量的值,盒子就能输出一套相应的因变量的值。

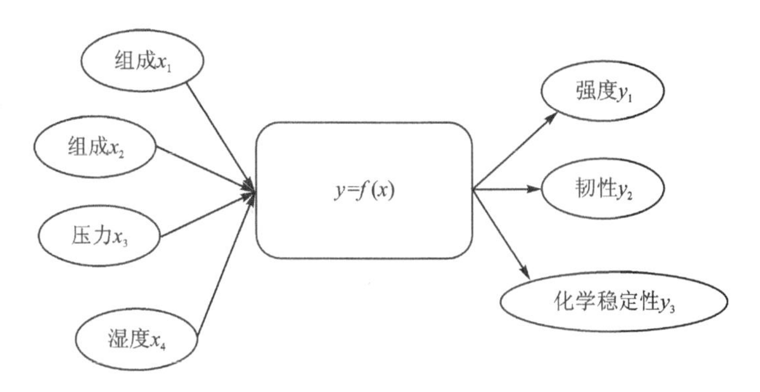

图 5.1　模型关系示意图

机理模型因研究对象的物理机制是清晰的,所以影响因素变量与材料特性间的关系可以从基本原理数学方程导出明确的函数表达式;虽然经验模型的数学表达式不具有明确的物理意义,但是其因变量与自变量的数学关系是明确的。这两种模型明确地揭示了影响因素与特性间的关系,所以可以称作是白箱模型,即各因素如何作用是清晰的。相对于具有明确数学表达式的白箱模型,还有一些复杂的、无法用明确的数学形式表述的关系,我们称之为黑箱模型。

虽然没有表述因素与特性间关系的明确数学表达式，但是，模型仍然具有函数的特性，即输入特定的因素变量的值即可算出确定的特性因变量的值。如离散数据模型虽然只有一组组因素与特性离散的实验数据和插值算法，但可以计算出任意自变量条件下的因变量的值。黑箱模型除了离散数据插值模型之外，还有近来发展迅速的人工神经网络模型等机器学习模型。

黑箱数学模型是多元非线性数学建模的重要方法。多元非线性模型的关键是各元素之间的交互作用，用最简单的多元多项式数学模型来做说明。例如一个三元线性模型，其形式是（$y=a_0+a_1x_1+a_2x_2+a_3x_3$，）而三元二次模型就变成（$y=a_0+a_{11}x_1+a_{12}x_2+a_{13}x_3+a_{21}x_1^2+a_{22}x_2^2+a_{23}x_3^2+a_{212}x_1x_2+a_{213}x_1x_3+a_{223}x_2x_3$），二次函数中除了前四项线性的部分和各因素自身的二次项之外，还有最后三项的各因素两两交互作用项。三元三次模型的因素交互作用项会变得更为复杂。因此，对于多元非线性模型往往难以用常规的简单函数来描述，需要新的解决方案，以人工神经网络为代表的机器学习就是一种理想的方法。人工神经网络是用简单激发函数神经元通过建立复杂的网络拓扑结构来建立多元非线性数学关系的，这是典型的黑箱模型，相关细节请参见第 10 章。

5.6 随机模型与应用

以上介绍了通过机理的基本方程或是实验数据拟合建立自变量与因变量的数学关系，前者是可以直接推导出普适的数学函数，针对具体的体系需要采用实验数据拟合出适用于该系统的参数；后者更是直接基于实验数据的拟合。为什么是用拟合而不是用实验数据简单的求解呢？这是因为我们获得的实验数据是有弥散性的，或者说具有随机性，也就是说，同样条件下制备的材料，其特性并不是一个确定值。所以采用较多的实验数据，利用拟合的方法，获得误差最小的数学函数。但是，一旦该模型确定，因素自变量与材料特性之间的关系就是确定性的，无法表现体系的随机性。

随机性是普遍的，造成不确定的因素有很多。如因为一些无法考虑的因素，或是测量误差，导致有些物理量本身就是一个随机量。因此，除了建立确定性数学模型之外，有时还需要建立能够体现弥散性的随机数学模型。

例如，从同一块材料上切出的若干个抗弯强度试样，各试样的抗弯强度测试值是不同的，是弥散的，尤其是陶瓷等脆性材料，其弥散性尤其大。材料的机械强度主要取决于材料中缺陷的大小、形状及其所处的位置。所有材料，特别是多晶材料，都会存在大量缺陷，缺陷的大小以及空间分布是随机的。从一块材料中取出的各个试样中存在的缺陷尺寸服从某个分布，但是每个试样中最大的缺陷尺寸都是不同的，如同在随机变量系统中抽取若干个小的样本一样。材料的强度是由最危险的缺陷决定的，缺陷的危险性不仅与缺陷的大小、形状有关，对于非均匀应力场来说，还与缺陷在试样中所处的位置有关。如抗弯试验条件下，在试样张应力表面的中部张应力最大，此处较小的缺陷也可能成为导致破坏的裂纹源。假设材料中缺陷的密度，即单位体积的缺陷个数是一定的，缺陷的尺寸是服从正态分布的随机量，如果忽略制备条件对试样空间均匀性的影响，则缺陷出现的空间位置是均匀分布的随机量。因此，材料的抗弯强度就是一个随机过程的抽样结果，即一个随机模型。

再如一些恒温动力学过程是有一定速度的。所谓速度，就是说过程不是瞬间完成的，而是有时发生，有时不发生，整体统计来看过程需要一定的时间，也就是有一定的速度。这就是动力学中的微观机制，从一个高能量的初始状态变到低能量的终状态要经历一个更高能量的能垒。只有克服这个能垒事件才能发生，否则不发生。克服这一能垒的能量来源是热能，而温度实际上是物质热振动的统计量，热能对于每一个基本单元来说都有涨落，也是统计量。也就是说，动力学过程也是随机模型，如扩散、化学反应、晶粒生长、重结晶、相变等。

随机模型中的自变量与因变量虽然不是一一对应的确定关系，但是一定存在内在的规律，存在相关机制机理，也就是存在统计数学关系，服从某个特定分布函数等。随机模型的建立方式可分为两大类：一类是自变量是服从一定分布的随机变量，如上述材料抗弯强度问题。这类模型的自变量通过随机抽样，利用确定的机理模型计算出相应的因变量的值。这类随机模型的随机性主要体现在自变量的随机抽样过程上。另一类随机性来自对象是一个随机过程，事件是以一定的概率发生的，而不是一定要发生的，如上述热平衡的动力学问题等。该类随机模型的随机性主要体现在过程是以某个概率分布函数的概率进行的。

由此可见，材料研究过程中，有很多随机建模的需求，但随机建模对于不同的对象其形式和过程相差很大，难以概括，在此只介绍相关的基本方法，如随机数的产生、随机变量抽样、概率事件的产生、统计等，及其 MATLAB 的实现。关于随机模型与实现可参见第 6 章。

5.7　小　结

数值分析方法进行数据处理与挖掘是要建立在内在数学函数形式已知的基础上的，也就是说，表述数据的数学模型是已知的，只是针对特定体系的模型参数未知。因此，进行数据处理及挖掘首先要有数学模型，也就是要求我们具备数学建模的基本知识，了解模型的类型及其特点、建模方法及步骤。

数学模型主要分为经验模型和机理模型。其中，经验模型简单，能够较好地建立自变量与因变量的数据关系，一般具有很好的工程应用价值，但是，经验模型的参数往往只有数学意义，而不具有物理意义。机理模型则是建立在物理机制基础上的数学形式，往往具有复杂的数学形式，甚至不是一两个数学表达式能够记述的，可能是一个计算机函数程序。机理模型中的参数往往是具有物理意义的材料特性参数。因此，基于机理模型的数据处理不仅可以解释机理特性，还可以获得一般难以直接获得的材料参数，如扩散系数、传热材料参数等。因此，要根据不同的目的采用不同的数学模型对数据进行处理及挖掘。

与传统的数值分析不同，机器学习的数据分析与挖掘不用已知数学模型的形式，只面对数据进行处理及挖掘，而数学模型本身是机器学习数据挖掘的成果。虽然机器学习习得的模型形式不是传统的数学方程形式，但是，这种模型对于复杂的多元非线性关系，甚至是非数值型变量的关系是非常有效的。这部分内容请参见第二篇机器学习的有关章节。

习　题

5.1　了解数学模型的类型及特点和作用。

5.2　了解模型参数的特点及作用。

5.3　了解建模基本方法及步骤。

5.4　通过建模设计一个不可直接测量的材料参数的表征方法。

5.5　将所关心的材料研究对象或过程抽象出数学模型。

第6章　概率、统计与材料研究

随机性是数学模型的一般特性，材料性能表征结果均是对随机变量、随机过程的抽样结果。许多材料相关过程、状态的演变不是一个确定的事件，而是一系列概率事件的表现。因此，概率与数理统计是与材料研究密切相关的数学知识。而概率与数理统计是从中学就开始学习的数学内容，我们对其基本内容和概念，特别是概率的计算、离散数据的统计分析方法已比较熟悉。本章主要介绍与材料随机模型计算相关的随机抽样、概率事件、统计等在计算机（MATLAB平台）中是如何实现的。在此基础上，再介绍随机模拟的重要方法——蒙特卡罗方法及其在材料领域中的应用。

6.1　概率与统计的MATLAB实现

6.1.1　随机变量抽样方法

随机模型的核心是在计算中引入随机性，无论在建模的哪一步引入随机性都离不开随机数的产生。随机数是[0,1]上均匀分布随机变量的抽样值，每次抽样完全独立，不重复，没有周期性，随机样本不可重复。真正的随机数是用物理过程产生的，比如：掷钱币、骰子、转轮及使用电子元件的噪声，以及最近报道的基于量子纠缠的内禀随机性，制造出真正的随机数产生器等。这些随机数产生方法很复杂，难以在计算机建模中直接使用。另外，C语言、MATLAB甚至Excel等都有产生随机数的函数，可以非常方便地产生随机数，但是，这些函数都是用较为复杂的递推函数产生的，即 $\xi_{n+1}=T(\xi_n)$。递推函数的特点是前一个数一旦确定，递推公式一定推出下一个确定的数。该特点决定了这些函数给出的随机数有可能重复，即是周期函数。也就是说，常用的随机数函数所产生的随机数不是真正的随机数，我们称这样的随机数为伪随机数。但是，随着计算机精度的提高，该伪随机数的周期变得足够长，一般的随机建模应用不会出现周期重复的抽样，所以可以作为真随机数使用，以下均称为随机数。要注意这些随机函数都会伴随种子（初始值）使用，如需特殊要求产生同样的随机抽样，可用同一个种子实现。若为了避免同样的抽样，可设种子为计算机系统的时间值，这样就不会有相同的种子。

各计算平台都有自己的随机数函数，但函数名不同，可直接使用。递推函数的算法在此不做介绍。MATLAB中随机数初始化命令如下：

```
s = rng('shuffle');              % 种子为系统现在时间
```

或者

```
s = rng(sd);                     % sd为非负整数
```

产生一个 $n\times n$ 维的随机方阵的函数，如下：

```
r = rand(n);
```

随机数是在[0,1]域内出现任意一个值的概率均等的均匀分布的抽样结果，而有时随机量出现某一个值，或者出现在某一个范围的概率并不均等，而是服从某个特定概率分布，这样的随机量称作随机变量。可见，随机数是均匀分布的抽样结果，是随机变量的特殊形式。

某变量在不同的条件下由于偶然因素影响，可能取各种不同的值，即具有不确定性和随机性。但是，其取值落在某一个范围的概率是一定的，这样的变量称作随机变量。随机变量的定义：如果每次抽样试验的结果可以用一个数 ξ 来表示，而且可对于任何实数 x，“$\xi<x$”有着确定的概率，则称 ξ 为随机变量。随机变量服从某个概率分布函数，按照随机变量可能取得的值，可以把它们分为两种基本类型：离散型和连续型。

随机变量抽样就是由已知分布的总体中产生简单子样。关于随机变量抽样算法及原理可参见“6.2 概率事件的计算机实现”的相关内容，这里只介绍随机变量抽样的 MATLAB 实现。MATLAB 统计工具箱(statistics toolbox)提供了多种常用分布的随机变量抽样函数，简单直接调用即可获得服从某特定分布的随机变量抽样结果。如产生 1 000 个服从正态分布的随机变量抽样，如下：

```
r = normrnd(0, 1, 1000, 1);
```

即产生分布参数 $\boldsymbol{\mu}$、$\boldsymbol{\sigma}$ 分别为 0 和 1 的标准正态分布的 1 000×1 维随机变量列向量。函数名的前半部分代表分布函数的缩写，后半部分 rnd 代表产生随机数。表 6.1 列举了 MATLAB 提供的常用分布函数及其缩写，各分布函数的参数请参见分布函数的数学形式。

表 6.1 统计工具箱常用分布函数及其缩写

数据连续分布		统计量连续分布		离散分布	
分布函数	缩　写	分布函数	缩　写	分布函数	缩　写
Beta	beta	Chi-square	chi2	Binomial	bino
Exponetial	exp	Noncentral Chi-square	ncx2	Discrete Uniform	unid
Gamma	gam	F	f	Geometric	geo
Lognormal	logn	Noncentral F	ncf	Hypergeometric	hyge
Normal	norm	Student's t	t	Negative Binomial	nbin
Rayleigh	rayl	Noncentral t	nct	Poisson	poiss
Uniform	unif				
Weibull	wbl				

MATLAB 还可以产生任意自定义分布的随机抽样，如产生具有参数 A 的自定义分布函数 name 的随机变量抽样函数，即

```
r = random(name,A);
```

6.1.2 随机变量的概率分布函数

随机变量的概率分布和数字特征是描述随机体系内在规律和特征的关键，是随机建模的重要内容，相关内容可参考相关的数理统计教材。这里主要讲述主要分布函数及数字特征的

MATLAB 实现。

1. 分布函数(累积分布函数)

一个随机变量 ξ 取值小于某一数值 x 的概率，该概率是 x 的函数，我们称这种函数为随机变量 ξ 的分布函数(又称累积分布函数)，记作 $F(x)$，即

$$F(x)=P(\xi<x)\,,\quad -\infty<x<+\infty$$

分布函数可以描述随机变量落入某个区域内的概率。MATLAB 中累积分布函数(cumulative distribution function)用分布名缩写+cdf 作为函数名，这里以正态分布为例，即

```
P = normcdf(x, mu, sigma);
```

该函数用于计算概率，其函数图形如图 6.1 所示。

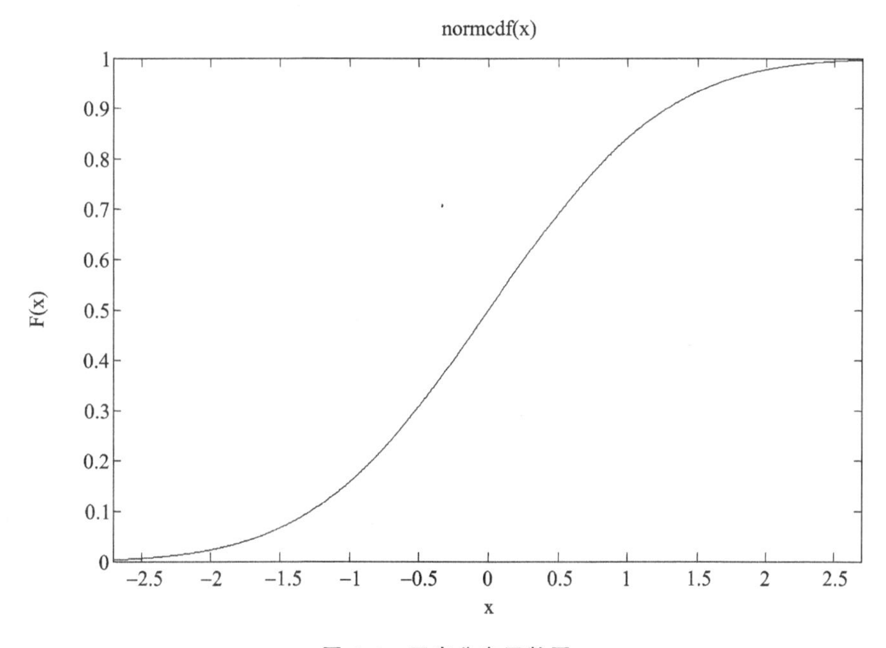

图 6.1　正态分布函数图

2. 概率密度函数

概率密度函数是分布函数的导函数，记作 $f(x)$。其可形象地表现随机变量取某一特定值的可能性的大小，而出现在某区域[a,b]的概率可由该区域对某密度函数的定积分求得，即

$$P=\int_a^b f(x)\,\mathrm{d}x$$

MATLAB 中概率密度函数(probability density function)用分布名缩写+pdf 作为函数名，这里以正态分布概率密度函数(见图 6.2)为例，即

```
f = normpdf(x, mu, sigma);
```

该函数可计算随机变量抽样为 x 时的频数。

3. 逆分布函数

顾名思义，该函数是概率分布函数的逆函数，可计算某概率条件下的假设检验的临界值。如计算各种分布的分位数，在进行假设检验和计算置信区间时很有用。MATLAB 中逆分布

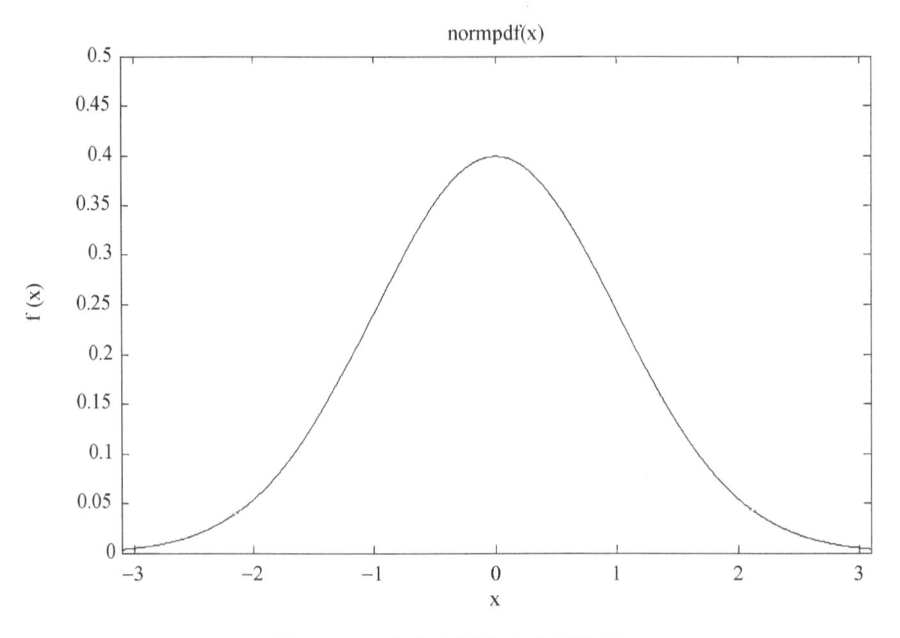

图 6.2　正态分布概率密度函数图

函数(inverse cumulative distribution function)用分布名缩写＋inv 作为函数名。如计算标准正态分布为 95％的置信区间,即

```
x = norminv([0.025 0.975],0,1)
x = - 1.9600   1.9600
```

逆分布函数还可以用于计算随机抽样,如 P 为 1 000 个随机数,即

```
P = rand(1000,1) ;
x = norminv(P, 0,1) ;          % 产生 1 000 个服从标准正态分布的随机抽样
```

6.1.3　随机变量分布函数参数的估计

这里所说的参数是指总体分布中的未知参数。随机变量的分布函数和一般的函数一样,都包含了函数基本形式及其参数。一种分布可以用一种函数形式进行表述,表示一类分布,是通用函数。而对于一个具体的样本总体,如特定条件下制备的某种材料的机械强度,随机变量的分布特性除了分布函数类型之外,还要确定其分布函数中的参数。参数确定使得通用分布函数成为一个特定分布,这与前面介绍的函数拟合是一样的,在概率与统计中称作参数估计。

如果获得了已知某种分布的抽样实验结果数据 DATA,则可以采用最大似然估计方法估计该分布函数的参数。MATLAB 统计工具箱提供了常用分布的参数估计函数,用分布名缩写＋fit 作为函数名,可获得一定置信区间(默认为 95％)的参数估计值。如估计抽样数据 DATA 的正态分布置信度 a 的参数 mu 和 sigma,即

```
[mu, sigma] = normfit(DATA,a) ;
```

分布函数的参数估计在材料研究中经常用到,如粉体粒度分布、气孔孔径分布、材料缺陷尺寸分布等。通过实验可以测得试样的大量实验数据,这些数据可以看成是某已知分布的随

机变量的抽样结果，然后，通过对该数据的分布函数拟合，可以获得分布函数的参数，即可掌握该材料属性的分布特征。获得了材料属性的随机分布特性，可以对该属性进行定量描述，还可以用于建立材料随机模型，模拟材料随机属性因素对材料特性影响的计算。

参数估计在材料研究中的一个重要的应用实例是材料断裂强度的威布尔模数的计算。材料的机械强度主要是由材料中最危险的缺陷导致的，对于由同一块材料中取下的若干试样，由于其中缺陷的大小及位置分布均是随机的，所以这些试样的机械强度值也不同，也是随机变量。根据材料断裂力学理论，材料在某个应力 σ 下发生断裂的概率 P_f 属于双参数威布尔分布，即

$$P_f = 1 - \exp\left[-\left(\frac{\sigma}{\sigma_0}\right)^m\right]$$

其中，m 和 σ_0 是分布函数的参数，表述分布形态，在断裂力学中分别叫作威布尔模数和特征断裂模量。威布尔模数表述材料断裂强度的离散程度，也是材料力学可靠性的重要指标。威布尔模数越大，断裂强度离散度越小，材料可靠性越高。因此，从测得的材料断裂强度数据中计算出威布尔模数 m 是常用的统计分析。该统计分析过程的一般计算方法是获得一组 N 个材料断裂强度数据 σ 后，按强度由小到大顺序排列，那么在第 i 个强度值时材料的断裂概率为

$$P_{fi} = \frac{i - 0.5}{N}$$

通过数学变换后，原威布尔分布可写成

$$\ln\ln\left(\frac{1}{1 - P_f}\right) = m\ln(\sigma) - m\ln(\sigma_0)$$

用 N 个数据(σ, P_f)作 $\ln(\sigma)$- $\ln\ln[1/(1-P_f)]$ 图，并进行线性拟合，其斜率为威布尔模数，再由截距可获得威布尔分布的另一个参数。

在 MATLAB 中已有双参数威布尔分布标准概率密度函数，可调用分布函数参数估计函数，直接对强度数据 σ 进行统计分析计算，而不需要排序及断裂概率等计算过程，函数调用形式为

```
phat = wblfit(σ);
```

其中，计算结果 phat 是一个两元素向量，phat(2)是上述威布尔模数。但是，要注意，由于 MATLAB 中的威布尔分布函数的第一个参数不是上述断裂力学的断裂概率公式中的 σ_0，也就是说，phat(1)不是特征断裂模量。特征断裂模量的计算还得通过概率分布函数算出断裂概率才能求得。

6.1.4　随机变量的数字特征

通过随机变量的抽样试验，由所获得的样本数据对已知分布参数估计，获得该随机变量的概率分布函数。随机变量的分布是关于随机变量概率的全面描述，有时我们可能更关心代表随机变量特性的数字特征。最常用的数字特征有均值和方差等，这些参数可能更具物理意义。数字特征又分为随机变量总体的数字特征和随机变量样本的数字特征。

1. 随机变量总体的数字特征

基于随机变量概率分布的数字特征就是随机变量总体的数字特征。也就是说，通过样本

数据等获得随机变量概率密度函数后,基于数字特征的定义可求得该概率分布的数字特征。设已知连续型概率密度函数 $f(x)$,则其数学期望(均值)及方差分别为

$$\mu = \int_{-\infty}^{\infty} x f(x) \mathrm{d}x$$

$$D = \int_{-\infty}^{\infty} (x - \mu)^2 f(x) \mathrm{d}x$$

在 MATLAB 中,已有常用分布函数的数字特征计算的函数,直接调用即可求得。其函数名由分布名缩写+stat 构成。以上述由材料强度实验数据参数估计获得的威布尔分布(其两参数分别为 phat(1),phat(2))为例,说明总体均值及方差的计算函数的调用形式,即

```
[m,v] = wblstat(phat(1),phat(2));
```

其中,计算返回值 m 和 v 分别为该威布尔分布的随机变量总体均值和方差。对于离散型概率分布也是同样,只要已知分布函数及其参数,调用相应分布的统计函数即可求出该分布的数字特征。

2. 随机变量样本的数字特征

有时获得概率分布并不是一件容易的事,有时可能并不需要掌握概率分布的全貌,而只需知道随机变量的一些数字特征。这时可直接计算随机变量样本的数字特征,用以表述随机变量的特性。所谓数字特征,是指能够表征随机变量某些方面性质特征的量,比较常用的数字特征有数学期望、方差、协方差和相关系数等。根据性质不同,数值特征可分为位置特征、离散特征及其他统计量特征。

位置特征用以表征随机变量或样本数据均值的位置,其中常用的有算术均值、几何均值、中位数等。离散特征用以表征数据的分散程度,常用的离散特征有极差、标准差等。

对于随机变量样本数据 $\boldsymbol{X}$,$\boldsymbol{X}$ 是 $m \times n$ 维矩阵,行元素是随机变量的 m 个观测值,列元素是 n 个随机变量。因此,MATLAB 中的样本数字特征计算函数都是以各列为对象进行计算的。表 6.2 所列为 MATLAB 统计工具箱中常用数字特征函数及其调用格式。

表 6.2　MATLAB 统计工具箱中常用数字特征函数及其调用格式

函数分类	函数名	函数说明	调用格式
位置特征	geomean	几何均值	m= geomean(X)
	harmmean	调和均值	m= harmmean(X)
	mean	算术均值	m= mean(X)
	median	中位数	m= median (X)
	trimean	修正的样本均值	m= trimean (X)
离散特征	iqr	四分位间距	y= iqr(X)
	mad	平均绝对偏差	y= mad(X)
	range	极差	y= range(X)
	std	标准差	y= std(X)
	var	方差	y= var(X)

续表 6.2

函数分类	函数名	函数说明	调用格式
其他数字特征	corrcoef	相关系数	R=corrcoef(X)
	cov	协方差	C=cov(X)；　C=cov(x,y)
	kurtosis	峭度	k=kurtosis(X)
	moment	n 阶中心矩	m=moment(X,n)
	prctile	大于 p%的经验分位数	Y=prctile(X,p)
	skewness	偏度	y=skewness(X)

表 6.2 中的数据 $\boldsymbol{X}$ 是 $m\times n$ 维矩阵。如果某些变量的观测值缺失，则 MATLAB 中的缺失元素可用 NaN(Not a Number)计入，形成缺失数据矩阵 $\boldsymbol{X}$，再用缺失数据样本特征函数进行计算，缺失数据统计函数名为在原统计函数名前加 nan，如 nanmean、nanmedian、nanstd、nansum、nanmax 等。

6.1.5　统计图

MATLAB 统计工具箱(statistics toolbox)不仅提供大量的有关随机数、概率统计的函数，还在原本强大的绘图功能的基础上，增加了统计绘图功能，以直观地体现样本及其统计量的内在规律。其主要包括盒子图形(boxplot)、误差条(errorbar)、样本累计分布图(cdfplot)、样本分布图(hist)以及概率分布图(problot)等。

在此还是以材料断裂强度的威布尔分布为例，说明 MATLAB 统计绘图的功能。材料的断裂强度应是通过强度实验获得实验数据，在此为了演示 MATLAB 在概率与统计方面的强大功能，强度离散数据也由 MATLAB 随机抽样产生。具体过程如下：

```
x = wblrnd(600,10,200,1);      % 获取双参数分别为 600 和 10 的威布尔分布的 200 个随机数，作为虚
                               % 拟强度数据列向量
cdfplot(x)                     % 作数据 x 的累计分布图(见图 6.3)，无需对随机的强度数据进行排序
                               % 等任何处理，直接作图
hist(x)                        % 直接作 x 的统计分布图(见图 6.4)，默认分为 10 挡，自动确定范围
                               % 统计频数
histfit(x,10,'wbl')            % 作 x 的 10 挡分布图和威布尔分布('wbl')拟合结果(见图 6.5)
probplot('wbl',x)              % 对数据 x 作威布尔分布概率图(见图 6.6)
```

图 6.6 所示为常见的拟合获得材料强度威布尔分布概率图，横坐标是强度的对数 $\ln x$，纵坐标是断裂概率 P 的对数对数，即 $\ln\ln P$，可见该作图在 MATLAB 中的实现很简单。

关于其他分布函数的作图可参见相关函数的帮助。

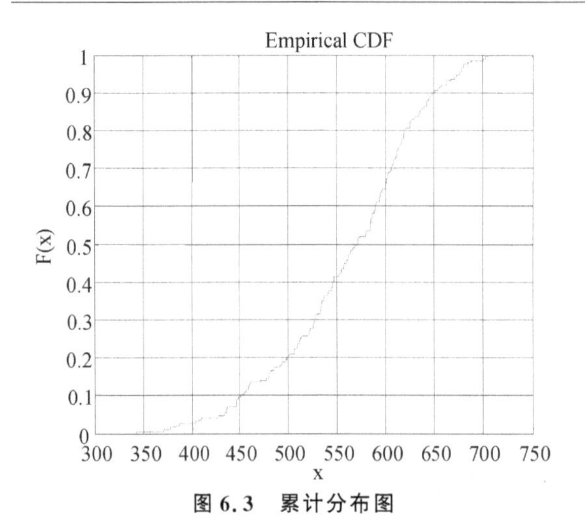

图 6.3 累计分布图

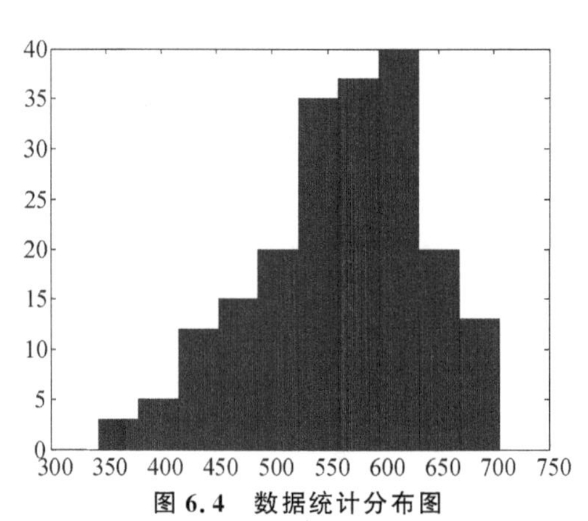

图 6.4 数据统计分布图

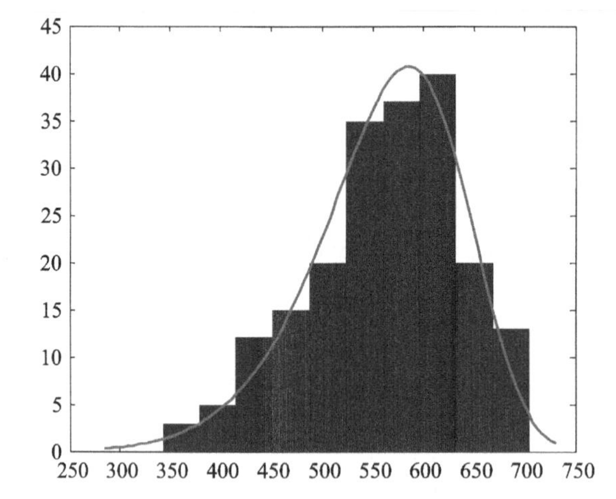

图 6.5 10 挡分布图及威布尔分布拟合结果

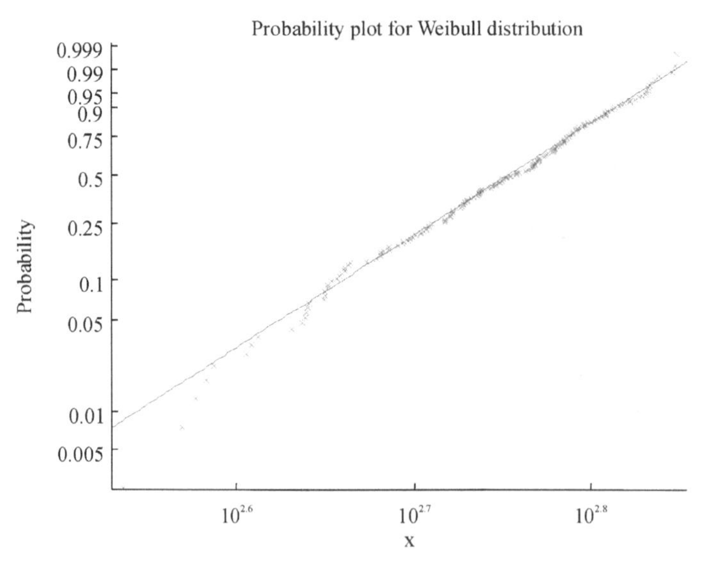

图 6.6 威布尔分布概率图

6.2　概率事件的计算机实现

随机模型或随机过程计算机模拟常常会涉及某个事件或某个状态发生的概率，也就是说，计算中要实现在给定概率条件下事件发生或不发生。所谓已知事件发生的概率，就是概率密度函数已知。对于标准正态分布，随机变量取 0 的可能性最大，而取值越远离 0 其可能性越小。

在该分布总体中随机抽样 n 个值，可以用随机变量抽样函数实现，如 r=normrnd(0,1,n,1)。现在的问题是随机变量取 x_0 会不会发生。这当然是一个概率事件，可能发生，也可能不发生。在计算机中如何实现这一概率过程在随机模型中经常用到，实现这一随机事件的方法叫作舍选法，其原理如图 6.7 所示。设随机变量取值为 $x=x_0$，因概率密度函数 $f(x)$已知，故可求得 $f(x_0)$，再由计算机产生一个随机数 ξ，如果 $\xi \leqslant f(x_0)$，则事件 $x=x_0$ 发生，反之则不发生。密度函数值 $f(x_0)$的高低决定了舍选成功率的大小，也就是事件发生概率的大小。为了提高算法效率，可以根据密度函数的最大值进行归一化处理。该方法也是复杂概率密度分布的随机变量产生的舍选抽样方法。

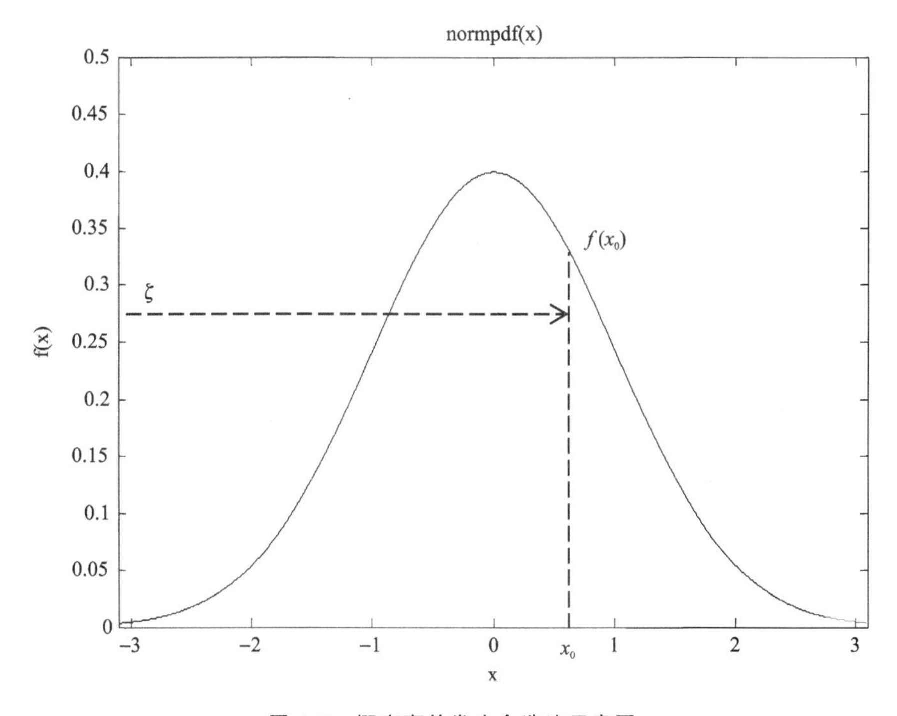

图 6.7　概率事件发生舍选法示意图

在热平衡动力学过程模拟以及多极值目标函数全域优化的退火算法中，新状态的舍选都用到概率事件的实现问题。这些方法的核心就是所谓的 Metropolis 判据。体系的能量与体系的状态相关，体系状态是自发地向能量降低的方向变化。但是，状态变化过程有可能暂时使体系能量有所升高，这就是动力学过程的能垒。只有允许部分能量发生升高变化，才有可能翻过能垒，达到能量最低点。因此，能量升高的状态不是不能发生，而是可能发生，是以该能量大小相关的概率发生的。

多极值目标函数的全域值优化也是一样。在由某个出发点搜寻极小值的过程中，如果新的搜寻点只允许比原点函数值更小，对于多极值目标函数优化，则可能只能寻到某个极小值，而无法找到全域最小值。因此，搜寻过程要允许一定的概率发生函数值增大的事件，才有可能搜寻其他极小值点，最终找到最小值。

Metropolis 判据就是状态变化能否发生与能量变化相关的概率问题。设状态 x_1 变化到 x_2，体系的能量由 E_1 变到 E_2，如果 $E_2 \leqslant E_1$，即能量降低，则该状态变化发生；如果能量升高，则该变化以概率 $\exp\left(-\frac{E_2-E_1}{kT}\right)$ 发生，该概率密度函数是负指数函数，因此，能量升高得越大，发生的概率越小。实际算法是状态变化是随机产生的，因此，能量变化(E_2-E_1)也是随机变量，该能量增高的随机状态变化是否发生是概率的，由产生的一个随机数 $\xi \leqslant \exp\left(-\frac{E_2-E_1}{kT}\right)$ 决定。具体应用可参见 6.3.3 小节。

6.3 马尔可夫链与蒙特卡罗方法

6.3.1 蒙特卡罗方法

蒙特卡罗方法(Monte Carlo Method)，也称作统计模拟方法，是通过概率模型的随机抽样进行近似数值计算的方法。蒙特卡罗方法要解决的问题是，假设概率分布已知，通过大量的抽样获得概率分布的随机样本，并通过得到的随机样本对概率分布的特征进行分析。例如，从样本得到经验分布，从而估计总体分布；或者从抽样样本计算出样本均值，从而估计总体期望。所以，蒙特卡罗方法的核心是建立一个随机模型，然后随机抽样。下面简单介绍随机模型的建立方法。

蒙特卡罗方法的基本思想是，为了求解某个问题，建立一个恰当的概率模型或随机过程，使得其参量(如事件的概率、随机变量的数学期望等)等于所求问题的解，然后对模型或过程进行反复多次的随机抽样试验，并对结果进行统计分析，最后计算所求参量，得到问题的近似解。

蒙特卡罗方法是随机模拟方法，但是，它不仅限于模拟随机性问题，还可以解决确定性的数学问题。对随机性问题，可以根据实际问题的概率法则，直接进行随机抽样试验，即为直接模拟方法。对于确定性问题采用间接模拟方法，即通过统计分析随机抽样的结果获得确定性问题的解。

用蒙特卡罗方法解决确定性的问题主要是在数值分析领域，如计算重积分、求逆矩阵、解线性代数方程组、解积分方程、解偏微分方程边界问题和计算微分算子的特征值等。用蒙特卡罗方法解决随机性问题则在众多的科学及应用技术领域得到广泛的应用，如中子在介质中的扩散问题、库存问题、随机服务系统中的排队问题、动物的生态竞争、传染病的蔓延等。蒙特卡罗方法在材料计算领域的应用也主要是解决随机性问题。

我们用一个简单的求解定积分例子来说明如何用蒙特卡罗方法来求解确定性问题。一元被积函数的积分在前文中已做介绍，可以利用微区面积求和的方法简单算得，二元被积函数的积分可以求体积。但是，对于多元变量的重积分，就无法用上述方法求解。而蒙特卡罗方法则是求解多重积分的有效数值求解方法。

蒙特卡罗方法求解积分的基本思路是：任何一个定积分求解都可转换成某个随机变量数学期望的计算问题，然后对该随机变量的大量抽样结果进行统计计算，就能获得该积分的近似解。

如求多重积分

$$I = \int_{V_s} g(\boldsymbol{X})\,\mathrm{d}\boldsymbol{X}$$

其中，被积函数 $g(\boldsymbol{X})$在 V_s 区域内可积，$\boldsymbol{X}=\boldsymbol{X}(x_1,\cdots,x_s)$表示 s 维空间的点，V_s 表示 s 维空间的积分区域。任意选取一个由简单方法可以进行抽样的概率密度函数 $f(X)$，使其满足下列条件：

① $f(\boldsymbol{X})\neq 0$，当 $g(\boldsymbol{X})\neq 0$ 时($\boldsymbol{X}\in V_s$)；

② $\int_{V_s} f(\boldsymbol{X})\,\mathrm{d}\boldsymbol{X}=1$。

如果令 $g^*(\boldsymbol{X})=\begin{cases}\dfrac{g(\boldsymbol{X})}{f(\boldsymbol{X})}, & f(\boldsymbol{X})\neq 0\\ 0, & f(\boldsymbol{X})=0\end{cases}$，那么 $I=\int_{V_s} g(\boldsymbol{X})\,\mathrm{d}\boldsymbol{X}$ 可以写为

$$I=\int_{V_s} g^*(\boldsymbol{X})f(\boldsymbol{X})\,\mathrm{d}\boldsymbol{X}=E[g^*(\boldsymbol{X})] \tag{6.1}$$

即所求积分成为随机变量 $g^*(\boldsymbol{X})$的数学期望。因而该积分的蒙特卡罗求积过程如下：

① 产生服从分布 $f(\boldsymbol{X})$的随机变量 $X_i(i=1,\ 2,\ \cdots,\ N)$；

② 代入随机变量抽样值 X_i，计算 $g^*(\boldsymbol{X})$均值，如下：

$$\bar{I}=\frac{1}{N}\sum_{i=1}^{N} g^*(X_i)$$

并用它作为积分 I 的近似值，即 $I\approx\bar{I}$。

分布密度函数 $f(\boldsymbol{X})$最简单的形式是取多维空间区域 V_s 上的均匀分布：

$$f(\boldsymbol{X})=\begin{cases}1/|V_s|, & \boldsymbol{X}\in V_s\\ 0, & \text{其他}\end{cases}$$

其中，$|V_s|$表示区域 V_s 的体积，因而有

$$g^*(\boldsymbol{X})=|V_s|g(\boldsymbol{X})$$

这种采用均匀分布抽样的方法叫作简单抽样(simple sampling)。简单抽样是在全区域完全随机均匀地进行抽样，每次抽样都是独立的，与被积函数无关，即抽样是通过随机数及其线性变换获得的。对于较为平坦的被积函数积分，这种简单抽样方法具有较高的精度和效率，如图 6.8 所示。

对于有急剧变化的被积函数的积分，简单抽样方法的精度和效率往往难以满足要求，因此，需要在变化大的区域多抽样，而变化较小的区域少抽样，以提高计算精度和效率。这就是所谓的重要性抽样方法(importance sampling)。重要性抽样方法就是，以一个权重函数 $w(x)$为分布密度函数，抽取符合该分布的随机变量 X_i，则

$$I\approx\bar{I}=\frac{1}{N}\sum_{i=1}^{N}\frac{g(X_i)}{w(X_i)} \tag{6.2}$$

如果适当地选取权重函数 $w(x)$，使之与原积分函数变化形势相近，$\dfrac{g(X_i)}{w(X_i)}$近似为一常

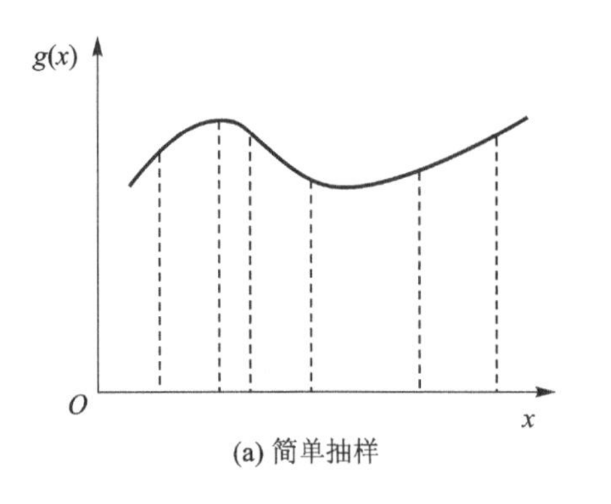

(a) 简单抽样

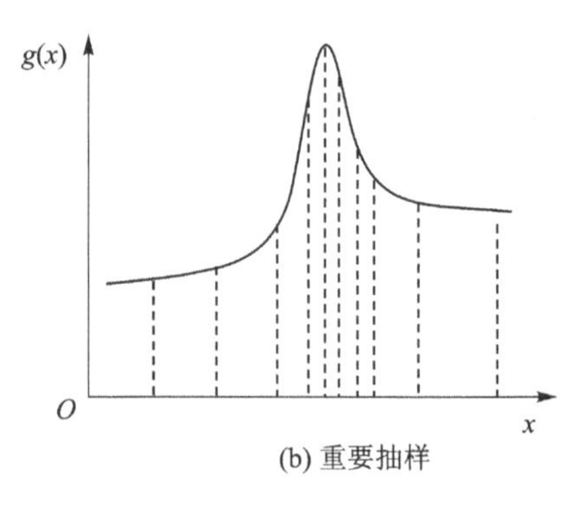

(b) 重要抽样

图 6.8 简单抽样与重要性抽样示意图

量，则该计算具有很高的精度和效率。例如，对于被积函数 $g(x)=\exp(-x/2)$，可以选用该函数的级数展开式 $1-x/2+x^2/2-x^3/6+\cdots$ 的一级近似 $1-x/2$ 作为权重函数 $w(x)$ 等。

蒙特卡罗方法具有以下 4 个重要特征：

① 由于蒙特卡罗方法是通过大量简单的重复性抽样来实现的，因此方法和程序的结构十分简单。

② 收敛速度比较慢，因此较适用于求解精度要求不高的问题。

③ 收敛速度与问题的维数无关，因此较适用于求解多维问题。

④ 问题的求解过程取决于所构造的概率模型，而受问题条件限制的影响较小，因此对各种问题的适应性很强。

对于上述蒙特卡罗方法，无论是简单抽样还是重要性抽样，每次抽样都是独立的，抽样结果之间没有关系。而有些问题的随机变量之间是有关系的，这就需要下述的马尔可夫链过程。

6.3.2 马尔可夫链

首先介绍马尔可夫链(Marjkov Chain)及其特性。

设一个系统的状态序列(随机变量序列)为 x_0，x_1，…，x_n，如果对于任何一个状态 x_i 只与前一个状态 x_{i-1} 有关，而与初始状态无关，即状态 x_i 与状态 x_{i-1} 之间有条件概率

$$p(x_i \mid x_{i-1},\cdots,x_1,x_0)=p(x_i \mid x_{i-1}) \tag{6.3}$$

则称此随机序列为马尔可夫链。马尔可夫链是一种随机行走状态，从状态 i 单步行走到状态 j 的概率叫作转移概率，或跃迁概率，即

$$p_{ij}=p(x_j \mid x_i)=p(x_i \rightarrow x_j) \tag{6.4}$$

设所有可能的状态数为 N，由 p_{ij} 构成的 $N\times N$ 矩阵叫作转移矩阵 $\boldsymbol{p}$，该矩阵每行元素的和都等于 1。马尔可夫链的重要性质是，无论初始状态如何，最终状态(足够多的时间步长次数)都会遵从某一个唯一分布，该分布叫作极限分布 $\boldsymbol{x}_{\lim}$ 即

$$\boldsymbol{x}_{\lim}=\boldsymbol{x}_{\lim}\boldsymbol{p} \tag{6.5}$$

也就是说，极限状态乘以转移概率后状态不再发生变化，即系统达到一个平衡状态。因此，马尔可夫链在平衡态蒙特卡罗模拟中具有重要的意义。马尔可夫链的意义是可以将一个自发过程体系状态的演变表述成一个特殊的概率过程，如材料相关烧结过程、晶粒生长、重结晶等，有了这样的随机过程，就可以进行蒙特卡罗模拟。

例如对于正则系综来说，温度一定，系统的状态相应与热平衡分布相关，即马尔可夫链的极限概率与波耳兹曼因子成正比，即

$$p(x_i) \propto \exp\left[-\frac{H(x_i)}{kT}\right] \tag{6.6}$$

其中，H 为系统的哈密顿量。这表明系统各状态出现的概率取决于系统的温度和哈密顿量，这是 Metropolis 蒙特卡罗方法的核心。

以下举例说明马尔可夫链。考虑一个二水平系统，其能量的波耳兹曼因子比为 2∶1。因此，该系统的极限分布应为(2/3　1/3)。该极限分布可以由下列转移矩阵实现，即

$$\boldsymbol{p} = \begin{pmatrix} 0.5 & 0.5 \\ 1 & 0 \end{pmatrix} \tag{6.7}$$

设初始状态为 $\boldsymbol{x}_1 = (1\quad 0)$，则状态 2 为

$$\boldsymbol{x}_2 = (1\quad 0)\begin{pmatrix} 0.5 & 0.5 \\ 1 & 0 \end{pmatrix} = (0.5\quad 0.5) \tag{6.8}$$

同理，由状态 2 与转移矩阵的乘积可以获得状态 $\boldsymbol{x}_3 = (0.75\quad 0.25)$，如此递推可以得到极限状态 $\boldsymbol{x}_{\lim} = (2/3\quad 1/3)$，

$$(2/3\quad 1/3)\begin{pmatrix} 0.5 & 0.5 \\ 1 & 0 \end{pmatrix} = (2/3\quad 1/3) \tag{6.9}$$

该结果表明，(2/3　1/3)是极限状态，序列($\boldsymbol{x}_1, \boldsymbol{x}_2, \cdots, \boldsymbol{x}_{\lim}$)为马尔可夫链，可以证明初始状态(0　1)由该转移矩阵同样能够达到该极限状态，即马尔可夫链的极限分布与初始状态无关。

6.3.3　Metropolis 蒙特卡罗方法

蒙特卡罗方法主要分为简单随机抽样(也可称为简单抽样)方法和重要性随机抽样方法。简单随机抽样就是以平均分布进行抽样，每次抽样都是完全独立的。正如前面关于积分问题所述，很多问题难以用简单随机抽样方法解决，而用重要性随机抽样方法就能够获得很好的结果。

Metropolis 蒙特卡罗方法是一种重要性随机抽样方法。Metropolis 等人提出了一种基于马尔可夫过程的方法。该方法的实质是，系统的各个状态不是彼此独立无关地选取，而是建造一个马尔可夫过程，过程中每一个状态 x_{i+1} 都是由前一个状态 x_i 通过一个适当的跃迁概率 $W(x_i \to x_{i+1})$得到的，并且该概率在无限次跃迁的极限下，使马尔可夫过程产生的状态的分布函数 $P(x_i)$趋于所要的平衡分布，即

$$P_{\mathrm{eq}}(x_i) = \frac{1}{Z}\exp\left[-\frac{H(x_i)}{k_{\mathrm{B}}T}\right] \tag{6.10}$$

满足上述要求的充分条件是

$$P_{\mathrm{eq}}(x_i)\ W(x_i \to x_j) = P_{\mathrm{eq}}(x_j)\,W(x_j \to x_i) \tag{6.11}$$

即

$$\frac{W(x_i \to x_j)}{W(x_j \to x_i)} = \exp\left(-\frac{\delta H}{k_{\mathrm{B}}T}\right) \tag{6.12}$$

也就是说，两个状态正向与反向的跃迁概率之比只依赖于两者的能量差 $\Delta H = H(x_j) - H(x_i)$。但是，满足该条件的跃迁概率 W 的形式并不是唯一的。通常采用以下两种形式：

$$W(x_i \to x_j)=\frac{1}{\tau_s}\frac{\exp(-\Delta H/k_BT)}{1+\exp(-\Delta H/k_BT)} \tag{6.13}$$

或

$$W(x_i \to x_j)=\begin{cases}\dfrac{1}{\tau_s}\exp(-\Delta H/k_BT), & \Delta H>0\\ \dfrac{1}{\tau_s}, & 其他\end{cases} \tag{6.14}$$

其中,τ_s 是一个任意因子,不考虑动力学过程时,τ_s 可取为 1。在探讨动力学问题时,τ_s 为"蒙特卡罗时间"的单位,并将 W 叫作"单位时间的跃迁概率"。

使用 Metropolis 蒙特卡罗方法的具体步骤是:

① 建立体系状态与能量的关系模型。

② 由初始状态出发,通过简单抽样设立新状态。

③ 根据新旧状态体系的哈密顿量的变化 ΔH,判断新状态的舍选。判断舍选有以下几种情况:

第一种,$\Delta H<0$,接受新状态,并在该状态基础上进一步进行步骤②。

第二种,$\Delta H>0$,不是直接否决,而是以某个概率接受或拒绝新状态。抽取一个随机数 ξ,$\xi\begin{cases}\leqslant\exp(-\Delta H/k_BT):接受新状态\\ >\exp(-\Delta H/k_BT):拒绝新状态\end{cases}$。如果新状态被拒绝,则还是从原来的状态出发,重复进行步骤②,并记录一次。

如果系统的粒子数为 M,则每次新状态的抽样均随机抽选一个粒子,并不是每个粒子逐一进行变化,各粒子被抽样的概率是均等的。当抽样次数达到系统粒子总数 M 时,该过程叫作一个蒙特卡罗步长(Monte Carlo Step,MCS)。

Metropolis 方法在状态抽样时虽然采用的是简单随机抽样方法,但是可以通过新旧状态的能量判断,实现新状态的概率舍选,建立马尔可夫过程,该方法是重要性抽样方法。对于恒定组成的正则和微正则系综,系统的能量用哈密顿量表示。对于变化组成的巨正则系综,随机选取一个粒子并通过改变粒子的种类得到一个新的组态,系统的能量用混合能及混合物化学位之和表示。

系统组态与能量的关系是蒙特卡罗方法进行随机性模拟的重要环节。

6.3.4 Metropolis 蒙特卡罗方法的能量模型

蒙特卡罗方法首先根据所要模拟的过程,建立适当的系统组态与能量的关系模型,通过随机选取系统的新组态后,计算系统组态变化前后的能量变化,以此判断新组态的舍选。系统组态与能量的关系模型对于蒙特卡罗方法来说有重要的作用。蒙特卡罗方法主要是模拟系统的状态,而不是过程,因此该能量关系与分子动力学的势函数不同。势函数是粒子间相对距离与能量的关系,而蒙特卡罗方法中的组态与能量的关系只是粒子状态的函数,有时该关系只是一个定性的描述,能量的绝对值不重要,只要能够定性描述两个组态的能量差即可。

一般蒙特卡罗方法的组态与能量的关系要简单,便于计算;要能较好地反映所关心组态变化产生的能量变化。以下简单介绍一些经典的能量模型。

1. Ising 模型

在该模型中,系统由规则的晶格格点构成,每一个格点上都有一个粒子(原子或分子),每一个粒子的状态只有两种,而且这两种状态对系统能量的贡献大小相等,但符号相反,系统能

量与状态的关系为

$$H_{\text{Ising}}=-J\sum_{<i,j>}S_iS_j-B\sum_i S_i,\quad S_i=\pm1 \tag{6.15}$$

其中，J 为粒子间两两有效相互作用能；S_i 为粒子 i 的状态值；B 为某个强度热力学场对粒子 i 作用所产生的能量。由式(6.15)可以看出，系统的能量是由两部分构成的：一部分是粒子两两相互作用的贡献，另一部分是外场对粒子的作用。这两部分均与粒子的状态值 S_i 有关。

Ising 模型最典型的应用是固体中磁矩模拟模型，格点的状态 S_i 为 ±1，分别代表自旋向上和自旋向下。该能量模型的第一项表示各磁矩之间的相互作用能，第二项表示外磁场对各磁矩的作用。

另外，该模型还可以用以描述二元合金的占位状况，计算该合金的混合能。该模型还可以扩展到描述三元合金体系，其哈密顿量为

$$H_{ABC}=\sum_n\frac{1}{2}[N_{AB}^k(2V_{AB}^k-V_{AA}^k-V_{BB}^k)+N_{AC}^k(2V_{AC}^k-V_{AA}^k-V_{CC}^k)+N_{BC}^k(2V_{BC}^k-V_{BB}^k-V_{CC}^k)]+$$

$$N_A\sum_k\frac{z^k}{2}V_{AA}^k+N_B\sum_k\frac{z^k}{2}V_{BB}^k+N_C\sum_k\frac{z^k}{2}V_{CC}^k \tag{6.16}$$

其中，N_{AB}^k 为 k 球内 AB 原子对的数目；z^k 为 k 球内同类原子的数目；V_{ij} 为原子 i 和 j 之间的相互作用能，其中 $i=A,B,C$，$j=A,B,C$；N_A 为 A 原子的总数，$N_A=\frac{1}{z^k}(2N_{AA}^k+N_{AB}^k+N_{AC}^k)$。

由式(6.16)可以计算出三元合金的混合能。

2. Heisenberg 模型

由式(6.15)可以看出，Ising 模型只能考虑单纯的二值问题，如自旋平行与反平行、占据格点位置的粒子 A 或 B 等。但是，当格点位置上粒子的某种属性具有方向性，且这些粒子的方向性不能用简单的二值进行描述时，其粒子的相互作用就不能用 Ising 模型了。这时粒子间的相互作用应考虑其矢量关系，能量模型必须能够考虑任意矢量夹角的问题。对于一个各向异性很高的系统，自旋方向主要是平行与反平行。而在实际系统中，自旋偏离量子化轴的涨落总是在一定程度上存在。为此，Heisenberg 提出了对 Ising 模型的修正，即

$$H_{\text{Heis}}=-J_{//}\sum_{<i,j>}S_i^zS_j^z-J_{\perp}\sum_{<i,j>}(S_i^xS_j^x+S_i^yS_j^y)-B\sum_i S_i^z,\quad S_i=\pm1 \tag{6.17}$$

其中，S^x，S^y，S^z 分别为自旋在三个笛卡儿坐标轴的分量；J_i 表示两自旋之间平行或垂直方向的各向异性作用能，$i=//,\perp$；B 为外场。如果 $J_{\perp}=0$，则 Heisenberg 模型返回到经典的 Ising 模型。

3. 晶格气体(lattice gas)模型

Ising 模型和 Heisenberg 模型所考虑的晶格节点上都必须有所考虑的粒子存在，但无法考虑空位，或者虽然有粒子占据该节点，但是该粒子不与周围粒子发生相互作用，如不具有磁性等情况，而晶格气体模型很好地解决了这一问题。晶格气体模型如下：

$$H_{\text{gas}}=-J_{\text{int}}\sum_{<i,j>}t_it_j-\mu_{\text{int}}\sum_i t_i,\quad t_i=0,1 \tag{6.18}$$

其中，J_{int} 为最近邻相互作用能，它只包含近邻格点被占据的情况；μ_{int} 是化学势，它决定着每个格点上的原子数。晶格气体哈密顿量是一个常规的双态算符，所以晶格气体模型可以转换成通常的 Ising 模型。

4. q 态 Potts 模型

虽然 Heisenberg 模型可以考虑相互作用方向性的问题，但是，上述 3 种模型均为二状态模型，状态参量只能取（+1，−1）或（0，1）。因此，多状态间的能量无法解决。多状态模型不仅在自旋模拟，而且在磁畴、电畴、相变、晶粒生长等介观尺度的模拟中都具有特别重要的意义和作用（参见 6.4 节中的相关内容）。q 状态 Potts 模型是一种重要的多状态能量模型。

Potts 模型的基本思想是：采用广义自旋变量 S_i，该状态量的取值不是 Ising 模型中的二值（−1，1），而是可以描述 q 种状态（1，2，…，q）。Potts 模型的另一个特点是同状态粒子对系统的能量没有贡献，只考虑不同状态粒子间的相互作用。Potts 模型的哈密顿量为

$$H_{\text{Potts}} = -J_{\text{int}} \sum_{<i,j>} (\delta_{S_i S_j} - 1), \quad S_i = 1, 2, \cdots, q \tag{6.19}$$

其中，$\delta_{S_i S_j} = \begin{cases} 1, & S_i = S_j \\ 0, & S_i \neq S_j \end{cases}$。

6.4 蒙特卡罗方法在材料随机过程模拟中的应用

蒙特卡罗方法除了在求解多维数学问题中的应用之外，也是解决随机模型模拟问题的非常重要的方法。蒙特卡罗方法可以计算模拟高分子的构型及其物理特性，可以模拟材料晶体生长、材料致密化过程及晶粒生长、材料组成偏析等，这些都是典型的随机模拟过程。本节将简单介绍组成偏析和晶粒生长的蒙特卡罗模拟。

6.4.1 组成偏析的蒙特卡罗模拟

材料表面的组成往往与材料内部不同，这就是所谓的表面偏析现象。表面偏析对一些材料性能产生巨大的影响，如表面硬度、强度、催化、化学吸附、晶体生长等，这些性能均对材料表面特性非常敏感。因此，不仅要了解材料表面的结构，还有必要了解表面组成分布。

表面偏析的研究主要解决以下几个问题：

① 表面偏析元素的性质。

② 在一定温度下表面浓度与体浓度（bulk concentration）的关系，即偏析等温线。温度和表面晶体取向对偏析等温线的影响。

③ 表面偏析程度，即浓度深度分布图，浓度分布特性（振荡或单调）。

④ 平行于表面各层中的浓度变化，结晶学上的结构重建、化学上的有序化或相分离。

分子动力学方法也可以用来模拟材料表面的结构与组成分布，但是，分子动力学方法最关键的问题是原子间相互作用势函数的获取，而对于多元体系来说，势函数的获取是极为困难的。因此，采用蒙特卡罗方法模拟材料的表面问题得到了广泛应用。

本小节将简单介绍适合合金表面偏析能量模型及其蒙特卡罗方法。

1. 偏析能量模型

对于表面偏析来说，能量模型不仅要考虑不同原子的相互作用，还要能体现表面特性。例如，对于多组元合金体系的 Ising 模型为

$$E_{\text{tot}}=\frac{1}{2}\sum_{\substack{n,m\neq n\\ i,j}} p_n^i p_m^j \varepsilon_{nm}^{ij}$$

其中，下标 n,m 分别表示合金 i,j 的晶格位置；p 为占据数，如果 n 格点上被原子 i 占据，则 $p_n^i=1$，否则为 0；ε_{nm}^{ij} 为 n 格点上的原子 i 与 m 格点上的原子 j 的相互作用结合能。对于二元合金体系 A_cB_{1-c}，$p_n^A=p_n$，$p_n^B=1-p_n$，体系能量可以写成

$$E_{\text{tot}}=E_0+\sum_n p_n\sum(\tau_{nm}-V_{nm})+\sum_{n,m\neq n} p_n p_m V_{nm}$$

其中，$E_0=\dfrac{1}{2}\sum\limits_{n,m\neq n}\varepsilon_{nm}^{BB}$，$\tau_{nm}=\dfrac{1}{2}(\varepsilon_{nm}^{AA}-\varepsilon_{nm}^{BB})$，$V_{nm}=\dfrac{1}{2}(\varepsilon_{nm}^{AA}+\varepsilon_{nm}^{BB}-2\varepsilon_{nm}^{AB})$；$E_0$ 表示母晶 B 的结合能；τ_{nm} 表征纯晶体 A 与 B 的结合能的差；V_{nm} 表征近邻原子间形成同种原子键（<0）或异种原子键（>0）的倾向。如果只考虑第一近邻相互作用，并且结合能与晶格位置 n，m 无关，则

$$E_{\text{tot}}=E_0+(\tau-V)\sum_n p_n Z_n+V\sum_{n,m\neq n} p_n p_m$$

其中，Z_n 为晶格位置 n 第一近邻原子数，在紧密堆积晶体内部 $Z_n=Z+2Z'$，在表面 $Z_n=Z+Z'$，其中，Z 为该平面内的第一近邻原子数，Z' 为近邻平面内的第一近邻原子数。

对于上述体系，当晶体 B 内的一个原子 A 与一个表面原子 B 交换时所导致的能量变化，即为表面偏析能，即

$$\Delta E_{\text{chem}}^{\text{seg}}=Z'(\varepsilon^{BB}-\varepsilon^{AB})=-Z'(\tau-V)$$

由此可见，表面偏析的驱动力主要有两个：一是纯 A 和 B 的表面能差，$\tau_A-\tau_B=-Z'\tau$；二是体系有序化（$V>0$）或相分离（$V<0$）的倾向。表面能低（$\tau>0$）或者易相分离（$V<0$）的体系，容易产生表面偏析（$\Delta E_{\text{chem}}^{\text{seg}}<0$）。

除了 Ising 能量模型之外，Bozzolo、Ferrante 和 Smith 提出了一种不受合金元素种类和晶体结构限制的能量模型，即 BFS 模型。一般的模型主要基于体内块材势函数或能量，因而不适用于模拟表面状态。BFS 模型虽然起源于 fcc 和 bcc 二元合金的块材性能模拟，但是也可以用于二元合金试样与原子力显微镜针尖相互作用的模拟、表面结构以及二元合金表面偏析与温度关系的蒙特卡罗模拟。BFS 模型的另一个优越性是能够给出描述偏析倾向和驱动机理的简单的近似表达式。

BFS 模型基于以下观点：任意合金结构的形成能 ΔH 为该合金所有构成原子各自贡献 ε_i 的加和，即

$$\Delta H=\sum_i\varepsilon_i=\sum_i(e_i'-e_i)$$

其中，耦合因子 g_i 与结构因子有关，$g_i=\mathrm{e}^{-a_i^{S^*}}$；$e_i'$ 和 e_i 分别是原子 i 在该合金和单晶中的能量。各原子的贡献 ε_i 由结构能 ε_i^S 和化学能 ε_i^C 两部分组成：

$$\varepsilon_i=\varepsilon_i^S+g_i(\varepsilon_i^C-\varepsilon_i^{C_0})$$

其中，结构能 ε_i^S 可以通过原子 i 的结合能 E_C^i 及其周围的原子几何分布 $F(a_i^{S^*})$ 求得，即

$$\varepsilon_i^S=E_C^iF(a_i^{S^*})$$

$$F(a)=1-(1+a)\mathrm{e}^{-a}$$

其中，晶格参数 $a_i^{S^*}$ 可以通过求解当量晶体理论方程获得。

对于化学能的贡献，与结构能的情况相似，只是平衡晶格位置上不再是单一原子，而是存在多种原子。化学能可以看成是其他原子被强迫置于晶格位置上，由于电子相互作用的变化所产生的能量变化。用一个扰动量修正当量晶体理论方程中的参数来描述这种变化。这个扰动量可以通过实验获得，也可以通过第一性原理计算获得。

对于多组元当量晶体理论方程的求解，可以获得晶格参数 $a_i^{C^*}$ 及 $a_i^{C_0^*}$，其中后者是不考虑扰动量时的晶格参数。因此，化学能贡献可以由下式获得：

$$\varepsilon_i^C = E_C^i \left[F(a_i^{C^*}) - F(a_i^{C_0^*})\right]$$

其中，后一项作为化学能的参考能量。

以上是 BFS 能量模型的基本形式，通过结构能和化学能的计算可以描述完整晶体、晶体缺陷、多组元晶体以及表面。结果表明，BFS 能量比原子嵌入势具有更高的精度。

为了模拟偏析过程，定义偏析能为在近表面层含有合金原子 B 的半无限大晶体 A 的形成能与 B 位于深层体内的同结构晶体 A 的形成能之差，即

$$\Delta E_s^{(p)} = \Delta E_{|p,B|} - \Delta E_{|p,A|}$$

在此忽略原子 B 以及表面所产生的母晶弛豫 A。根据 BFS 方法，表面偏析能可以由各表面层原子的结构能和化学能求得，即

$$\Delta E_s^{(p)} = \varepsilon_{B_p}^S - \varepsilon_{B_b}^S - \varepsilon_{A_p}^S - N\varepsilon_{A_b}^{C_1} - M\varepsilon_{A_b}^{C_2} + \varepsilon^{-a_{B_p}^{S^*}} \varepsilon_{B_p}^C + \varepsilon^{-a_{B_b}^{S^*}} \varepsilon_{B_b}^C + \sum_q \varepsilon^{-a_{A_q}^{S^*}} \left[n_q^p \varepsilon_{A_q}^{C_1} + m_q^p \varepsilon_{A_q}^{C_2}\right]$$

其中，下角标 A，B 分别表示原子种类；p，b 分别表示表面层和体内位置；N，M 分别表示体内原子的最近邻和次近邻配位数；n_q^p，m_q^p 分别表示 p 层原子在 q 层的最近邻和次近邻原子数。上式中的前三项为结构能，其余部分为化学能，即

$$\Delta S_s^{(p)} = \varepsilon_{B_p}^S - \varepsilon_{B_b}^S - \varepsilon_{A_p}^S$$

$$\Delta C_s^{(p)} = \Delta E_s^{(p)} - \Delta S_s^{(p)}$$

通过计算表面偏析能 $\Delta E_s^{(p)}$ 的值是否小于 0，就可以定性地判断该二元合金是否能够发生表面偏析。同时，计算结构能 $\Delta S_s^{(p)}$ 和化学能 $\Delta C_s^{(p)}$ 可以定性判断导致偏析的主要驱动力。

有关系统能量计算的方法还有很多，如电子结构模型、弹性模型等；也可以采用分子动力学所用的势函数，如 EAM 势、SMA 势、EMT 势等。这里就不做介绍了，读者可以参考有关文献。

2. 表面偏析的蒙特卡罗模拟

在选用适当的能量模型后，即可进行表面偏析的 Metropolis 蒙特卡罗模拟。在此以 BFS 能量模型为例。

首先建立一个具有 n 层 m 个原子的初始单胞模型，选定一个组成，设原子分布是完全随机的，也就是说，在整个单胞和每一层，组成都是均一的。设最内部的若干层为非活性层，即在模拟过程中的组成及原子分布均保持不变。这种非活性层代表体内信息，在 BFS 能量计算时是必须的。当开始模拟偏析过程时，在活性层内随机选取一对相邻原子 A，B，将两者位置互换产生新的状态，计算新旧状态体系的 BFS 能量，然后根据 Metropolis 准则判断新状态的舍

取，即如果该过程能量降低则采用，否则以 $e^{-\Delta E/kT}$ 的概率采用，其中，ΔE 为新旧状态的能量差，最后计算组成分布图。反复上述过程，直至组成分布达到稳定状态而结束模拟。该模拟可以获得一定初始浓度、一定温度条件下，体系达到平衡时合金元素沿深度方向的分布，即合金元素的表面偏析状况。

如果对不同的初始浓度进行模拟，则能够获得初始浓度（体材平均浓度）与表面偏析程度的关系，由此可以探讨该合金元素在母晶中的固溶度。

虽然 BFS 能量模型中难以考虑温度的影响，但是 Metropolis 舍取概率中有温度因素，因此可以计算不同温度条件下的表面偏析过程。根据不同温度下合金元素的分布状态，可以探讨第二相析出等问题。通过由高温到低温有限个温度点的平衡计算，可以模拟冷却过程对合金元素分布的影响。通过选择温度步长的大小还可以模拟冷却速度的影响。

6.4.2　多晶材料晶粒生长的蒙特卡罗模拟

显微结构是材料研究的重要因素之一，而晶粒和气孔的尺寸以及分布是材料显微结构的主要参数。因此，多晶材料在制备过程中，晶粒生长及气孔演变过程无论是对材料的性能预测还是对材料制备过程的设计都具有极为重要的意义。晶粒生长和气孔演变过程对于任何一种材料都不是均一的，对于一个个体来说具有随机性，整体体现为统计性质。对于这样的过程，进行模拟计算的最佳方法就是蒙特卡罗方法。

1. 显微结构及能量模型

为了便于说明，在此仅以二维结构模型为例。首先采用网格化的方法将材料空间离散化，二维网格类型多采用节点配位数为 6 的三角网格。为了更形象地表述材料的显微结构，将原来节点扩大成正六边形单胞，连续的显微结构被离散成由配位数为 6 的正六边形单胞构成的模型，如图 6.9 所示。模型中各单胞的状态是指物质种类和结晶取向，物质种类状态不同可以模拟第二相和气孔，结晶取向状态不同可以模拟同种物质的不同晶粒和非晶相（液相）。如果相邻的单胞状态相同，则这些相同的单胞一起构成一个晶粒、液相或气孔，不同状态区域的边界则代表晶界或表面。

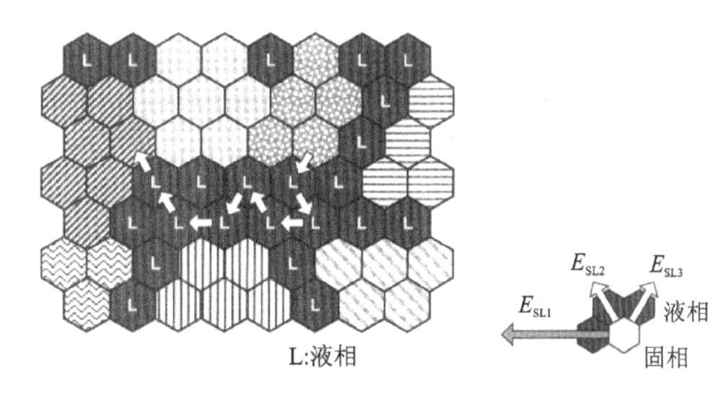

图 6.9　含液相多晶材料的显微结构模型和各向异性界面能模型

对于晶体生长和致密化过程，驱动力主要是界面能和表面能。因此，该过程的能量模型就是要考虑最邻近的单胞的种类，不同状态单胞间的相互作用能代表界面能和表面能。显然，对于该能量模型不能采用只有两种状态值的 Ising 模型，而要用能够描述多状态的 q 态 Potts 模型，即

$$H_{\text{Potts}}=-J_{\text{int}}\sum_{<i,j>}(\delta_{S_iS_j}-1),\quad S_i=0,1,2,\cdots,q$$

其中，$\delta_{S_iS_j}=\begin{cases}1, & S_i=S_j\\ 0, & S_i\neq S_j\end{cases}$。

根据所模拟过程的需要，状态参量 S_i 可以是一个二维数组，分别代表物质种类状态和结晶特性状态。物质状态量 $S_i(1)=0$ 可以代表气孔，结晶状态量 $S_i(2)=0$ 可以代表液相。相互作用能 J_{int} 根据需要可以为一个数组，除了可以分别表示固-固、固-液界面能和表面能的差异之外，还可以描述晶体生长的各向异性。如图 6.9 所示，可以设 3 个方向的固-液界面能不同，如 $J_{\text{int}}=(0.5, 0.1, 0.1)$，用以模拟各向异性的晶粒生长过程。

2. 模拟方法

晶粒生长过程主要考虑两种传质过程：一是固相扩散。对于晶粒生长来说，固相扩散就是指不同晶粒界面两边的原子跨过界面，导致界面迁移，一边的晶粒长大，另一边的晶粒变小。二是溶解-析出。一些晶粒在液相中溶解变小，物质在液相中扩散而在其他晶粒表面析出，导致其晶粒长大。在蒙特卡罗方法中，采用简单随机抽样方法模拟固相扩散，采用随机抽样与随机行走相结合的方法模拟溶解-析出过程，对于所构建的新状态用系统的能量变化来判断其舍取。

模拟晶粒生长的 Metropolis 蒙特卡罗方法的主要步骤（参考图 6.9）如下：

① 建立一个初始显微结构的离散模型（各单胞的状态值）和能量模型（各种界面能的相对大小）。

② 在离散模型中，随机选取一个单胞。

③ 根据该单胞的状态值进行判断：如果选取的单胞是液相，那么，

a. 如果该单胞周围的单胞也都是液相，则该状态不作变更，回到步骤②，重新抽选单胞，但记抽样 1 次；

b. 如果该单胞周围的单胞有固相存在，则该单胞随机选取其中一个周围固相的结晶方向状态值，模拟析出、晶粒生长的过程，然后从该单胞出发在液相中随机行走，直到撞上固相单胞，该固相单胞变成液相，模拟溶解过程，然后跳到步骤⑤。

④ 如果选取的单胞是固相，那么，

a. 如果周围的单胞也都是固相的，则该单胞的结晶方向状态值随机选取其周围的某个单胞的方向值，模拟固相扩散过程，然后跳到步骤⑤；

b. 如果周围有液相存在，则优先选择该固相单胞变成液相，即溶解，然后从该单胞出发在液相中随机行走，直至撞到某固相单胞，则前一步的液相单胞成为固相，其方向值与所撞到的固相单胞方向相同，模拟析出过程，进到步骤⑤。

⑤ 根据能量模型计算由步骤③或步骤④产生的新体系状态与旧状态的能量差 ΔH，采用 Metropolis 准则判断新状态的舍取：

a. 如果 $\Delta H\leqslant 0$，则接受新状态；

b. 如果 $\Delta H>0$，不直接舍去新状态，而是进一步判断，抽取一个随机数 ξ，如果 $\xi\begin{cases}\leqslant\exp(-\Delta H/k_BT)，则接受新状态\\ >\exp(-\Delta H/k_BT)，则拒绝新状态\end{cases}$。

如此重复上述过程，即可模拟晶体生长过程。

6.5 小　结

材料研究所获得的数据都可以看成随机变量的抽样结果，因此，概率与统计是材料研究中数据处理与数据挖掘的最重要的方法。数据本身的特性分析（如均值、方差、分布及其参数）和数据关系的显著性分析及回归分析都是常用的数据分析方法。MATLAB 的统计工具箱提供了几乎全部的分析函数可直接调用。

另外，MATLAB 还提供了不同分布随机变量的抽样函数，这为材料随机特性的计算模拟提供了方便的工具。蒙特卡罗方法是重要的随机抽样计算方法，除了可以进行简单随机抽样计算多维数学问题之外，还可以通过建立马尔可夫链，计算模拟材料动力学过程。Metropolis 蒙特卡罗方法通过跃迁概率和舍选解决了具有能垒的动力学过程模拟问题，即状态的发展不仅仅是简单能量最低原理，对于能量升高的新状态，是有一定的可能性发生的，这使模拟克服能垒发生的动力学过程成为可能。

有了概率和统计的方法，计算机不仅可以计算求解确定性的问题，还可以模拟随机过程。

习　题

6.1　设有二次多项式函数关系，试用 MATLAB 产生 100 次自变量 x 的随机抽样，并计算因变量 y 的值。

6.2　设某随机变量服从标准正态分布，试进行 50 次抽样，计算样本数值特征，画出抽样样本分布及正态分布图，并估计该样本的正态分布参数。

6.3　设有随机模型 $y=5x^2+3x-10+5\xi$（其中，ξ 为随机数），产生 100 个[10,80]区域上的随机变量值 x，并计算相应的 y，用数据(x,y)拟合二次多项式函数，画出离散数据点和拟合曲线图。

6.4　利用习题 2.9 的强度计算结果，分别在命令窗口用 hist(y)、probplot('wbl',y)画出强度频度分布图和威布尔分布图，并计算出威布尔模数 m 值。

6.5　设某材料抗弯强度服从两参数(600,10)威布尔分布，抽样获取 100 个强度数据，计算该抽样样本的平均强度及标准差；由该样本数据估计该材料抗弯强度的威布尔分布，并计算该材料整体的强度均值、标准差和威布尔模数。

6.6　试建立某 Metropolis 蒙特卡罗模拟并编写其 MATLAB 程序。

第7章　优化与材料研究

材料研究中建立数学模型的目的主要有两个：一是模拟实际过程，揭示其机理，预测给定条件下材料特性；二是针对材料性能进行优化，获得性能最优的材料因素及工艺条件，或是性能达到要求的条件范围。后者在数学上就称为优化或规划。性能预测实质是已知数学模型，代入自变量参数值进行函数计算的问题，技术上没有问题。对于复杂的数学函数，只要在MATLAB等计算机语言平台上编写函数子程序，通过调用及输入自变量即可获得函数的计算结果。本章主要介绍优化相关方法及MATLAB的实现，包括线性规划、非线性规划、多目标优化、多极值问题的全局优化等。

对于优化，数学模型就是目标函数，如上所述，该目标函数可能是简单的代数方程，也可能是一个计算机函数程序包；可能是单因素、单目标的函数，也可能是多因素、多目标、多极值的复杂函数。但是，无论函数的形式如何，其函数的基本特性是一致的，即输入一定的自变量的值就能够计算出唯一的函数值，或称因变量的值。因此，无论形式如何，只要数学模型一确定，优化都是可行的，只是根据目标函数的数学特征以及优化要求，选取的方法有所不同。

7.1　目标函数的极值及其MATLAB实现

优化的一个内容是寻求材料最优性能的条件，也就是求材料性能目标函数的极值问题。MATLAB中提供了求解函数极小值的算法函数，如若求目标函数 $f(x)$ 的极大值，则等价于求 $-f(x)$ 的极小值。

本节先介绍局域极值的求解，全域最优算法将在后续章节中介绍。在优化目标函数之前，首先要了解目标函数的特性，在所关心域内函数的形态，如是否是单调函数，是有单极值还是有多极值等。我们可以先用MATLAB的作图函数（如fplot或ezplot）画出目标函数在该区域的图形，这样可以帮助我们了解该函数，确定极值的大致区域等。局域最小算法函数要求输入求解区域或者初始自变量的值。

优化数值算法的本质就是从某一个点或若干个点出发搜寻更小的函数值的点，直至找到达到精度要求的最小点。优化算法的核心问题是搜寻方向和步长的确定。确定搜寻方向的最有效方法是根据目标函数的导数来确定。据此优化算法可分为3大类：①直接搜索方法。该方法适用于无法获得目标函数的导数的优化问题，如一维优化采用黄金分割法等，直接按规则取点，计算比较各点的函数值，不断缩小搜索区域。②梯度类方法，函数下降最快的方向是负梯度方向。该方法适用于目标函数具有一阶导数的优化问题，如牛顿法和各种拟牛顿法等。③高阶类方法。该方法适用于二阶导数可计算的优化问题。在此就不介绍具体的算法了，主要介绍不同类型的优化和规划，以及MATLAB相关优化函数的调用形式。

下面将介绍无约束目标函数极小值的求解方法。

（1）单变量目标函数的极小值

欲求单变量函数 $y=\text{fun}(x)$ 在区域 $[a,b]$ 内的极小值，首先建立目标函数fun.m文件，然后调用MATLAB求极小值函数fminbnd，具体如下：

```
[x,fval] = fminbnd(fun,a,b);
```

其中，fun 为目标函数名；计算返回值 x 是目标函数极小值的自变量的值；fval 是相应的目标函数最小值。

(2) 多变量目标函数的极小值

欲求多变量函数 $y=\text{fun}(x)$ 在多维空间某点 x_0 附近的极小值，其中，x 可以是标量、向量或矩阵，可调用 MATLAB 函数 fminsearch 或 fminunc(无束缚极小)，具体如下：

```
[x,fval] = fminsearch(fun,x0);
[x,fval] = fminunc(fun,x0);
```

7.2　线性规划

对于上述多变量的极值问题，自变量之间是无约束条件的，因此称之为无约束优化。而实际上，经常需要解决有约束条件下的优化问题。根据目标函数和约束方程的线性与否，又可分为线性规划和非线性规划。如果目标函数及约束方程都是多变量的线性函数，则其优化问题就是线性规划。

对于线性多因素目标函数，其一般形式为

$$y=f(x_1,x_2,\cdots,x_n)=c_1x_1+c_2x_2+\cdots+c_nx_n$$

其线性优化约束条件的基本形式为

$$\text{s.t.}\quad \begin{aligned} a_{11}x_1+a_{12}x_2+\cdots+a_{1n}x_n&=b_1\\ &\vdots\\ a_{m1}x_1+a_{m2}x_2+\cdots+a_{mn}x_n&=b_m\\ x_j\geqslant 0(j=1,2,\cdots,n)& \end{aligned}$$

其中，约束条件线性方程组也可以有线性不等式方程组。上述目标函数及其线性规划约束条件可写成下列标准的矩阵形式：

$$\begin{aligned} &\min_{\boldsymbol{x}}\ \boldsymbol{c}^{\mathrm{T}}\boldsymbol{x}\\ \text{s.t.}\quad &\boldsymbol{A}\boldsymbol{x}\leqslant\boldsymbol{b}\\ &\boldsymbol{A}_{\mathrm{eq}}\boldsymbol{x}=\boldsymbol{b}_{\mathrm{eq}}\\ &\mathrm{lb}\leqslant\boldsymbol{x}\leqslant\mathrm{ub} \end{aligned}$$

其中，$\boldsymbol{A}$，$\boldsymbol{A}_{\mathrm{eq}}$ 为矩阵；$\boldsymbol{c}$，$\boldsymbol{x}$，$\boldsymbol{b}$，$\boldsymbol{b}_{\mathrm{eq}}$，lb，ub 均为向量。

线性规划可以调用 MATLAB 函数 linprog，其调用基本形式为

```
x = linprog(c,A,b,Aeq,beq,lb,ub,x0);
```

除了标准线性规划形式的目标函数系数和约束条件系数矩阵外，$\boldsymbol{x}_0$ 是优化出发点的变量值向量。当自变量范围的 lb 和 ub 向量中的某个元素值不存在时(如无上限或无下限时)，可分别用常数－inf 和 inf 代表负无穷和无穷。注意，所有约束条件都要转化为上述标准形式，特别要注意的是不等式是小于或等于号。对于线性规划，一般不存在多极值的问题，优化与出发点无关，因此，线性规划函数中出发点 $\boldsymbol{x}_0$ 可以省略，省略时意味着在目标函数变量域内进行优化。

另外，线性规划还可以看作非线性规划的特殊情况，其求解方法也可用非线性优化函数进行求解(参见 7.3 节)。

7.3 非线性规划及其 MATLAB 实现

7.3.1 多元二次目标函数的有约束优化

多元二次目标函数的优化问题可以写成如下标准矩阵形式，即

$$\min_{x} \boldsymbol{q}(\boldsymbol{x}) = \frac{1}{2}\boldsymbol{x}^{\mathrm{T}}\boldsymbol{H}\boldsymbol{x} + \boldsymbol{f}^{\mathrm{T}}\boldsymbol{x}$$

$$\text{s. t.} \quad \boldsymbol{A}\boldsymbol{x} \leqslant \boldsymbol{b}$$

$$\boldsymbol{A}_{\mathrm{eq}}\boldsymbol{x} = \boldsymbol{b}_{\mathrm{eq}}$$

$$\mathrm{lb} \leqslant \boldsymbol{x} \leqslant \mathrm{ub}$$

则可调用 MATLAB 多元二次目标函数的优化函数 quadprog 进行优化，其一般形式如下：

```
x = quadprog(H,f,A,b,Aeq,beq,lb,ub,x0);
```

例 7.1 求下列二元二次目标函数的有约束优化问题。

$$\min \boldsymbol{q}(\boldsymbol{x}) = x_1{}^2 + x_2{}^2 - 4x_1 + 4$$

$$\text{s. t.} \quad x_1 - x_2 + 2 \geqslant 0$$

$$-x_1 + x_2 - 1 \geqslant 0$$

$$x_1, x_2 \geqslant 0$$

解：原目标函数及约束条件转换成标准矩阵形式如下：

$$\boldsymbol{q}(\boldsymbol{x}) = \frac{1}{2}\boldsymbol{x}^{\mathrm{T}}\begin{pmatrix}2 & 0\\0 & 2\end{pmatrix}\boldsymbol{x} + (-4 \quad 0)\boldsymbol{x} + 4$$

$$\text{s. t.} \begin{pmatrix}-1 & 1\\1 & -1\end{pmatrix}\boldsymbol{x} \leqslant \begin{pmatrix}2\\-1\end{pmatrix}$$

$$\boldsymbol{0} \leqslant \boldsymbol{x}$$

标准系数矩阵为

$\boldsymbol{H}$=[2,0;0,2];$\boldsymbol{f}$=[−4; 0];

$\boldsymbol{A}$=[−1,1;1,−1];$\boldsymbol{b}$=[2; −1];

lb=[0; 0];

则优化函数调用形式为

```
x = quadprog(H,f,A,b,[],[],lb);
```

注意：由于没有等式约束条件矩阵 $\boldsymbol{A}_{\mathrm{eq}}$ 和 $\boldsymbol{b}_{\mathrm{eq}}$，但还有后续参数条件，所以在该优化函数的参数相应位置，要用[]表示该位置的参数不存在，不可省略。该例中，优化出发点 x_0 省略了，否则，在 x_0 参数前，ub 的位置也要用[]。

7.3.2 一般非线性有约束优化

本小节将介绍单一目标函数 $f(x)$ 的非线性优化问题，该目标函数的计算返回值是标量。

一般非线性优化包括目标函数是非线性的，或是有非线性约束条件的优化问题。该条件下目标函数 $f(x)$优化的基本形式为

$$\min_{x} f(\boldsymbol{x})$$

$$\text{s.t.} \quad \begin{aligned} &\boldsymbol{c}(\boldsymbol{x}) \leqslant \boldsymbol{0} \\ &\boldsymbol{c}_{eq}(\boldsymbol{x}) = \boldsymbol{0} \\ &\boldsymbol{A}\boldsymbol{x} \leqslant \boldsymbol{b} \\ &\boldsymbol{A}_{eq}\boldsymbol{x} = \boldsymbol{b}_{eq} \\ &\text{lb} \leqslant \boldsymbol{x} \leqslant \text{ub} \end{aligned}$$

其中，约束条件中除了有与前述约束优化一样的线性条件之外，还有非线性约束不等式和等式条件，$\boldsymbol{c}(\boldsymbol{x})$，$\boldsymbol{c}_{eq}(\boldsymbol{x})$均为多元自变量的非线性函数。如果存在非线性约束条件，则在建立目标函数后，调用优化函数前，还要建立非线性约束函数，该函数返回包括 $\boldsymbol{c}$ 和 $\boldsymbol{c}_{eq}$ 两个非线性函数的计算结果，形式如下：

```
function [c, ceq] = nonlcon(x)
c = c(x)......;          % 计算非线性不等式约束函数在 x 处的值,若不存在,则 c = [];
ceq = ceq(x)......;      % 计算非线性等式约束函数在 x 处的值,若不存在,则 ceq = [];
end
```

定义好非线性约束函数之后，可调用 MATLAB 的非线性规划函数 fmincon，其调用基本形式如下：

```
x = fmincon(fun, x0, A, b, Aeq, beq, lb, ub, nonlcon);
```

其中，fun 为目标函数名；x_0 为优化自变量初始值；nonlcon 为自定义的非线性约束条件函数名。在调用 MATLAB 多参数函数时，如果后面的参数没有，则可直接省去；若前面的参数有空缺，则要用[]填写，确保后续参数与标准参数位置的对应。如：

```
x = fmincon(fun,x0,A,b);
[x,fval] = fmincon(fun,x0,[],[],[],[],lb,ub);
```

另外，在 MATLAB 命令窗口输入 optimtool 可以打开优化工具界面，可直接选择求解器，设定目标函数、约束以及其他选项，单击“求解”可查看计算结果，非常方便直观。

7.4　多目标优化及其 MATLAB 实现

以上讲述的优化目标函数都是标量，也就是说，只有一个材料特性函数，而实际材料研究往往涉及材料的多个性能，而且可能各性能与因素之间的关系是相互矛盾的，即使各性能之间不是相反关系，在同一个自变量点多个目标函数均达到最优值也是不可能的。多目标优化时要综合考虑各目标性能求得较优解，要考虑各性能的重要程度可能不一样，要有所侧重。这些情况下的优化要综合考虑各性能，这就是多目标优化问题。

单目标函数的优化是求该函数的极值点，而对于多目标函数的优化，各目标函数的极值位置一般不会在同一条件(因素变量 x)下出现。因此，多目标优化无法像单目标函数优化那样求得一个最优解，而是可以获得无穷多个所谓非劣解(noninferior solution)，最终决策则要在

非劣解集中根据各目标的重要性及其他因素进行选取，这一过程理论上是一个复杂的过程。在此将介绍几种简便可行的方法。

7.4.1 评价函数法

如上所述，多目标优化无法直接获得最优解，关键是各目标难以协同考虑，从非劣解中获得最优解还需决策者的参与，所谓决策者的参与主要是判断哪个目标值（材料性能）更为重要。如果将各目标值按其重要程度线性组合成一个新的评价指标，对该指标进行优化，则多目标优化就转变为单目标优化的问题，可以直接用上述优化函数进行求解。

该方法的核心就是建立评价函数，该函数应具有以下特性：

① 评价函数 $F(x)$ 的形式是所有目标函数 $f(x)$ 的线性组合，是标量函数，如下：

$$F(x)=\sum_{i=1}^{n} w_i f_i(x)$$

其中，w_i 是各目标函数的线性组合系数，表征各目标的权重。由于 MATLAB 的优化函数都是求极小值，所以评价函数值越小表示综合性能越好。

② 权重系数 $w>0$，其大小体现各目标函数对评价函数贡献的重要性。

③ 目标函数的归一化。对于材料特性，各目标函数值一般为正值，但各目标函数的值域可能存在数量级的差异，如果直接采用物性函数作为目标函数进行线性组合，则各性能对评价函数的贡献程度难以控制，因此，线性组合时要对各目标函数进行归一化处理。另外，有的材料性能目标函数值越大越好（如强度、韧性等），而有些性能数值越小越好（如高温蠕变等），所以在各性能目标函数归一化的同时，将各目标函数均转化为函数值越小性能越好的形式。评价函数可写成

$$F(x)=\sum_{i=1}^{n} w_i \frac{f_{\text{isu}}-f_i(x)}{f_{\text{isu}}-f_{\text{iin}}}$$

其中，f_{isu} 和 f_{iin} 分别是各目标函数的最优值和最劣值。注意，这里是最优与最劣，不是最大与最小，这要取决于各性能指标是大为优，还是小为优。这样的归一化统一了各目标值的数量级，同时，归一化后的目标函数均大于零，且统一为越小越好。

建立了该评价函数后，再用上述优化工具求得在一定约束条件下，在确定的评价权重下的最优解。当然，该最优解与所定权重密切相关，可以考查不同权重下优化的结果，然后进行选择。

7.4.2 多目标达成法

MATLAB 优化工具箱提供了目标达成（goal attainment method）多目标优化算法，该算法的基本思路是对各目标函数提出相应的优化目标值向量 goal，并设置各目标函数的权重向量 $\boldsymbol{w}$，不断交替对新函数 $\dfrac{\boldsymbol{f(x)}-\text{goal}}{\boldsymbol{w}}$ 中函数值最大的目标函数（性能指标最差）进行优化计算，使各目标函数能够尽可能达到目标值的最优解。如果 $\boldsymbol{w}$ 取 goal 的绝对值，则新函数就是目标函数与目标的相对误差。该算法对材料各项性能都有具体明确指标要求（goal）的优化非常适用。

该算法的函数名为 fgoalattain，设优化约束条件与上述非线性优化条件一样，则其调用形式为

```
[x, fval, attainfactor] = fgoalattain(fun, x0, goal, w, A, b, Aeq, beq,lb, ub, nonlcon);
```

其中,fun 是多目标函数向量的函数名,该优化函数的输入量只比非线性规划 fmincon 函数多了目标向量 goal 和权重向量 $\boldsymbol{w}$。权重为正值表示低于目标值为目标值达成,负值表示高于目标值为达成。输出变量多了一个达成因子 attainfactor,该因子表示各目标函数优化结果对目标的达成情况,负值表示目标达成,正值表示目标未达成。

例如,某多目标优化的目标为 goal=[−5, −3, −1]; 权重 $\boldsymbol{w}$=abs(goal)(abs 为取绝对值),多目标达成优化计算后的结果为

```
fval = [-6.9313, -4.1588, -1.4099]; attainfactor = -0.3863;
```

可见,各目标函数值均已达标,达标因子为负值,表明至少超目标 38.63%。

7.4.3　最大目标最小化法

最大目标最小化法的思路与多目标达成的思路一样,也是不断交替地对多目标函数值的最大目标函数进行优化(最小化),只是将各目标均设为 0,而权重均设为 1。该算法的函数名为 fminimax,设优化约束条件与上述非线性优化条件一样,则调用形式为

```
[x, fval] = fminimax(fun, x0, A, b, Aeq, beq,lb, ub, nonlcon);
```

该方法设定最优目标为 0,因此,实际应用时要将各目标函数进行归一化,并且由于没有权重系数正负号的调整,必须将目标函数转变成 0 为性能最优。

7.4.4　最小二乘法

上述非线性规划中的非线性目标函数是凸函数,即存在极小值。对于包含非凸函数的多目标规划,可以将目标函数都归一化为函数为 0 时最优,正值与负值都不好。如各新目标函数 $f_i(x)$ 为原函数减目标值,则优化问题为优化求解自变量 x,使得各目标函数与各自的目标值最近,即

$$\boldsymbol{F}(x)=\begin{bmatrix} f_1(x) \\ f_2(x) \\ \vdots \\ f_n(x) \end{bmatrix}$$

$$\min_x \frac{1}{2}\|\boldsymbol{F}(x)\|_2^2=\frac{1}{2}\sum_i f_i(x)^2$$

MATLAB 提供了非线性最小二乘法函数,其调用形式为

```
X = leastsq(fun, X0);
```

除了非线性最小二乘法之外,还有非负最小二乘法 nnls、线性约束最小二乘法 conls,细节可参考相关书籍。另外,非线性曲线拟合 lsqcurvefit 也是该优化方法的应用,请参见 3.3.4 小节。

7.5　复杂数学模型的优化

上述传统优化方法的共同特点是要求目标函数连续,且一阶导数存在并连续。另外,数值

求解过程都需从某一点 x_0 出发，只能求解局域极小值。如果目标函数存在多极值，则无法进行全域优化。因此，需要有能够适用于更复杂的数学模型的优化算法，以解决复杂条件下的优化搜寻方向及多极值问题。所谓现代优化算法，就是不依赖目标函数的导数可以进行搜寻，不依赖优化初始值可以进行全局优化。目前全局优化算法有很多，如模拟退火算法(Simulated Annealing，SA)、遗传算法(Genetic Algorithm，GA)、粒子群算法(Particle Swarm Optimization，PSO)、蚁群算法(Ant Colony Algorithm，ACA)和罚函数法(Penalty Function Method，PFM)等。MATLAB 提供了全局优化工具箱(global optimization toolbox)，包含了多点搜索、直接搜索、遗传算法、模拟退火法等。本节将简单介绍典型的模拟退火算法、遗传算法、粒子群算法、蚁群算法和惩罚函数法等。

7.5.1 模拟退火法

该算法是学习材料专业的人很容易理解的算法。退火是金属材料热处理的重要手段，将材料加热到一定的高温并保温，随后缓慢降温，以释放材料中的残留应力，改变组织结构，提高材料力学性能。根据统计力学知识，一定的高温使得原子获得一定的动能来克服能垒发生迁移，一段时间的原子迁移导致原子处于一个势能较低的状态，随后缓慢降温可以获得稳定的能量最低状态。

一定温度下原子的能量服从玻耳兹曼分布，原子能否克服能垒发生迁移是一个概率问题，该概率与能垒及温度有关，就是第 6 章介绍的 Metropolis 判据。原子向能量最低处的迁移过程就好比是优化寻找最小值的过程，该过程只要温度合适，原子就不会限于局部极小值，通过缓慢降温，原子就能达到全域最小值，这就是模拟退火优化算法的思路。

设目标函数为 $f(x)$，模拟退火法的主要步骤如下：

① 设定退火温度(初始温度)T_0，非物理温度，只是与目标函数值相关的数学参数；设置初始自变量 X_0。

② 产生一个新的寻优自变量点 X_1，可以是确定性方法，也可以是随机性方法。

③ 根据 Metropolis 判据，判断新状态的舍选：

$$P(X_0 \to X_1)=\begin{cases}1, & f(X_1)<f(X_0)\\ e^{-[f(X_1)-f(X_0)]/T_0}, & f(X_1)\geqslant f(X_0)\end{cases}$$

概率事件的计算机实现方法请参见 6.2 节。

④ 反复进行步骤②和步骤③一定的次数，相当于保温时间，使体系达到能量较低的平衡态。

⑤ 降低一个较小的温度步长 $T_0=T_0-h$，返回到步骤②。

⑥ 温度足够低，或最优状态已不发生变化，优化结束。

该方法所产生的状态序列是马尔可夫链，由马尔可夫链的特性可知，该优化的结果与出发点 X_0 无关。而且，该方法可以有一定的概率翻越函数峰值，跳出局域极小值，只要选择合适的温度就有可能找到全域最小。

该方法要注意初始热处理温度、保温时间及降温速度的选取。温度过高，状态不稳定，过低则无法翻越函数高峰；保温时间不够，达不到平衡态，搜索点可能还没去过全域最小的区域；如果降温速度过快，则搜索点有可能被冻结在某个局域极小区域。该方法已在 MATLAB 的优化工具箱 APP 中实现，直接调用即可。

该方法显然还可以同时从若干个出发点开始搜索。

7.5.2　遗传算法

遗传算法是一种基于自然选择和自然遗传机制的优化算法。该算法与传统优化算法的主要区别是:①不是从单一的出发点进行优化,而是从多个出发点(所谓种群)同时出发进行迭代优化;②不是采用确定性方法决定优化搜索的下一步,而是采用随机性方法,在种群中进行优选、交叉和变异,产生下一代优化种群。因此,遗传算法可以避免出发点选择的影响,避免陷于局域最小,实现全域最优化。

遗传算法主要包含以下几个步骤:

① 根据具体问题确定可行解域,确定一种编码方法,能够用数值串或字符串表示可行域的每一个解,即基因代码。最典型的基因代码是一定位数的二进制代码。

② 建立适应度函数,表征每一个解的优劣程度;一般由目标函数构成,函数值越小越优。

③ 产生 M 个个体的初始种群,作为寻优出发点,代入计算适应度函数。在优化过程中,一般种群的个体数保持不变。

④ 交叉操作。将上一代(父辈)个体两两一对,在基因随机位置进行交叉交换基因操作,实现遗传,形成新的子辈个体。

⑤ 变异操作。按一定比例随机选取几个父本个体的某个随机基因片段进行突变,或父本基因的几个片段进行突变,形成新的子辈个体。该操作用于实现群体的多样性,是跳出局部最优,实现全局最优的重要保证。突变率的大小影响全局性和收敛性。

⑥ 选择操作。计算交叉和变异形成的子辈个体的适应度函数值,并与父辈比较,优选原种群大小 M 个个体为新的父辈种群,其他的淘汰,实现优化迭代。

⑦ 反复迭代步骤④～步骤⑥遗传、变异、选择过程,直至所设迭代次数或优化精度达到要求,即完成优化。

遗传算法不仅可以解决全域优化问题,而且还可以解决传统优化方法无法解决的目标函数不连续、不可微分、随机或高度非线性、非顺序性自变量等的复杂问题。

MATLAB 全局优化工具箱提供的遗传算法函数名为 ga 和 gamultiobj,可分别优化单目标和多目标函数。设优化约束条件与上述非线性优化条件一样,则调用形式为

```
[x, fval] = ga (fitnessfun, nvars, A, b, Aeq, beq,lb, ub, nonlcon);
[x, fval] = gamultiobj (fitnessfun, nvars, A, b, Aeq, beq,lb, ub, nonlcon);
```

其中,fitnessfun 为适应度函数;nvars 为因素变量的个数。可见,遗传算法优化无需提供优化出发点 x_0。遗传算法相关参数可直接使用各遗传操作设定的默认值,不做任何设定即可进行遗传算法全局优化。需要特殊设定时可用 gaoptimset 进行,方法请参见 MATLAB 全局优化工具箱的帮助。该方法也可直接在优化工具箱 APP 中直接调用。

7.5.3　粒子群算法

粒子群算法是模拟鸟群等觅食过程提出的全域优化方法,该方法同样无需用目标函数的梯度作为寻优方向,而是根据个体自身的经验与群体的经验信息为导向。正如人类的决策取决于个人的经验与社会的科技、文化传承两方面,鸟群的觅食过程也是如此。一开始所有的鸟都不知道何处有食物,每一只鸟的飞行都是随机的,随着一段时间的个体搜寻,每一只鸟都有

一个自己知道的食物丰富地点，但是，食物最为丰富的地点不能确定。鸟群飞行具有趋向群中心的特性，这一特性自然地集合了群体的信息，其结果是可以找到最佳的觅食地点。模拟这一过程就可以得到全局优化的粒子群算法。

设目标函数为 $f(\boldsymbol{X})$，$\boldsymbol{X}$ 为 D 维空间自变量。该目标函数的粒子群优化算法的主要步骤如下：

① 初始化粒子群（个数 m、个体位置 $\boldsymbol{X}_i$ 和速度 $\boldsymbol{v}_i$）、惯性因子 ω 和加速因子 c_1 与 c_2。设定终止条件：最大迭代数或终止精度要求。

② 计算各点函数值 $f(\boldsymbol{X}_i)$，并将计算值设为每个粒子的局域最佳点 $\boldsymbol{p}_i=\boldsymbol{X}_i$。

③ 将 $\min f(\boldsymbol{X}_i)$ 及其位置 $\boldsymbol{X}_g$ 设为全域最优，$\boldsymbol{p}_g=\boldsymbol{X}_g$。

④ 更新各粒子当前速度及位置：

```
vi = ω * vi + c1 * r1 * (pi - Xi) + c2 * r2 * (pg - Xi);
Xi = Xi + α * vi;
```

其中，各位置及速度均为 D 维向量；r_1 和 r_2 为随机数；α 为控制速度权重的因子，也可看成是时间步长。计算速度时可适当限制最大速度。从速度迭代公式可以看出包含了粒子运动惯性、自身最佳经验和群经验信息，后两项改变了粒子搜索方向及大小。

⑤ 反复迭代步骤②～步骤④，直至满足终止条件。

该算法各参数的选取与目标函数特性有关，会显著影响优化过程及结果。粒子数 m 一般取 20～40。粒子数越多搜索范围越大，越易找到全局最优解，但计算时间长；惯性因子 ω 对算法的收敛影响很大，ω 越大保持原方向倾向越大，一般取 0.6～0.75，也可是随机数，也可随优化的阶段变化；加速因子 c_1 和 c_2 分别代表自身经验和群体经验的影响权重，一般可取 2，或有所侧重；r_1 和 r_2 为引入的随机因素。

7.5.4 蚁群算法

有时目标函数是复杂的离散数学模型，函数值不连续。最典型的例子就是旅行问题，欲去往若干个城市，如何行走经济、快捷的优化。数学模型为图或网络结构。对于材料领域，材料制备有多道工序，每道工序都有多种方法，需要优化设计一种高效、低成本的工艺路线等。这类问题是由一系列的有限种选择构成问题，每一个选择都会对目标函数形成一个突跳式的离散变化；自变量没有大小、优劣顺序属性。这一类问题的优化可以采用模拟蚂蚁觅食过程的蚁群算法。

蚂蚁在觅食时，道路的选择是根据蚂蚁路过时遗留的特有分泌物的强弱做出的，该分泌物就是信息载体，被称作信息素。由于该分泌物的强度是随时间衰减的，对于较远的路，回程的蚂蚁强化信息所需的时间较长，信息强度会较弱。所以，信息强弱包含了路途远近的信息，后续蚂蚁根据信息强弱来选择道路，进一步加强了较强的信息。这种信息正反馈体系就是蚁群算法的核心思想。

以旅行问题说明蚁群算法。设欲周游 n 个城市，设计路途最短的路径。优化的主要步骤如下：

① 设有 m 只蚂蚁。

② 每只蚂蚁在还未去过的城市中按概率抽样决定下一个目标城市，蚂蚁 k 从城市 i 去城

市 j 的概率为

$$p_{ij}^{k}=\begin{cases}\dfrac{[\tau_{ij}]^{\alpha}\cdot[\eta_{ij}]^{\beta}}{\sum\limits_{s\in \text{allow}_k}[\tau_{is}]^{\alpha}\cdot[\eta_{is}]^{\beta}}, & j\in \text{allow}_k\\ 0, & j\notin \text{allow}_k\end{cases}$$

其中,τ 为 ij 路径上的信息素强度;η 为该路径期望程度的启发函数;α 和 β 分别为信息启发和期望启发因子,一般取[0, 0.5];allow 为可去城市的集合。

③ 信息素更新。可以在每一步后更新,也可以在每个蚂蚁全行程结束后更新,即

$$\begin{cases}\tau_{ij}=(1-\rho)\tau_{ij}+\Delta\tau_{\text{ij}}\\ \Delta\tau_{ij}=\sum\limits_{k=1}^{m}\Delta\tau_{ij}^{k}\end{cases}$$

其中,ρ 为信息挥发的衰减因子,取值为[0.1,0.99]。衰减小,则经验信息残留多,作用大。信息增量为经过该路径 i,j 所有蚂蚁的信息之和。对于每步更新,$\Delta\tau_{ij}^{k}=\dfrac{Q}{d_{ij}}$,其中,$Q$ 为信息常数,一般取[10,10 000];d 为城市 i,j 之间的距离。如果是在全行程后更新,则 $\Delta\tau_{ij}^{k}=\dfrac{Q}{L_k}$。$L$ 为蚂蚁 k 全程的距离,还可以用所有蚂蚁行程中的最短距离(全局更新)。

④ 反复迭代步骤②和步骤③,直至结束。

⑤ 输出最短距离及路径。

与其他现代优化算法一样,算法中各参数的选取需要针对具体的系统进行实验或经验选定。

7.5.5 罚函数法

对于复杂模型的非线性优化问题,约束条件会进一步增加优化的难度。罚函数法就是将目标函数及其约束条件整合成一个增广目标函数,使原有约束非线性优化转化为无约束非线性优化问题。这个增广目标函数即称作罚函数。

设非线性约束优化问题,

$$\begin{aligned}&\min_{x}\ f(x)\\ &\text{s. t. }\ g_i(x)\leqslant 0,\quad i=1,2,\cdots,m\\ &\qquad h_j(x)=0,\quad j=1,2,\cdots,l\end{aligned}$$

建立罚函数,即

$$F(x,\sigma)=f(x)+\sigma P(x)$$

该罚函数具有如下性质:当 x 在可行域外时,$F(x,\sigma)$ 值很大,且越远离可行域越大;当 x 在可行域内时,$F(x,\sigma)=f(x)$。罚函数可以有不同的定义方法。$P(x)$的一般形式为

$$P(x)=\sum_{i=1}^{m}[\max(g_i(x),0)]^2+\sum_{j=1}^{l}[h_j(x)]^2$$

则原束缚优化转变成对罚函数的无约束优化问题。σ 为罚因子,其值越大约束的惩罚效果越大,罚函数的优化解也就越接近原问题的解。一般实际计算时,σ 可从小到大逐一优化获得最佳解。

7.6 优化设计在材料研究中的应用

优化的应用非常广，如上述最小二乘法就是将数学模型的拟合问题转化为一个误差函数的优化问题。后续机器学习算法中都会用到类似的优化问题。

优化在材料研究中也经常用到，对于具有明确目标函数的求极值较为简单，本节将介绍一个由人工神经网络建立的多因素多特性的数学模型的优化实例，这是一个典型的多维、多目标优化问题。多因素对多特性影响是材料综合研究的一般状态，单因素多用于机理研究，对于制备高性能材料，必须综合各因素对多项性能的影响，优化综合性能优异的材料配方、工艺条件等各个影响因素。

例如挤出直写3D打印陶瓷材料的制备过程对陶瓷浆料的要求很高，既要尽可能地容易地将高固含量的浆料从纤细的打印头挤出，又要在挤出后具有一定形状的保持能力，这就要对浆料的粘度、触变性等流变特性，成型后的收缩、变形特性等进行综合优化，而影响这些性能的因素众多，如浆料固含量、分散剂、粘结剂、塑化剂、润滑剂等。对于这样多因素、多特性的复杂数学模型的建立，最为有效的方法是人工神经网络方法，关于该方法请参见第10章，在此介绍通过数据训练习得的人工神经网络模型进行因素优化的问题。图7.1所示是一个2因素2目标的人工神经网络模型预测结果，其中挤出时间和变形两个特性指标都是越小越好，由图可见，两特性与因素的关系都是非线性函数关系，而且两特性存在矛盾关系，一个小则另一个大。对于多目标优化，7.4节介绍了多种方法，在此以评价函数法为例。

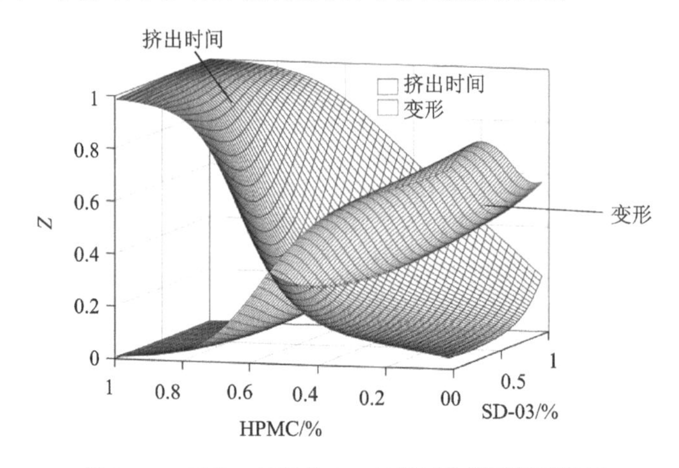

图7.1 2因素2目标的人工神经网络模型预测结果

设训练习得的神经网络模型为

```
Y = mynet(X);
```

其中，自变量 $\boldsymbol{X}$ 和因变量 $\boldsymbol{Y}$ 均为二维向量，建立新的评价函数 Z，即

```
Z = w1 * Y(1) + w2 * Y(2);
```

其中，w_1 和 w_2 分别为性能 $Y(1)$ 和 $Y(2)$ 对评价指标 Z 的贡献权重，$w_1+w_2=1$。两个权重比分别取为0.5∶0.5和0.3∶0.7，可汇出2因素对评价指标的影响，如图7.2所示。

对于不同侧重的单一目标评价函数可以调用MATLAB非线性优化函数fminsearch等，

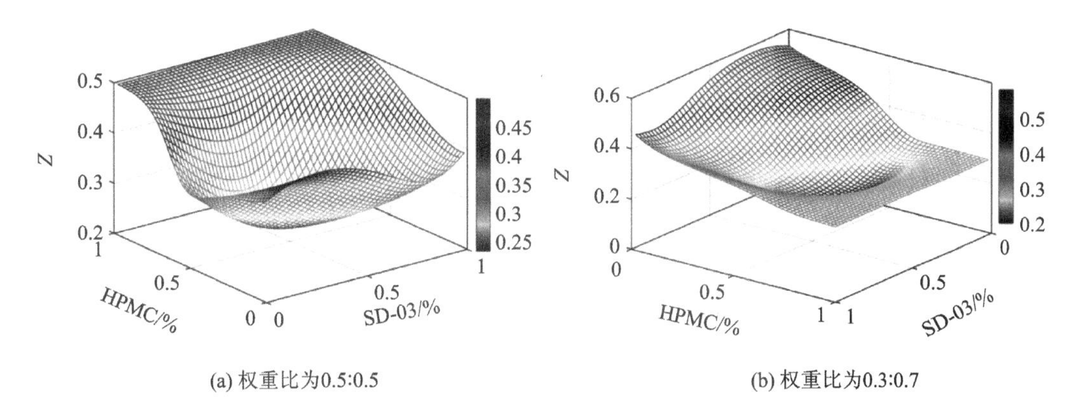

图 7.2 不同权重的评价函数三维图

可以求出相应的最佳配方；也可以分别设置两特性的目标值 goal，再调用多目标达成法优化函数 fgoalattain，进行优化求解。

7.7 小 结

优化就是在建立影响因素和材料特性的数学关系后，以该关系为目标函数寻找性能最优的因素组合。优化是材料研究和数学建模的重要目的和应用。

MATLAB 提供了各种优化方法函数，涵盖了函数求极值及各种有约束的线性及非线性规划、多目标优化和全局优化各种优化问题。只要已知数学模型，无论是简单显函数，还是机器学习模型，均可简单实现优化求解。

另外，MATLAB 还有优化工具箱用户图形界面（Optimtool），将各优化问题及算法集成在一个图形窗口中，通过简单地选择及输入即可完成优化计算。

习 题

7.1 试用优化方法求 $y=3x^2+5x+2$ 的极值。

7.2 设目标函数为 $y=100(x_2-x_1^{\ 2})^2+(1-x_1)^2$，试从 $x_0=[-1.2, 1]$ 出发求解无约束非线性问题。

7.3 求下述线性规划问题。目标函数为 $y=-5x_1-4x_2-6x_3$，约束条件为

$x_1-x_2+x_3\leqslant 20$；$3x_1+2x_2+4x_3\leqslant 20$；$3x_1+2x_2\leqslant 30$；$0\leqslant x_1$，$0\leqslant x_2$，$0\leqslant x_3$

7.4 求下列二元二次目标函数的有约束优化问题：

$$\min f(x)=x_1^{\ 2}+x_2^{\ 2}-4x_1+5x_2+4$$

$$\text{s.t.}\quad x_1-x_2+2\geqslant 0;\ -x_1+x_2-1\geqslant 0;\quad x_1, x_2\geqslant 0$$

7.5 求解下述非线性约束最优化问题：

$$\min f(x)=-x_1\times x_2\times x_3$$

$$\text{s.t.}\ 0\leqslant x_1+2x_2+2x_3\leqslant 72;\ \text{初始解}\ x_0=[10, 10, 10]$$

7.6 求解下述多目标优化问题：

$$f_1(x)=2x_1^{\ 2}+x_2^{\ 2}-48x_1-40x_2+30$$

$$f_2(x)=-x_1^2-3x_2^2$$

$$f_3(x)=x_1+3x_2-18$$

7.7 寻找材料单因素双特性数学模型，如制备温度与材料的抗弯强度及断裂韧性的关系，设定优化目标值，采用多目标达成法进行优化。

7.8 寻找某多极值目标函数，试用遗传算法进行全局优化。

第二篇

机器学习基础与应用

第 8 章　机器学习与材料研究

8.1　大数据下的材料研究

8.1.1　大数据与人工智能

随着计算机技术、互联网、物联网等相关技术的高速发展，大数据、云计算、人工智能等已成为这个时代的热点、战略资源和国家竞争力的重要标志。而机器学习在大数据的数据挖掘以及人工智能的知识获取中起着至关重要的作用。

大数据(big data)是指数据量大到超出常规的数据库工具所能获取、存储、管理和分析能力的数据集。大数据具有 4V 特征：数据规模大(Volume)、数据变化快(Velocity)、数据类型多样(Variety)和数据价值密度低(Value)。大数据的数据量达到 PB(1 PB=1 024 TB)甚至是 EB(1 EB=1 024 PB)级别，它不再是简单的、静态的、一次一次抽样观测的结果，而是实时动态变化的。这样的动态数据也要求数据处理的速度很快，以实现实时分析与决策。大数据不是结构单一的，而是多信息源并发形成的大量的异构数据，包括传统的数值、文本，还包括音频、视频、图片等。这些多类型的数据对数据处理也提出了更高的要求，并且数据的价值密度与数据量成反比，如连续监测的监控录像中有价值的数据可能只有一两帧。如此信息低密度的数据处理，用传统的数据处理方法是难以实现的，因此产生了非常形象的数据挖掘(data mining)概念，即像采矿一样，从低价值密度的数据中挖出有价值的信息。

由于大数据具有上述特点，所以应用大数据一定要有与之相适应的技术，包括大数据获取技术、存储和处理技术、大数据查询和分析技术、大数据可视化技术等。在此我们只关注数据处理与数据挖掘。

正如第一篇所述的所有方法，数据处理都是基于先要有某个数学模型，如拟合中的函数、统计中的分布类型等，这些模型或来自理论或来自经验。而对于大数据的挖掘，模型是无法事先获得的，或者说模型本身就是数据挖掘的内容。因此，大数据的数据挖掘只能面对数据，通过计算机自动地挖出大量数据中的信息，数据中的关联、模型等，这就是所谓的机器学习(machine learning)，将机器学习所获得的模型加以应用就是人工智能(Artificial Intelligence，AI)。

人工智能最成功的实例就是阿尔法狗能在完全不懂围棋原理，不知其数学模型的情况下，仅仅对海量的围棋棋谱数据的挖掘(机器学习)，就能战胜人类世界围棋冠军。人工智能能够绕开复杂的，甚至是无法明确表述的机制或模型，仅仅通过对大数据的机器学习，就可以自己形成模型，并进行泛化、应用，这就是大数据时代人工智能具有不可估量作用的原因。

由此可见，人工智能的核心是机器学习。

8.1.2　材料研究与机器学习

材料研究过程首先是获取大量的相关数据，然后进行数据处理，形成理论或模型，最后应用该模型指导制备出性能优异的材料。在数据获取之后，材料研究过程与人工智能所做的事是一样的，也就是说，材料研究也应该与机器学习有关。材料性能是由材料的组成、结构等因素决定的，材料性能是因变量 Y，对某种材料所要求的性能可能是多项指标，如断裂强度、断裂韧性、密度、透明度、热导率等，所以 $\boldsymbol{Y}$ 是向量。影响材料性能的因素是自变量 X，因素包括材料化学组成、相组成、显微结构、制备工艺条件、使用环境条件等，当然也是向量。每一套自变量数据 $\boldsymbol{X}$ 都将对应一套材料特性 $\boldsymbol{Y}$，材料研究就是要获取相对应数据($\boldsymbol{X}$,$\boldsymbol{Y}$)，然后分析两者的关系，建立两者的模型。如果两者都是数值数据，且其相关数学关系形式是已知的，那么对于其相关数据处理方法我们已经了解了。但是，对于多因素、非线性数学模型，获得其数学形式是很困难的，甚至是不可能的；对于数据是文本或图片的情况，建立因变量与自变量的关系也是非常困难的。

在材料研究中的数据处理多数是针对单个因素，且数据都是数值型的情况，获得性能与因素的关系，画出相关曲线等。但是，如果想将整个项目研究成果、学位论文转变成某个材料计算机平台，将各种类型的数据和认知都整合在一个模型中，对材料性能进行预测及优化，这就是以前常说的计算机专家系统。专家系统需要建立数据库、知识库等非常复杂的系统，其往往过于复杂，尤其是知识库的建立非常困难，且功能有限，因此一直没有在材料研究中得到广泛应用。

材料研究的数据虽不能叫作大数据，但数据信息密度相对较高，同样具有数据多样性、数学模型复杂等特点，因此，通过机器学习方法，建立某个材料的人工智能，是能够实现将研究成果全部转化成材料预测及优化计算机平台的有效方法。材料基因组的实质就是在获取大量、系统的相关数据后，通过机器学习，建立材料人工智能系统的过程。

8.1.3　机器学习与传统数据处理及统计的区别

第一篇系统介绍了数值分析和统计等数据处理方法，首先，这些方法处理数据的形式是数值；其次，主要是处理数值自变量与因变量的函数关系，处理数据前，该函数形式是确定的，或是选定的。对于数据的统计处理也是要事先假设各随机变量是独立的，且服从某个特定的概率分布；然后对所获得的数据进行函数拟合或者回归，获得所定函数的参数或分布函数的参数。也就是说，传统的方法是基于数学模型的，因此首先要确定一个数学模型。这个数学模型可以是通过材料实际过程的基本原理得到的理论模型，也可以是经验模型。理论模型没有问题，但因素复杂时理论模型的形式往往过于复杂，处理起来很困难。若不是特别关心机理问题，则可用简单的经验模型来描述性能与影响因素的关系。比如对单因素问题多采用多项式函数形式作为数学模型，但是，进行数据拟合时，必须先确定选用几次多项式模型，这一选定是通过实际观察数据状况，如先作出数据(x, y)离散点分布图，凭经验选定的。这一过程存在人为因素，与人的知识及经验有关。例如图 8.1 所示的 5 组数据(x,y)的分布图及其多项式数学关系拟合曲线，各曲线所标数字分别代表多项式的次数。数据量为 5 组，最多可以拟合到四次多项式函数。四次多项式拟合曲线完全经过 5 个数据

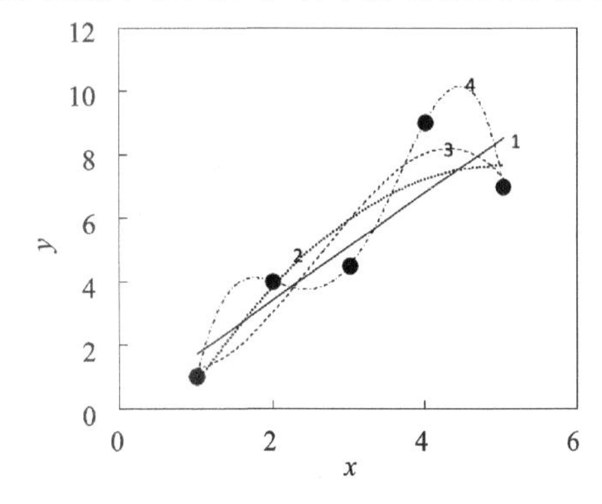

图 8.1　5 组数据的分布图及其多项式数学关系拟合曲线

点，这就是拉格朗日插值函数。由图8.1所示的结果可以看出，决定采用几次多项式函数模型最佳并不是一个简单的问题。

对于多维、海量的数据，事先确定一个具体数学模型几乎是不可能的，所以，对于大数据的挖掘，只能依据数据本身，同时挖掘出数学模型及其参数，这就是机器学习与传统数据处理及统计分析的主要区别。当然，机器学习不仅限于处理数值数据，任意类型以及混合类型的数据挖掘都是机器学习的范畴。

机器学习是正在迅速发展的领域，其在材料研究领域的应用才刚刚开始，在此主要介绍机器学习的基本方法，为将其用于材料研究提供思路，打好基础。

8.2 机器学习概论

由计算机语言学习可知，计算机数据处理过程是根据数学模型，通过一定的算法，对输入的数据进行计算、处理并输出计算结果；而机器学习则是输入数据和想要的结果形式，输出的是算法或模型。也可以说，通过机器学习，计算机会自己编写程序。

机器学习根据数据挖掘目的不同而有不同的形式，主要包括模式识别、统计建模、知识发现、预测分析、数据科学、适应系统、自组织系统等，对于不同类型的机器学习有不同的学习算法。在此主要介绍材料研究有可能用到的基本算法。

8.2.1 基本术语

首先，介绍一些机器学习的相关术语。

1. 数据集(data set)

数据就是关于事件或对象的表现或性质等事项的观测值，设对象可以从 n 个特征(feature)或属性(attribute)进行表述(如表述某材料可用化学组成、相组成、显微结构、强度、韧性)，则 n 为该数据的维数，$\boldsymbol{X}=(x_1,x_2,\cdots,x_n)$，属性所构成的空间称为属性空间。对各属性的一次观测结果是 n 维属性空间的一个点 $(x_1,x_2,\cdots,x_n)$，也称为特征向量。如果有 m 次试样属性的观测值，则 m 称作数据的容量。所有 m 个 n 维数据的总和叫作数据集，$\boldsymbol{D}=(\boldsymbol{X}_1,\boldsymbol{X}_2,\cdots,\boldsymbol{X}_m)$，可以看成是 $m\times n$ 维数据矩阵。其中，各属性的数据可以是任何不同的类型。如材料的化学组成及相组成可以是文本，还可以是百分数；显微结构可以是图片，也可以是数值或文本；强度和韧性可以是数值，也可以是“高、低”等文本。

根据学习类型的不同，数据中的属性还可分为输入数据(影响因素) X 和输出数据(特性、评价标记) Y，数据集可写成 $D=\{(X_1,Y_1),(X_2,Y_2),\cdots,(X_m,Y_m)\}$。数据本身还是对象属性的值，只是一部分作为因素属性(自变量)，另一部分作为特性属性(因变量)。对于学习模型，因素属性和特性属性分别作为输入数据与输出数据。同样输出数据 Y 也可以是多维的，如上述的数据中，强度和韧性可以作为输出数据。强度、韧性这样的输出数据是连续的实数空间，输出数据还可以用于分类离散标签数据，如材料特性标签分为“好、中、差”，或是二值的“合格、不合格”等。

2. 训练(training)或学习(learning)

训练就是从数据中习得模型的过程，该过程与人类的学习和训练过程一样，是一个反复迭代的过程，不同类型的训练有不同的训练算法。机器学习可以看成是传统数学模型拟合与模型本身优化的结合，以获得性能最优的数学模型。还是以图 8.1 为例，传统的拟合是人为先选好数学模型（如二次多项式），采用最小二乘法拟合出所选模型的参数。而机器学习则可以不用人来选择模型，而是通过优化决定模型（如该例中最优 n 次多项式）及其参数。

训练获得的模型是建立在训练所用数据集（training set）的基础上的，该模型可能对已有数据具有很高的预测精度，但是对于训练集之外的新数据的预测不一定准确。提高习得的模型适用于新样本的预测能力称作模型的泛化（generalization）能力。因此，为了提高模型的泛化能力，训练时可以将数据集分成两部分：一部分用于训练，该部分数据称作训练集；另一部分用于测试训练集习得的模型的预测情况，该部分数据称作测试样本（testing sample）。

机器学习主要由模型、策略和算法三大要素构成。其中，模型是根据考虑的问题所决定的一类模型集合，而不是一个具体的模型。在监督学习过程中，模型就是所要学习的条件概率分布或决策函数，模型的假设空间包含所有的可能模型，如线性模型就包含所有线性函数。策略就是在模型假设空间内采用什么样的准则来选择优化模型。算法就是基于训练数据集，根据学习策略，从假设空间中选出模型的最优化算法。各种学习方法具有不同的模型、策略和算法，但都含有这三要素。

3. 模型评估与验证

通过学习获得的模型的优劣需要进行评估。模型预测的输出值与样本的真实输出值之间的差异称作误差。学习器在训练集上的误差称作训练误差（training error）或经验误差（empirical error），在新样本上的预测误差称作泛化误差（generalization error）。好的模型当然期待有小的泛化误差，但是泛化误差无法事先知晓，而且训练误差与泛化误差没有相关性。有的模型训练误差很低，但泛化误差却很大，这种现象叫作过拟合（overfitting）。图 8.1 中的四次多项式模型就是典型的过拟合，模型曲线过各训练样本，训练误差为 0，但可以想象该模型的外推及内插预测都可能产生比其他模型更大的泛化误差。

模型的训练误差可以通过增加学习次数来降低，但降低泛化误差却很难。为了检验习得模型的泛化特性，必须对习得模型进行检验（validation），最常用的方法是将数据集分为两部分，即训练集和测试集，用测试集上的测试误差（testing error）作为泛化误差的近似。

检验方法主要有留出验证法（holdout validation）和交叉验证法（cross validation）两种，其中，留出验证法就是按一定的比例（如 75%和 25%）将数据集 D 分为两个互斥的训练集 S 与测试集 T，然后在训练集 S 上训练模型，用测试集 T 评估其测试误差。交叉验证法就是将数据集等分为 k 个（如 5、10、20 等）互斥的子集，依次用其中一个子集作为测试集，其余 $k-1$ 个子集作为训练集，然后进行 k 次学习和测试，最终返回均值。

另外，可以用方差结合偏差的方法进行训练，以解决过拟合的问题。相关细节可参考其他相关书籍。

8.2.2　机器学习的类型

根据学习任务的不同，学习可分为监督学习（supervised learning）和无监督学习（unsupervised learning）两大类。此外，还有强化学习、半监督学习和主动学习。

1. 监督学习

监督学习就是训练数据集中有输出属性数据(或称标记数据),该数据可用于监督模型学习过程的模型预测误差。

监督学习主要包括两大类:回归和分类。如果输出属性是连续值,则此类学习任务称作回归(regression);如果输出属性是离散值,则输出属性称为标记,其学习任务称作分类(classification)。如果标记值是二值的,如{0,1}或{-1,1},则称为二分类。如果标记值是多值的,则分类称为多分类。

机器学习就是从对象的具体样例数据中,学习、训练归结出适用于一般性的规律或模型,这是一个归纳过程。除了习得规律、模型之外,还可以从训练数据中归纳出概念。虽然,机器学习习得语义明确的概念是很困难的,但是实用价值很高的分类是典型的概念学习。如通过学习材料属性可以鉴别哪些材料是高性能结构材料,这种概念学习的输出特性是布尔函数,即输出属性的值为“是”或者“否”。

回归学习主要包括线性回归、神经网络、集成学习、回归树等方法。

分类学习主要包括感知器、支持向量机、决策树、朴素贝叶斯、最近邻等方法。

2. 无监督学习

无监督学习是从没有输出属性数据的训练数据集中学习预测模型的机器学习。无监督学习主要包括数据的聚类(clustering)、降维和概率估计等。

除此之外,还有其他分类方法,如按模型分类有概率模型与确定性模型,其中,概率模型是条件概率 $P(y|x)$,如决策树、朴素贝叶斯等;确定性模型是函数形式 $y=f(x)$,如神经网络、支持向量机等。按算法可分为在线学习与批量学习,按技巧可分为贝叶斯学习与核方法等。

8.2.3 材料研究中的机器学习

对于任何一个材料研究课题,都会获得关于该材料属性的大量数据,分析获得这些数据之间的关系是材料研究的目的,这正是机器学习能做的事。同样,可以从回归和分类两大机器学习来介绍机器学习在材料研究中的应用。

① 回归学习。回归在概率与统计中学过,但是回归机器学习与传统的回归不同。传统的回归是在自变量与因变量函数形式已知的条件下,通过自变量及因变量的数据估计该函数中的未知参数;而回归机器学习则可以在函数形式未知的条件下,仅通过自变量及因变量的数据的学习,就可以建立多因素与多材料特性之间的复杂非线性数学模型,但习得的模型形式是无法用简单的函数形式进行表述的,即所谓的黑箱模型,最典型的代表就是人工神经网络。人工神经网络是目前材料研究中应用较多的机器学习方法,多用于建立多因素非线性数学模型。

② 分类学习。除了上述回归机器学习之外,还有一类不需要建立连续函数,只要根据材料属性数据将材料进行分类的数学模型。以高温陶瓷材料研究为例,可以获得陶瓷材料的属性数据及其值域,如表 8.1 所列。

表8.1 材料特性数据

特性名	值 域
主化学组成	Al_2O_3、ZrO_2、Si_3N_4、SiC、ZrC、ZrB_2
主晶相相组成	α、β、c、t、m
添加剂	MgO、Y_2O_3、SiO_2
添加剂含量/%	0～10
烧结温度/℃	1 000～2 000
致密度/%	80～100
显微结构	晶粒尺寸及分布、晶粒形貌、第二相、气孔
断裂强度/MPa	500～1 200
断裂韧性/(MPa・$m^{1/2}$)	5～15
材料类别	高温陶瓷、超高温陶瓷、高强陶瓷、高韧陶瓷

由表8.1可以看出，材料特征数据的类型包括数值、字符、图像（显微结构的原始数据形式），对于这些数据有不同层次的处理与挖掘需求和相应的方法。对于数值型数据的处理方法，在第一篇已做了系统的介绍，但是，对于多类型数据的处理与挖掘，建立各特征之间的关系等仅靠数值分析已无法解决。例如，根据某材料的上述数据如何判断该材料属于哪种陶瓷，或者作为超高温陶瓷是否合适等。进行这样的分类与判断，对于该领域的专家可能并不难。但是，专家不仅依靠这些数据，还要借助专家的知识和经验进行分析判断，离开专家仅凭数据是难以实现分类的。这是材料研发的现状，材料研究成果无法上升为一个普适数学模型，难以推广应用，这是亟待解决的问题。机器学习正是解决这类问题的最佳方案。上述的材料分类和材料是否合格的问题正是机器学习中最主要的内容，即多分类和二分类学习。

传统材料研究判断材料的高温性能时必须测试材料的高温强度、高温烧蚀量等数据，这些数据的测试成本很高，对所有可能的影响因素都去测量其高温特性是很困难的。如果能够仅从化学、晶相组成、常温力学性能等易测数据建立经验模型，那么用该模型推断该材料的高温特性将大大降低材料研发成本和周期，这也是材料基因组计划所期待达成的目标。例如，利用熔点高于3 000 ℃的物质（如ZrC、ZrB_2等）能够制出致密度的、常温高强高韧的材料，该材料可以用作超高温陶瓷等。这一判断不是人为判断的而是由数学模型做出来的，这种模型是通过对大量数据的机器学习挖掘获得的。

材料研究一直注重揭示因素影响材料特性的机理，但机理研究往往需简化研究对象，如将多因素问题简化为单因素等。但简化会使认知片面，对于材料全面的认知往往不能将各单因素的认知简单地加和。也就是说，单因素的研究成果对材料整体表述是不能直接应用的，实际指导材料整体特性预测与优化设计时必须综合各个因素的影响，因此复杂体系的模型完全建立在理论模型上几乎是不可能的，而完全基于数据习得数学模型的机器学习才是最佳解决方法。

除了新材料研发之外，材料生产质量控制也是机器学习应用的重要领域。材料生产过程的质量控制可以将获取的大量易测的特性数据及产品合格与否的数据，通过机器学习建立产品合格的模型，实现低成本、快速、在线的质量监控系统，而不用抽样检测全部产品指标，这样可以大大节约成本和时间。

对于不同的学习目的，表 8.1 中的数据有不同的作用，其可以全部作为输入数据，进行无监督学习；也可以选择一个或一些属性数据作为输出数据（标记）。如果选择断裂强度和断裂韧性，或者材料类别作为输出数据，则可以进行监督学习。如果选择连续的数值属性（断裂强度、断裂韧性）作为输出数据，则学习过程就是回归；如果输出的是材料类别这样的离散型数据，则学习过程就是分类。做分类时，断裂强度和断裂韧性也可以作为输入数据，也就是说，同一个属性数据根据学习内容的不同既可以是输入数据，也可以是输出数据。

关于显微结构，原始数据应是显微结构图像数据，通过图像处理软件可提取出晶粒尺寸及其分布、晶粒形貌（长径比等）等特性参数数据。还有一些难以量化的图形特性数据，如沿晶断裂、穿晶断裂等，虽然专家凭经验可以识别，但是一般人难以识别。像人脸识别技术一样，但如何让计算机自动识别图像数据特征，也是机器学习的重要内容。图像处理及其相关机器学习方法不作为本书的内容，可参见相关书籍。

随着机器学习和人工智能相关技术的高速发展，相关方法也在不断出现和发展，机器学习在材料领域将会得到更加广泛的应用。

8.2.4 机器学习工具

对于材料工作者，其对数据处理、数值分析等知识多少有所了解，而对机器学习却了解甚少，可能认为将机器学习用于材料研究会很难。事实上，像第一篇所学数值分析内容一样，几乎所有的机器学习算法也都可以由 MATLAB 非常简单地实现。

MATLAB 的较新版本推出了人工神经网络工具箱（neural network toolbox，nntool）、深度学习工具箱（deep learning toolbox）和统计与机器学习工具箱（statistics and machine learning toolbox），包含分类学习器（classification learner）、回归学习器（regression learner）等多种应用程序。各工具箱除了提供各种函数之外，还提供了非常便利的用户界面，免除了算法编程的过程，为材料工作者创造了强有力的机器学习工具。

各工具箱的数据导入可来自 matlab 的工作区（workspace），也可通过读取数据文件来获得，其中文件类型包括 excel 所有的文件形式以及.txt、.csv 文件等，可从文件中选取任意数据范围。在 data set 界面中可在数据中选择输出数据（response），其余数据则成为输入数据（predictor）。在该界面的右侧有模型验证方法及参数设定，可选择交叉验证（cross-validation）法及交叉验证次数（fold），该方法适用于小数据集学习；可选择留出验证（Holdout-Validation）法及留出验证数据百分数，该方法适用于大数据集学习；还可选择不验证。

无论是分类还是回归学习器，均包含多种学习算法，可用所有的算法进行学习，然后根据学习精度选择习得的模型。习得的模型可以导出，作为一个数学模型函数对新数据进行预测等计算。该工具箱的具体用法将在后续各机器学习算法章节中再做介绍，也可参考相关书籍进行学习。

8.3 小结

对于材料研究，虽然不会涉及一般意义上的大数据，但是数据的信息含量较高，影响材料性能因素变量的类型并不局限于数值，仅靠数值分析方法进行数据挖掘是不够的。另外，利用数值分析处理数据的前提是数学模型的形式是确定的，这对复杂的材料数据体系来说有时是不可能的。而机器学习仅依靠已有数据本身就可自己学习、优化建立一个数学模型，用于预测各参数对材料性能的影响，或是判断该条件下获得的材料是否符合要求等。因此，机器学习在材料研究中的应用有助于建立多因素数据(特别是包括难以数值化的数据)的材料计算模型，最终将实现某材料的人工智能系统，为材料设计、优化及制备提供高效的工具。

目前，虽然材料研究还是以单因素研究、机理研究为主，但是，实际材料的研发更关注多因素的综合效应、最优条件等，机器学习为我们处理多因素数据提供了强有力的工具，掌握机器学习方法会大幅提高材料研发能力。随着计算机技术和机器学习算法及其平台的高速发展，机器学习将成为材料研究中数据挖掘的重要手段，其应用将成为材料研发者必备的技能。

习 题

8.1 什么是大数据与人工智能?

8.2 阐述机器学习与数值分析的异同。

8.3 阐述机器学习与材料研究的关系。

8.4 阐述机器学习的主要类型。

8.5 了解 MATLAB 机器学习工具箱。

第9章　回归机器学习与材料研究

回归是监督机器学习的两大任务之一，也是概率与统计中的重要内容。在概率与统计分析中，回归就是针对一个确定的数学形式的模型，用已知的自变量及其对应的因变量的离散数据集(或随机变量的抽样结果)，通过统计分析获得该模型中未知参数的过程。回归是将一个通用模型变成一个适用于某个具体问题的特定模型的方法。根据模型的形式可分为线性和非线性的，所采用的最主要的方法是最小二乘法。通过离散数据建立函数关系在第一篇中已做了详细介绍，但是使用那些方法的前提条件是已知自变量与因变量的函数形式，如线性方程、正态分布函数等，而回归的主要任务是获取函数中的待定参数。对于自变量与因变量的函数关系未知，或根本没有简单的解析式函数可以表述的数学模型来说，数学模型本身也是回归的内容。因此，在这种情况下，采用传统的回归算法将无法获得离散数据间的数学关系。解决这样的问题就要用机器学习的方法，机器学习是无需事先确定数学模型的形式的，只要有充分的数据，通过适当的机器学习算法即可习得自变量与因变量的关系模型，包括模型的参数。

回归机器学习算法包括人工神经网络、决策树、支持向量机、高斯过程等，其中神经网络应用最广，本章将重点介绍，其他算法的原理将在第10章介绍。

9.1　人工神经网络

人工神经网络(Artificial Neural Network，ANN)，顾名思义就是模仿人类神经网络系统的方法。人感知、获取外界各种信息，在经验和学习的基础上，对所获取的信息进行处理、思考，做出判断和相应的反应。这样的过程都是通过神经系统，特别是大脑完成的。生物神经系统主要是具有发达的枝状神经元细胞构成的网络状结构的系统，这种系统可以处理非常复杂的问题，甚至对非常模糊不清的问题也可以进行清晰判断，而分析推断过程往往是难以言表的。生物神经系统可以解决如此复杂的问题并不是神经元细胞的计算功能强大，而是因为神经元细胞在细胞树突接收到来自其他神经元细胞的某种生物电信息时，适当地进行了增益或抑制传递信息的操作，这是一个非常简单的过程。神经系统是通过由简单的神经元构成的复杂网络拓扑结构来解决复杂问题的。人工神经网络算法就是基于这个原理，构建一个由简单算子(神经元)形成的复杂拓扑结构的网络，对输入数据信息进行处理，并输出结论。它是由大量处理单元互联组成的非线性、自适应信息处理系统。

由于人工神经网络系统神经元算法简单，适用性强，可以处理各种信息，所以人工神经网络发展迅速，在人工智能的很多领域中得到广泛应用。在此只介绍人工神经网络在多因素非线性黑箱数学模型中的回归应用。

人工神经网络系统主要包括神经元网络连接的拓扑结构、神经元的特征、学习规则等，其有很多种类型，在此只介绍常用、简单的向前网络。

9.1.1　人工神经网络的结构

图9.1所示是多层向前人工神经网络拓扑结构示意图，网络呈层状结构，信息只从输入端

到输出端单向向前传输，没有反馈，同层神经元之间没有信息传输。网络分为输入层、隐层和输出层，其中，输入层节点并不进行数据处理，因此输入层不计在网络的层数内。输入层节点数是因素变量的个数，输出层神经元个数是因变量数。也就是说，神经网络的输入层和输出层的神经元个数对于一个具体问题来说是确定的。隐层层数及各隐层的神经元个数是待定的，是神经网络建模的核心任务之一。

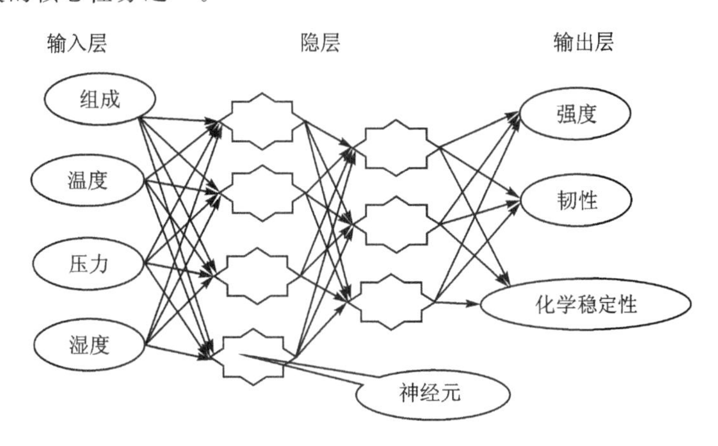

图 9.1　多层向前人工神经网络拓扑结构示意图

由图 9.1 可以形象地看出，随着隐层以及隐层神经元个数的增加，各因素对特性影响的非线性越来越复杂。因为，每一个神经元只能处理各输入量的线性加和效应(参见 9.1.2 小节)，所以如果没有隐层的神经元模型，则只能表现线性关系，如感知机(参见 10.1 节)；一般隐层层数大于 2，称作多隐层网络，而对于深度学习模型，其隐层将达到八、九层以上。

9.1.2　神经元的作用原理

由人工神经网络的结构可以看出，每一个神经元都有多个输入和多个输出，每一个神经元的作用就是对各自所有输入信号的大小做出一定的简单激励反应，给出一定的输出信号，如图 9.2 所示。对于某个神经元 i，输入量 $\boldsymbol{x}_i$ 和输出量 $\boldsymbol{y}_i$ 都是多元向量，$\boldsymbol{w}_i$ 和 $\boldsymbol{b}_i$ 分别是各输入量对应的作用权重系数和阈值。

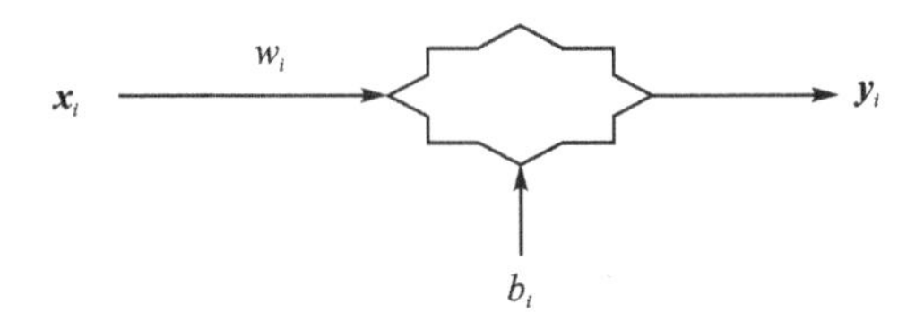

图 9.2　神经元作用示意图

神经元首先将所有输入信号进行线性组合，组合成一个表观总输入变量 u_i，即

$$u_i = \sum_{j=1}^{n_i} \boldsymbol{w}_{ij}\boldsymbol{x}_{ij} - b_i$$

其中，$\boldsymbol{w}_{ij}$ 是输入信号的线性组合系数，即权重因子，代表各输入信号对该神经元的作用程度；b_i 是神经元对该表观总输入变量的阈值，决定该神经元对表观总输入信号反应的门槛值，低于该值则神经元处于抑制态，反之则处于激活态。神经元对表观总输入变量做出反应，并向下

层各神经元输出信号 y_i，其数学形式就是激励函数，即

$$y_i = f(u_i)$$

隐层神经元激励函数主要包括以下 4 种形式：

阶跃函数：$y=\begin{cases}-1, & u<0 \\ 1, & u\geqslant 0\end{cases}$；

斜坡函数：$y=\begin{cases}-1, & u<-1 \\ u, & -1\leqslant u\leqslant 1 \\ 1, & u>1\end{cases}$；

S 型(Sigmod)函数：$y=\dfrac{1}{1+\mathrm{e}^{-u}}$；

双曲正切函数：$y=\dfrac{\mathrm{e}^{u}-\mathrm{e}^{-u}}{\mathrm{e}^{u}+\mathrm{e}^{-u}}$。

其中，S 型函数对大信号和小信号都能处理，是适用性强的非线性函数，因此，一般隐层神经元多采用 S 型函数。输出层多用线性函数，可适用于不同特性输出值的取值范围。

各神经元对输入信号仅进行了简单的线性合并，并用很简单的非线性或线性激励函数传递输出信号，这似乎难以表述体系复杂的多元非线性问题。但是，神经网络通过隐层(至少一层隐层)神经元对全输入信号的线性(单调)响应，经过输出层神经元对隐层神经元输出(响应)的再次线性处理，可以实现多元非线性及多元交互作用。也就是说，神经网络的拓扑结构越复杂(隐层层数及各层神经元的个数越多)，各因素多层次的混合、交互效应就越复杂，也就越能实现多元非线性的复杂性。

9.1.3 人工神经网络的训练

对于神经网络模型，拓扑结构就相当于数学模型的函数形式，模型的待定参数就是各神经元的权重与阈值。对于机器学习，模型拓扑结构及其参数都是通过数据训练优化获得的。拓扑结构越复杂，待定的参数就越多，要求的网络训练数据也就越多，更重要的是，随着隐层的增加，训练算法本身也会越难。在此主要介绍常用的单隐层神经网络的训练与应用。

神经网络的训练可以分成两部分：一部分是用训练数据集训练确定结构的网络权重；另一部分是优化网络结构。

首先是网络权重的训练方法。网络结构确定后，就像一般的解析函数一样，因变量 y 与自变量 x 之间建立了一定的联系，而这种函数关系中有待定模型参数，就是各神经元的权重系数和阈值。网络参数的获取过程和人类大脑的学习过程很类似，人类通过反复训练调整我们对各种信息所做出的反应程度，以获得足够的经验，之后可以针对某个特定信息做出最恰当的反应。同样，人工神经网络的参数获取过程叫作网络的训练。

与一般的解析函数参数获取一样，首先要有大量的自变量与因变量的抽样实验数据(x, y)。采用一定的算法调整模型参数使得模型预测的因变量 $\hat{y}$ 与实验观测值 y 之间的误差平方和最小，此时的模型参数就是该模型参数的最佳估值。人工神经网络的训练算法有很多，在此不做介绍，实际建模时可参考 MATLAB 人工网络工具箱(neural network toolbox)帮助。网络训练的主要方法是反向传播算法(Back Propagation，BP)，因此，这类网络也叫作 BP 网络。其主要训练过程如下：

① 初始化网络参数——权重系数和阈值(w,b)。

② 输入训练数据(x,y)，由数据 x 用当前网络预测输出量 $\hat{y}$。

③ 根据预测误差 $\delta=\hat{y}-y$，修正原网络参数，获得新的(w,b)。对于不同的算法该修正公式也不同。因为该误差修正是从输出层向输入层反向递推的，因此叫作 BP 算法。

④ 反复进行步骤②和步骤③，直至系统预测误差达到要求，网络训练结束。每一次正向预测和反向修正为训练一次。

网络训练速度与网络结构、训练数据多少和训练算法等因素有关。

在此基础上，反复优化网络结构及其参数，即可习得最优的神经网络模型。对于材料研究中的多因素非线性数学模型的建立，一般可以用单隐层神经网络，而隐层神经元个数可以凭经验确定，也就是说，网络结构是确定的，则网络的训练只是参数的优化。与传统的曲线拟合不同，网络训练除了考虑训练误差之外，还要考虑泛化误差，因此，训练过程还包括检验。

训练结束后神经网络的结构及其网络参数已确定，即研究对象的人工神经网络模型已建立，该模型和一般的函数一样可以进行模型的预测以及输入变量的优化。

9.2　人工神经网络的 MATLAB 实现

此节先介绍拓扑结构确定的神经网络的建立方法。采用人工神经网络建立多因素非线性数学模型主要分为以下 4 个步骤：

① 确定网络输入层节点数，即模型因素自变量 x 的个数 n_x；网络输出层节点数，即特性因变量 y 的个数 n_y。确定各自变量的取值范围，并将各自变量进行归一化处理。对于多元体系，各自变量 x_i 的取值范围$[x_{i\min},x_{i\max}]$可能相差很大，这样的数据直接使用会使网络精度下降，误差增大。归一化公式 $\hat{x}_i=(x_i-x_{\min})/(x_{\max}-x_{\min})$ 可以使各变量的取值相差较小，均在[0, 1]之间（或 $\hat{x}_i=2(x_i-x_{\min})/(x_{\max}-x_{\min})-1$ 在[−1,1]之间），这也是激励函数较为敏感的区域。

② 对 n_x 维因素条件进行 m 次抽样实验，观测研究对象的特性，获得因变量观测数据 y。$\boldsymbol{x}$ 是 $m\times n_x$ 维自变量数据矩阵，$\boldsymbol{y}$ 是 $m\times n_y$ 维因变量数据矩阵。

关于多元体系的抽样实验自变量 x 的取值，不能像传统多因素研究那样，将多因素体系单因素化，即先改变某一个因素的取值，而将其他因素设为某组定值，然后依次变换变量。这样的抽样是在多维空间沿某一直线抽样，例如二维空间只是在两条相互垂直的直线上取点，而不是在平面内均匀随机抽样。这样的抽样实验数据难以很好地体现多因素之间的交互作用，因此，应在多维空间随机抽样，如果可能则采用重要性随机抽样。关于重要性随机抽样请参考第 6 章相关内容。另外，可以采用多维正交实验方法，实现高效多维抽样实验设计，请参见 9.4 节。

③ 人工神经网络拓扑结构与训练算法的指定。输入层和输出层的节点数已由对象的数据维度 n_x 和 n_y 确定，不属于网络结构设计的内容。网络结构设计只是选取网络隐层层数和各隐层的神经元个数。在 MATLAB 人工神经网络工具箱中，对于隐层结构 n 维行向量数组，n 为隐层的层数，n 个数字分别代表各隐层的神经元的个数。如数组[10, 5]，表示 2 层隐层，第一层 10 个神经元，第二层 5 个神经元。

对于网络训练算法，MATLAB 提供了多种算法函数，如 Levenberg-Marquardt 优化算法函数 trainlm(默认算法)、梯度下降 BP 函数 traingd 等(请参考人工网络工具帮助),在此不做详细介绍。

建立一个向前网络的 MATLAB 函数是 feedforwardnet(由于人工神经网络工具箱的版本不同,函数名和形式可能也不同,请参照所用版本的帮助)。建立一个名为 mynet 的网络,其调用形式为

```
mynet = feedforwardnet(hiddenSize, trainFcn)
```

其中,hiddenSize 为网络隐层结构数组;trainFcn 为网络训练算法函数名。

例如:

```
mynet = feedforwardnet(10);
% 建立一个单层隐层,隐层神经元的个数为 10 的向前网络
```

用 view(mynet)可以显示所建网络结构。另外,所建网络各隐层神经元的默认激励函数是 S 型函数,而输出层激励函数是线性函数。

④ 网络训练。先将实验数据分别赋值矩阵变量 $\boldsymbol{X}$,$\boldsymbol{Y}$,然后调用网络训练函数 train,如下:

```
mynet = train(mynet, X, Y);
```

返回训练达标后的网络 mynet 的同时,开启网络训练窗口,显示训练结果。

⑤ 网络应用。训练后的网络 mynet 可直接看作是一个函数,直接赋值新自变量数据矩阵 $\boldsymbol{X}_i$,可预测出该数学模型相应的因变量矩阵 $\boldsymbol{Y}_i$,如下:

```
Yi = mynet(Xi);
```

9.3 MATLAB 人工神经网络工具箱用户界面

采用 MATLAB 的人工神经网络工具箱可以更加便捷地实现神经网络的建立、训练与应用。该工具箱具有良好的用户图形界面。

首先,利用采集的因素变量(网络输入变量)和特性变量(网络输出变量)的观察数据建立输入变量数据矩阵 $\boldsymbol{X}(n_i,m)$和目标数据矩阵 $\boldsymbol{Y}(n_o,m)$,其中,n_i 和 n_o 分别为输入变量和输出变量的个数,也就是网络输入层和输出层的节点数;m 为实验数据的组数。注意,在此数据矩阵是以行为因素单位,而不是以列为元素单位。

在命令窗口执行 nntool,弹出 Neural Network/Data Manager(nntool)对话框,如图 9.3 所示。

单击 Import 按钮,根据界面选择输入数据和目标数据,然后单击 New 按钮,弹出 Create Network or Data 对话框,如图 9.4 所示。

在该对话框中确定网络名,选择输入数据、目标数据、训练方法、网络层数、各层的神经元数及传递函数类型等。单击 View 按钮可以查看网络结构。单击 Create 按钮产生网络,并在 Neural Network/Data Manager(nntool)对话框中的 Networks 列表框中出现新网络的名称。单击新网络名后,再单击 Open 按钮,将弹出“Network:network1”对话框,如图 9.5 所示。在该对话框中的 Train 选项卡中选择数据后,单击 Train Network 按钮完成网络训练,并显示训

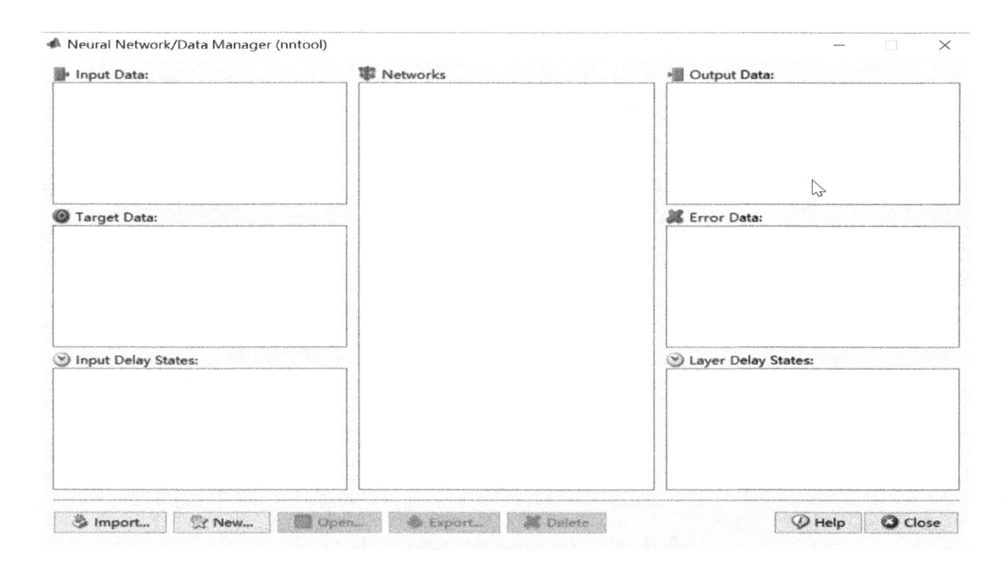

图 9.3　Neural Network/Data Manager(nntool)对话框

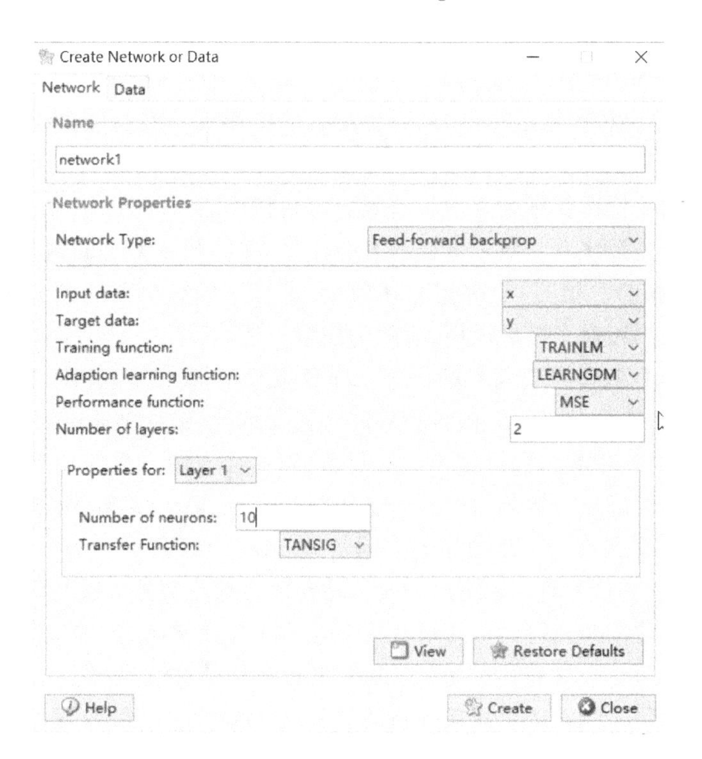

图 9.4　Create Network or Data 对话框

练结果窗口。

在 Network:network1 对话框中切换到 Simulate 选项卡,可进行网络应用计算等。回到 Neural Network/Data Manager(nntool)对话框,单击 Export 按钮可以输出网络及各计算数据的结果到 Workspace。训练后的网络可随时调用。

图 9.5 “Network:network1”对话框

9.4 人工神经网络在多因素体系研究中的应用与意义

材料特性往往受多种因素的影响，而一种材料的应用又涉及材料的多个性能指标。例如作为结构材料，要求其具有优异的机械强度和断裂韧性，但这两种特性的影响因素及其作用却不尽相同，有时不同的特性受某因素的影响效应还是相反的。因此，材料研究涉及的往往是一个多因素、多目标的复杂体系。对于这样的复杂体系，关注研究对象机理时，可以采用简化因素等方法建立机理模型。但是，要表述整体模型，进行整体材料特性预测或是整体材料优化时，人工神经网络的黑箱模型是最简便、有效的建模方法。

例如挤出直写 3D 打印陶瓷浆料的研究。陶瓷成型的 3D 打印技术要求陶瓷浆料具有尽可能高的固体陶瓷粉体含量，但是，固含量越高其粘度越大，越难以通过细小的打印头；而很容易从打印头挤出的浆料却难以保持打印出的复杂形状，会发生自然流淌现象。为了能够满足各项要求，陶瓷浆料要添加分散剂、粘结剂、塑化剂、润滑剂等添加剂。因此，研究、设计能够满足 3D 打印成型的陶瓷浆料是一个典型的多因素、多目标的问题。

采用 MATLAB 建立多输入多输出的人工神经网络并用数据集进行网络训练是一件非常简单的事，数据赋值后用两三行命令便可获得多元非线性数学模型。但是，神经网络训练往往需要大量的多元数据，对于材料研究，多维因素空间的实验数据取样点的设计是一个关键问题。因此，高通量实验研究方法可能是真正能够解决机器学习所需数据量的途径。如目前较成功的多组元化学组成材料高通量研究方法：多靶源公溅射薄膜材料制备、多元扩散材料制备及特性分布表征技术等，可以快速获取多维属性数据。

对于传统多因素研究方法，直接采用各单因素研究的数据在多维空间不具代表性，特别是无法很好地表现各变量都在变化的交互作用。因此，应该在多维空间均匀抽样，但是，简单地均匀抽样会导致实验成本大幅提高。对于一个单因素的研究，最起码要取 5 个数据点，同样的取样密度条件下，2 因素就要做 25 组实验，3 因素就要做 125 组实验，4 因素就会做高达 625 组实验。因此，有必要考虑更有效的抽样方法，既要对各个因素的作用进行大概、全面地普查，还要对重点因素进行细致地取样。正如6.3节中介绍的重要性随机抽样，要比均匀的简单随机抽样的效率高，但是重要性随机抽样要知道对象的函数形式，这对函数未知的多维空间抽样来说需要新的解决方法。在此介绍基于正交实验的重要性抽样方法，解决多维因素空间的抽样实验问题。在获取既全面又高效的数据基础上，采用人工神经网络方法建立高精度的多元因素数学模型。

1. 正交实验

正交实验是高效探讨多因素问题的实验设计方法，该方法可以设计较少的实验次数，对因素问题进行一个初步调查。多因素的取值都在变化，但从统计上各因素的各水平抽到的次数均等，这样可以保证取样的全面与均等。通过对实验结果的简单处理可以分析出各因素对各性能的影响程度等信息。

对于5因素4水平的研究范围进行抽样实验，就是对5个因素的取值在其各自4个水平中抽一个水平组合成一次抽样实验的实验条件。采用枚举法列举各因素水平的排列组合，则要进行1 024次实验，成本极高且难以实现。而如果采用5因素4水平的正交实验表，则为$L_{16}(4^5)$，只需进行16次实验即可对5维体系有一个初步的认知。根据正交实验表的实验结果可以分析出各因素对材料特性的影响程度和趋势，但该分析只能是定性地分析各因素的作用。但是，正交实验的数据还太少，难以定量地表述该复杂体系的精确关系，难以获得精准的预测以及真正的全因素优化。不过，正交实验的结果揭示了多因素变量的重要程度及粗略的多维空间函数的抽样结果，这为下一步重要性随机抽样提供了依据。

2. 重要性补充抽样

根据正交实验分析的结果可以从两方面进行重要性随机抽样，如下：

首先，由正交实验可知各因素的重要程度，这将是进行重要性补充抽样时的依据，越是重要的因素其取点数越多，反之则可适当减少；

其次，虽然正交实验数据较少，但是依然对多维空间函数有一定的描绘，利用多维离散插值可以建立一个黑箱模型，以此作为重要性抽样函数进行补充抽样。

通过一定量的补充抽样实验数据进行神经网络训练，可以获得预测精度优异的数学模型。神经网络训练数据集容量的大小与因素的多少、关系的非线性程度有很大关系，可以根据训练精度的情况逐步增加抽样数量。

人工神经网络不仅可以建立多因素实验研究数据的数学关系，还可以用于数值计算数据的进一步挖掘。这里举一个材料结构有限元分析设计优化的人工神经网络应用案例。陶瓷材料是高刚度的材料，在载荷作用下难以有较大的变形，但是，有些应用场景要求高温下材料有一定的弹性(如高温密封材料)，也就是说，需要具有较大变形量的高温陶瓷材料。这就要求在陶瓷部件形状结构上进行设计，如陶瓷弹簧等。随着3D打印技术在陶瓷材料制备中的应用，可以设计各种复杂形状的部件，如图9.6所示的结构。

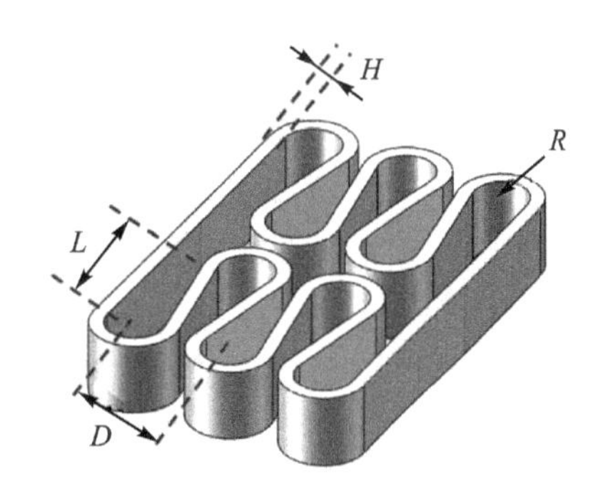

图9.6　大变形陶瓷构件结构图

该陶瓷构件应像弹簧一样具有较大变形量，而该构件的表观弹性模量以及最大变形量与图中所标各尺寸参数相关，这是一个多因素多特性的问题。该问题如果直接进行材料制备及测试实验研究，那么成本及时间均是问题。利用材料有限元结构分析计算则可以算出各尺寸一定的某材料在一定载荷作用下的应力及应变，结果如图 9.7 所示。也就是说，可以通过计算获得各形状尺寸与构件表观弹性模量及最大应变的数据。商业有限元软件有优化结构尺寸的功能，但是，直接对多因素进行优化尚不成熟。在此以大量的有限元方法计算的结果为训练数据集，通过训练人工神经网络获得多尺寸因素与构件表观弹性模量和最大应变的关系数学模型，并进行结构优化设计。

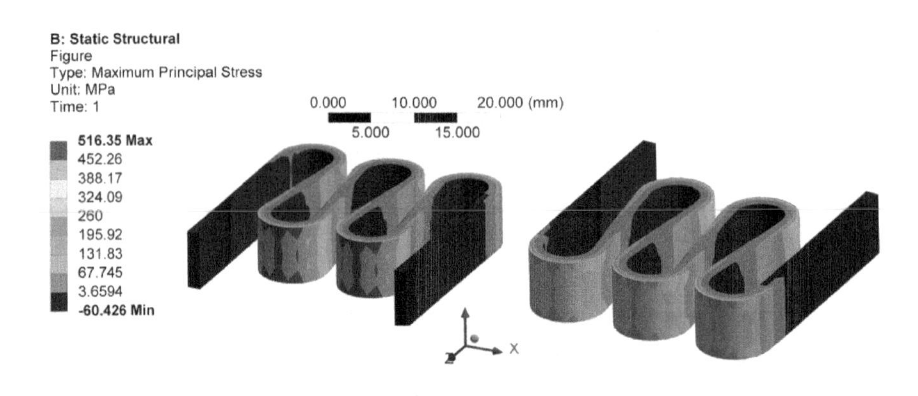

图 9.7　试样应力及应变有限元分析结果

首先，采用正交实验设计各尺寸(5 水平)的构件，计算其模量及应变，通过正交实验分析可知影响构件特性的各尺寸变量的重要程度。依据各因素的重要性对各因素范围进行不同密度的分割，划分多维空间网格，如 5×5×4×4 共 400 组抽样进行计算。建立单隐层 8 神经元的神经网络(见图 9.8)，用计算获得的数据进行网络训练。

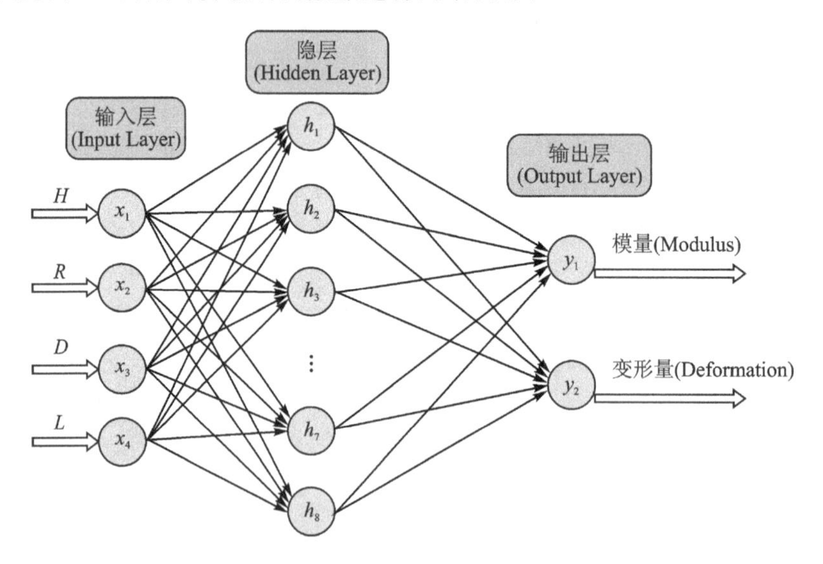

图 9.8　4 因素 2 特性神经网络示意图

训练结果如图 9.9 所示。结果表明，训练 20 次后，训练误差和检验误差都达到较低水平，训练得到了很好的效果。训练习得的神经网络模型可以预测任意 4 个特征尺寸构件的表观模量。图 9.10(a)和图 9.10(b)所示分别为强影响因素和弱影响因素双因素的预测结果,图中圆圈点为抽样有限元计算数据,网格曲面是神经网络模型预测结果。结果表明,神经网络很好地拟合了数据点;另外,非均匀抽样是可以接受的,甚至还可以适当减少抽样计算点数。

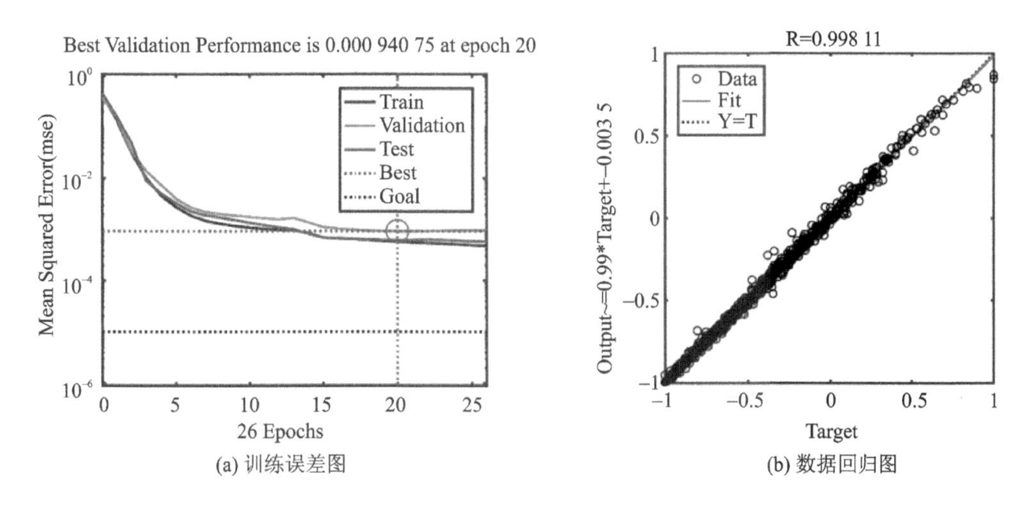

(a) 训练误差图　　(b) 数据回归图

图 9.9　神经网络训练结果

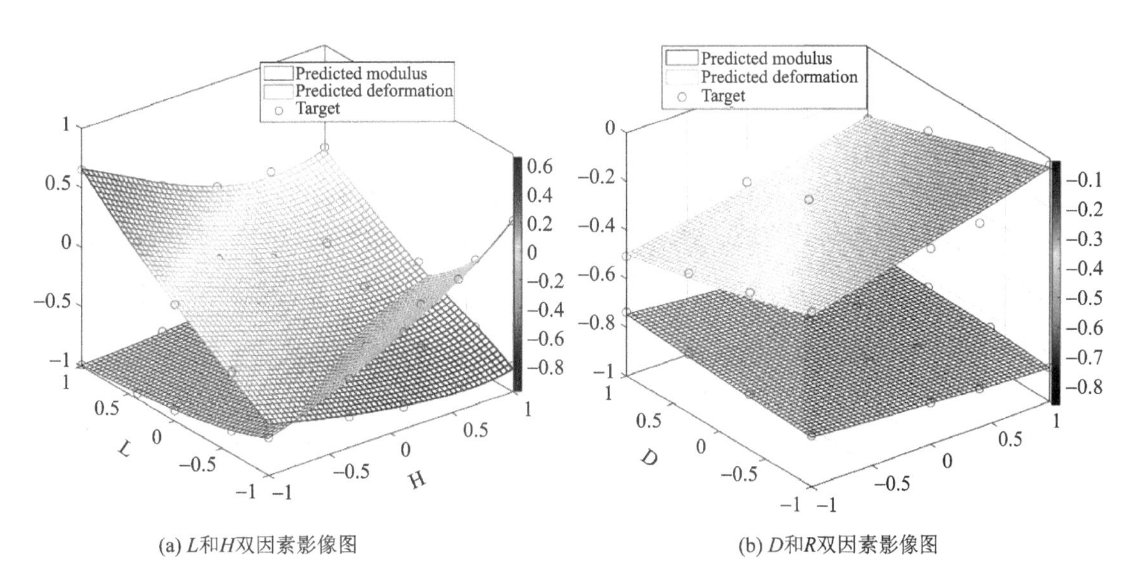

(a) L和H双因素影像图　　(b) D和R双因素影像图

图 9.10　神经网络的预测结果

利用习得的神经网络模型同样可以对给定的构件特性优化设计结构尺寸。根据设计数据实际制备材料,测试其性能,验证模型设计效果。结果表明,该模型理论预测与实际制备测试的结果误差在 5%以内。

由此可见,人工神经网络可以建立多因素多目标体系的数学模型,这对复杂体系材料研究的全面数学建模,并进行材料特性预测以及因素优化具有重要的意义。通过建立的多因素模型还可以做出各单因素或主要 2 因素的影响规律,获得直观的关系曲线或曲面,从而对数学模型有一个直观的认知。

9.5 深度学习

对于一般的多元非线性模型采用单隐层神经网络即可解决问题，但是对于更复杂模型的机器学习，仅仅靠增加单隐层神经元的个数是不够的。特别是在体现各因素的复杂交互作用时，往往需要通过增加隐层的层数来实现，这种多隐层神经网络学习称作深度学习。隐层层数越多，模型越复杂，学习的深度也越深。隐层的增加不仅是神经元的个数增加，更重要的是激活函数嵌套层数的增加，因此可以学习更复杂的模型。

神经网络隐层的增加，不仅是由于神经元个数增加导致权重系数及阈值个数增加，进而导致学习过程更加复杂，而且是由于隐层层数增加后输出与输入相隔太远，原来的监督学习算法无法有效监督优化各权重，这就是所谓的梯度消失问题。如单隐层神经网络的学习是通过网络输出与训练数据误差的反向传递对各神经元的权重进行优化训练(经典的 BP 算法)，当误差无法传递到第一层隐层时，该层就无法训练。随着新算法的出现以及计算能力的不断提高，由隐层增加带来的梯度消失、过拟合及计算量大的问题得以解决，因此深度学习得到快速发展和应用。目前，发展最成熟的深度学习卷积神经网络在图像、音频识别等领域得到了广泛应用。

深度学习也是人工智能的重要算法，MATLAB 提供了多种深度学习工具箱(deep learning toolbox)及多个 app，如深度网络设计器(deep network designer)、神经网络聚类(neural net clustering)、神经模式识别(neural patter recognition)以及神经时间序列分析(neural time series)等。请参照 MATLAB 帮助文件。

卷积神经网络的图像识别是深度学习的重要应用领域。在材料断口的断裂模式识别等图像数据识别方面应可以得到应用。更多的应用，包括在材料基因组领域的应用等还有待进一步的研究发展。

9.6 其他回归机器学习的方法

除了人工神经网络以外，回归机器学习的方法还有决策树、支撑向量机、高斯过程等算法，这些都是监督机器学习的重要算法，其既可以进行分类学习，也可以进行回归学习。如果因变量是连续变量，则习得的数学模型是描述自变量与因变量的连续数学关系，即回归学习；如果因变量的取值是有限个离散值，则习得的数学模型是描述各自变量取值域与有限个因变量值的关系。也就是说，用有限个因变量值将自变量空间划分为若干个区域，即分类问题。因此，回归与分类问题在机器学习方法上是类似的，区别只是因变量连续与否。不同的机器学习算法具有不同的特点，但原则上既可以用于回归也可以用于分类。为了便于理解，各机器学习算法将在第 10 章介绍。

人工神经网络在多元非线性模型回归学习中应用最为广泛，神经网络训练需要大量的数据，而且各属性一般也是连续的数值型变量，对于其他类型数据或无大小顺序的属性，神经网络不好处理，因此需要一些其他算法。最好是直接用各种算法进行回归，根据回归的精度判断采用哪种算法。因此，在 MATLAB 的回归学习机(Regression Learner)APP 界面模型类型选项中有所有模型(All 和 All Quick-To-)，可进行所有算法回归训练，并给出各算法模型的误差。

MATLAB 提供了回归机器学习 APP,无需编程,就可以直接在用户界面进行单击选择等操作,从而实现多种回归机器学习模型。关于回归学习机的使用可以参见 MATLAB 相关说明。在 MATLAB APP 界面中的机器学习和深度学习栏内,选择打开回归学习机(Regression Learner)APP 界面,单击 New Session 从 Workspace 或文件中导入训练数据,选择因变量属性(Response),其他属性数据则为自变量(Predictor),再选择验证方式(Validation)。确定数据输入后,自动开启回归学习机窗口,在 MODEL TYPE 下拉列表框中有多种算法及模型供选择。选择模型后,单击 Train 按钮。训练结束后,在左侧 History 窗口内将显示各习得模型的误差(RMES)。单击某模型,会在图形窗口显示各训练数据点与模型预测点。对于训练习得的模型,可以单击输出模型(Export Model),输入模型名称,确定后,可在 MATLAB 主界面的 Workspace 中出现该模型的结构变量。该结构变量就是回归所得的函数,调用该函数即可计算任意自变量域内的因变量的值。该 APP 只能进行单因素回归学习,对于多因素需要采用主成分分析进行降维。

9.7　小　结

影响材料性能的因素有很多,如材料化学组成、相组成、工艺方法、工艺条件、服役条件等,这是一个复杂的多元体系问题。能够揭示这样复杂体系的数学模型一般是非线性的,无法用简单的数学函数表示。人工神经网络方法通过构建复杂的神经网络拓扑结构,每个神经元以简单的传递函数产生激励,通过大量已知的网络输入数据及所对应的输出变量观测数据对网络中各权重系数的训练、拟合,获得一个高精度表述该复杂系统的网络数学模型。虽然该网络没有漂亮的数学表达式,但却是表述复杂非线性模型的最佳方法。

由于神经网络的训练随着因素的增加而需要大量的观测数据,因此,对于多元因素体系的实验设计是一个非常重要的环节。实验数的多少,实验条件的代表性、全面性,以及实验数据的效率,是高效获得高精度神经网络的关键。高通量实验与表征技术是获取多因素体系全面数据的重要方法。本章还推荐了正交实验与重要性补充抽样相结合的数据抽样方法。

有了一定量的输入、输出数据后,借助 MATLAB 的神经网络工具箱,可以非常简便地获得复杂系统的人工神经网络模型。虽然,该数学模型难以探讨体系的内在机制,但是对复杂系统的模拟预测以及系统的条件优化是非常有效的。

习　题

9.1　熟悉 MATLAB 人工神经网络建立、训练和预测过程。

9.2　熟悉 MATLAB 人工神经网络工具箱图形界面的应用过程。

9.3　用二元函数 $u=x^2+y^3$,在 $x\in[0,20]$,$y\in[-10,10]$区域内,抽样 40 次,对所获得的数据用人工神经网络建模,并作图绘出数据点和网络预测曲面。

9.4　寻找材料研究中多因素多特性数据,试建立其神经网络模型。

第 10 章　分类机器学习

分类学习是监督机器学习的重要内容。监督学习就是用数据集中的某个属性作为模型的输出，该属性值具有监督模型训练成效的作用。如果该监督属性变量的取值是连续的，则该属性是数学函数的因变量，如果该因变量与自变量有一一对应关系，则该学习过程就是第 9 章所述的回归学习。还有一类监督学习的监督属性不是连续的，而是有限个离散值；而作为自变量的其他属性可能是离散的，也可能是连续的；自变量与因变量不是一一对应的，而是自变量空间的一块区域对应一个监督属性值。也就是说，要用有限个监督属性（标签）值将自变量空间划分为若干区域，这一学习过程就是分类机器学习。当分类区域逐渐增多时，分类将逐渐趋近回归，因此本章所介绍的分类学习算法也可以用于回归学习。

在材料研究或制备过程中会需要大量的分类问题。回归是建立材料条件属性与材料性能间的函数关系，目的是获得材料性能的具体值。而有时更重要的不是一个具体的值，而是材料属性的某些范围，在这些范围内材料属于一类，或属于一个范畴。例如，我们可能并不关心材料的抗弯强度是某一个值，而是关心该强度要大于某个值；也可能是若干个性能要求的多维空间的一个区域，如强度、韧性、高温蠕变等特性满足某个要求。这些问题就要建立材料数据的标签，即对于材料自变量属性数据都要标注该数据点属于哪个材料类别，是达标还是不达标，是属于 A 类材料还是 D 类材料。这种标注属性就是分类监督学习的监督属性。分类机器学习就是通过具有标签的训练数据集的学习获得数学模型，该数学模型可以对没有标签的新的数据进行分类，指出该材料的所属。分类数学模型可以作为多因素材料的知识库或是多指标材料合格检验智能系统，该数学模型的习得比传统知识库的建立要简单得多，可以将综合性研究成果集成于一个或几个分类数学模型中；可以用一个分类模型只需检测一些易测的指标就能判断材料是否合格，而不用高成本的检查。因此，掌握分类机器学习方法对材料研究及制备是非常有价值的。

本章主要介绍分类机器学习的几种最基本的监督学习方法，通过了解各机器学习的学习策略、算法及其实现，掌握机器监督学习的基本方法。

10.1　感知机

感知机就是用一个多维线性模型将所有的数据分为二类的机器学习方法。线性模型是最简单的多元数学模型，该模型的机器学习分为线性回归和线性分类。由于线性模型只有一种形式，即

$$y = f(\boldsymbol{x}) = w_1 x_1 + w_2 x_2 + \cdots + w_n x_n + b \tag{10.1}$$

或写成向量形式，即

$$y = f(\boldsymbol{x}) = \boldsymbol{w}^{\mathrm{T}} \boldsymbol{x} + b \tag{10.2}$$

如果输出特性 y 的值域是连续实数，则用数据$(\boldsymbol{x}, y)$机器学习就是回归。由于线型模型只有这一种形式，不存在模型形式的选择优化问题，学习回归的内容只是优化模型中的参数 $\boldsymbol{w}$ 和 b，因此，机器学习中的线性回归与数值分析中的线性回归是一样的，如最小二乘法、线性方

程组求解法等，在此就不再介绍了。

如果 y 是一个二值的标签数据，如[是，否]，[−1，1]，[1，0]等，则此时的学习任务就是以 y 监督学习将数据分为两类，即二分类学习，习得的模型就是感知机。

10.1.1　感知机模型

设输入数据空间为 n 维实数空间，$\boldsymbol{x}\in\mathbf{R}^n$，输出数据空间是二值的，$y=\{+1,-1\}$。$\boldsymbol{x}$ 是实例的属性向量，y 表示实例的类别，则感知机模型为

$$y=f(\boldsymbol{x})=\mathrm{sign}(\boldsymbol{w}\cdot\boldsymbol{x}+b) \tag{10.3}$$

其中，$\boldsymbol{w}\in\mathbf{R}^n$ 叫作权值或权值向量，$b\in\mathbf{R}$ 叫作偏置，$\boldsymbol{w}\cdot\boldsymbol{x}$ 为两向量的内积。sign 为符号函数，即

$$\mathrm{sign}(x)=\begin{cases}+1, & x\geqslant 0\\ -1, & x<0\end{cases} \tag{10.4}$$

感知机的几何解释是用 $\boldsymbol{w}\cdot\boldsymbol{x}+b=0$ 的 n 维空间超平面将 n 维输入数据空间分成两部分，$\boldsymbol{w}$ 是超平面的法向量，b 为超平面的截距。该超平面称作分类超平面。感知机还可以看成是没有隐层的单层神经网络，神经元的激活函数是符号函数 sign，也称为阈值逻辑单元。

例如有高性能结构陶瓷分类数据(见表 10.1)，其中，输入数据 X 为断裂强度和断裂韧性二维空间，标签变量 Y 表示是否为高性能结构陶瓷，+1 代表"是"，−1 代表"不是"。训练数据集容量 m 为 11，即

$$D=\{(x_i,y_i)\},\quad i=1,2,\cdots,11$$

表 10.1　二因素二分类学习数据

序　号	断裂强度	断裂韧性	材料标签 Y
1	1 032	7	−1
2	650	9	−1
3	755	11	−1
4	847	13	+1
5	944	6	−1
6	686	10	−1
7	1 336	13	+1
8	1 486	9	+1
9	1 083	10	+1
10	869	9	−1
11	1 316	5	−1

该数据感知机的示意图如图 10.1 所示，图中○表示标签为"+1"的样本，×表示标签为"−1"的样本，虚线就是用 11 组训练数据习得的感知机模型的超平面。

感知机的预测就是用已习得的模型对新的输入样本给出其对应的输出类别，即是否是高性能结构陶瓷。

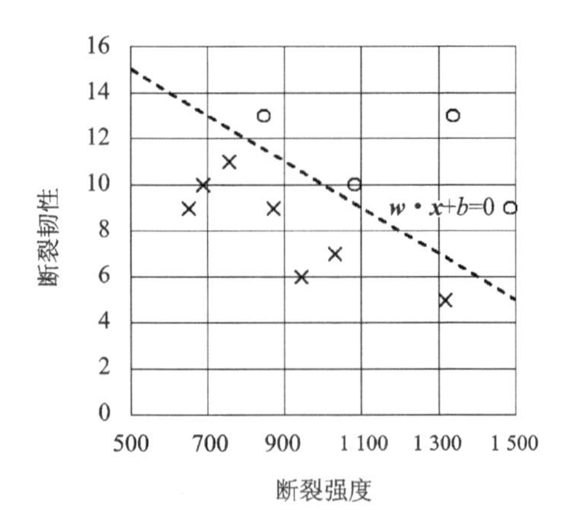

图 10.1　感知机模型示意图

10.1.2　感知机学习策略

1. 数据集的线性可分性

对于一个数据集，

$$D=\{(x_i,y_i)\},\quad i=1,2,\cdots,m$$

其中，$x_i\in\mathbf{R}^n$，$y_i=\{+1,-1\}$，如果存在某个超平面 $\boldsymbol{w}\cdot\boldsymbol{x}+b=0$，能够将数据集中的正样本和负样本完全正确地划分到该超平面的两侧，即对所有的 $y=+1$ 样本 x_i，有 $\boldsymbol{w}\cdot\boldsymbol{x}_i+b>0$，而对于所有的 $y=-1$ 样本 x_i，有 $\boldsymbol{w}\cdot\boldsymbol{x}_i+b<0$，则称该数据集 D 线性可分；否则，为线性不可分。

2. 学习策略

感知机学习的目的就是寻找一个能够完全正确划分线性可分性数据集的超平面，$\boldsymbol{w}\cdot\boldsymbol{x}+b=0$，也就是确定超平面的参数 $\boldsymbol{w}$ 和 b。其学习策略可以类似于最小二乘法，寻找合适的参数使得误差函数(超平面与样本点的误差平方和)最小。对于分类，误差函数(也称损失函数)就应是误分类样本点的总数，但是，该函数不是参数 $\boldsymbol{w}$ 和 b 的连续可导函数，不易优化，需要建立一个关于参数 $\boldsymbol{w}$ 和 b 的连续可导损失函数 $L(\boldsymbol{w},b)$。

n 维空间中的任意一点 x_0 到超平面 $\boldsymbol{w}\cdot\boldsymbol{x}+b=0$ 的距离为

$$r=\frac{|\boldsymbol{w}\cdot x_0+b|}{\|\boldsymbol{w}\|} \tag{10.5}$$

其中，$\|\boldsymbol{w}\|$ 是 $\boldsymbol{w}$ 的 L2 范数，$\|\boldsymbol{w}\|=\sqrt{\sum_{i=1}^{n}w_i^2}$。可见，该距离是所求参数的函数，如果用误分类样本点到超平面距离的和作为损失函数，则该函数对所求参数连续可导，且误分类点越少函数越小。

由超平面与标签值的关系可知，对于误分类数据(x_i,y_i)，

$$-y(\boldsymbol{w}\cdot\boldsymbol{x}+b)>0 \tag{10.6}$$

成立。因此，误分类样本点到超平面的距离为

$$-\frac{y_i(\boldsymbol{w}\cdot\boldsymbol{x}_i+b)}{\|\boldsymbol{w}\|} \tag{10.7}$$

不考虑常数 $\|\boldsymbol{w}\|$，可建立损失函数，即

$$L(\boldsymbol{w},b)=-\sum_{x_i\in M}y_i(\boldsymbol{w}\cdot\boldsymbol{x}_i+b) \tag{10.8}$$

其中，M 是误分类点的集合。

10.1.3　感知机学习算法

由感知机学习策略可知，感知机的学习就是用训练数据构建损失函数，然后对损失函数进行优化，获得使损失函数最小的模型参数($\boldsymbol{w}$,b)，即

$$\min_{\boldsymbol{w},b}L(\boldsymbol{w},b)=-\sum_{x_i\in M}y_i(\boldsymbol{w}\cdot\boldsymbol{x}_i+b) \tag{10.9}$$

对于这个优化问题，似乎可以用 MATLAB 无约束优化函数 fminunc 等解决，但是，当该目标函数随优化参数 $\boldsymbol{w}$ 和 b 变化时，误分类点的集合 M 也会发生变化，也就是说，目标函数本身也在变化，因此需要其他算法进行优化。

感知机学习算法是误分类驱动的，可以采用随机梯度下降法(stochastic gradient descent)进行优化。任选一个初始超平面($\boldsymbol{w}_0$,b_0)，假设误分类点集合 M 是固定的，那么损失函数的梯度为

$$\left.\begin{aligned}\nabla_w L(\boldsymbol{w},b)&=-\sum_{x_i\in M}y_i\boldsymbol{x}_i\\ \nabla_b L(\boldsymbol{w},b)&=-\sum_{x_i\in M}y_i\end{aligned}\right\} \tag{10.10}$$

在该超平面误分类中随机选取一个样本($\boldsymbol{x}_i$,y_i)，对元超平面按上述梯度进行调整，即

$$\left.\begin{aligned}\boldsymbol{w}_{i+1}&=\boldsymbol{w}_i+\eta y_i\boldsymbol{x}_i\\ b_{i+1}&=b_i+\eta y_i\end{aligned}\right\} \tag{10.11}$$

其中，η 为步长，也称学习率，$0<\eta\leqslant1$。如此反复迭代，降低误分类样本数，直到误分类样本数为零，即损失函数为零。具体算法如下：

① 输入训练数据集 $D=\{(\boldsymbol{x}_i,y_i)\},i=1,2,\cdots,m$，其中，$\boldsymbol{x}_i\in\mathbf{R}^n$，$y_i\in\{-1,+1\}$；$0<\eta\leqslant1$。

② 选取初始超平面 $\boldsymbol{w}_0=\eta y_1\boldsymbol{x}_1$，$b_0=\eta y_1$。

③ 在训练集中选取样本($\boldsymbol{x}_i$,y_i)，如果 $y(\boldsymbol{w}\cdot\boldsymbol{x}+b)<0$(误分类)，则修正超平面参数，$\boldsymbol{w}_{i+1}=\boldsymbol{w}_i+\eta y_i\boldsymbol{x}_i$，$b_{i+1}=b_i+\eta y_i$。

④ 转至步骤③，直至训练集中没有误分类样本为止。

⑤ 输出最终超平面 $\boldsymbol{w}\cdot\boldsymbol{x}+b=0$。

将表 10.1 中的数据采用感知机学习获得的超平面如图 10.2 所示，图中实线与虚线是两种样本选取方式的最终分类超平面，结果表明，两者都正确地进行了分类，同时也说明感知机学习的结果不是唯一的，与计算过程有关。图中点画线是两结果的平均值。

该算法的 MATLAB 程序如下：

```
load myDataX;                      % 读取训练数据 X
[m,n] = size(X);
x = X(:,1:n-1);y = X(:,n);         % 分离属性数据和标签数据
eta = 1;L = 1;
```

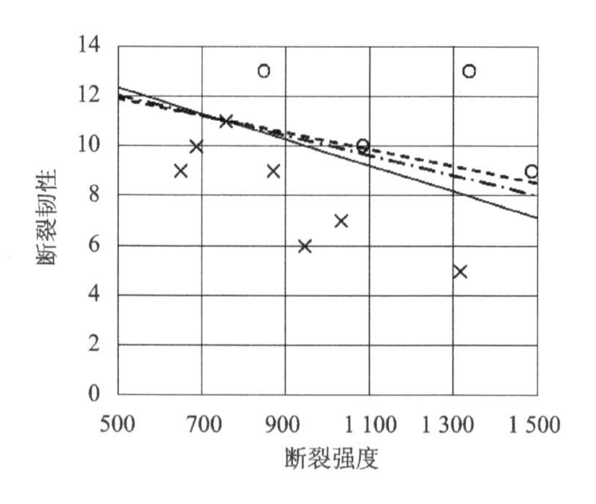

图 10.2　感知机学习结果

```
w = eta * y(1) * x(1,:);              % x(1,:)为抽取 x 矩阵中的第 1 行
b = eta * y(1);
while L~ = 0
    L = 0;                            % 误分类标记
for i = 1:m
        wx = dot(w,x(i,:));           % 计算向量内积
        s = y(i) * (wx + b);
if s<0
            L = i;
            w = w + eta * y(i) * x(i,:);
            b = b + eta * y(i);
break
end
end
end
w = w
b = b
```

10.2　支持向量机

由图 10.2 可见，感知机分类线性超平面是紧贴着分界附近的某个样本划分的，理论上分类超平面可以有无穷多个，这显然不是很合理，且泛化性较差。对于分类区域，越是靠近分类超平面，正确分类的可信度就越低。因此，在可能的分类超平面集中，选定与所有学习样本点尽可能远离，且能正确分类的一个超平面应是最理想的。支持向量机（Support Vector Machine，SVM）就是将学习数据点与超平面间隔最大化的线性分类器。采用核方法（kernel trick）及软间隔最大化，支持向量机也可以进行非线性分类学习。支持向量机是一种重要的机器学习方法。

10.2.1　线性支持向量机

所谓间隔最大，就是让分类超平面两侧最近的点到超平面的距离最大，根据正确分类条件

(参考式(10.6)),令

$$\begin{cases} \boldsymbol{w} \cdot \boldsymbol{x}_i + b \geqslant +1, & y_i = +1 \\ \boldsymbol{w} \cdot \boldsymbol{x}_i + b \leqslant -1, & y_i = -1 \end{cases} \tag{10.12}$$

其中,距离超平面最近的训练点使式(10.12)中的等号成立,该数据点被称为"支持向量"。再根据点(x_i, y_i)到超平面 $\boldsymbol{w} \cdot \boldsymbol{x} + b = 0$ 的距离公式(式(10.5))可知,两个异类支持向量到超平面的距离之和称为间隔 γ(Margin),即

$$\gamma = \frac{2}{\|\boldsymbol{w}\|} \tag{10.13}$$

选择最大间隔的分类超平面就是下述优化问题,即

$$\begin{aligned} &\max_{\boldsymbol{w}, b} \frac{2}{\|\boldsymbol{w}\|} \\ &\text{s.t.} \quad y_i(\boldsymbol{w} \cdot \boldsymbol{x} + b) \geqslant 1, \quad i = 1, 2, \cdots, m \end{aligned} \tag{10.14}$$

该优化等价于

$$\begin{aligned} &\min_{\boldsymbol{w}, b} \frac{1}{2} \|\boldsymbol{w}\|^2 \\ &\text{s.t.} \quad y_i(\boldsymbol{w} \cdot \boldsymbol{x} + b) \geqslant 1, \quad i = 1, 2, \cdots, m \end{aligned} \tag{10.15}$$

这就是支持向量机的基本型,是一个凸二次规划问题。对于式(10.15),可以用对偶问题方法进行高效求解。具体求解过程在此不做详细介绍,可直接调用 MATLAB 的 SVM 求解器(参见 10.2.3 小节)。通过对式(10.15)的优化求解,可获得唯一的最优分类模型 $y = f(\boldsymbol{x}) = \text{sign}(\boldsymbol{w} \cdot \boldsymbol{x} + b)$。

感知机学习的数据(见表 10.1)用线性 SVM 学习的结果如图 10.3 所示,可见该分类超平面更为合理。

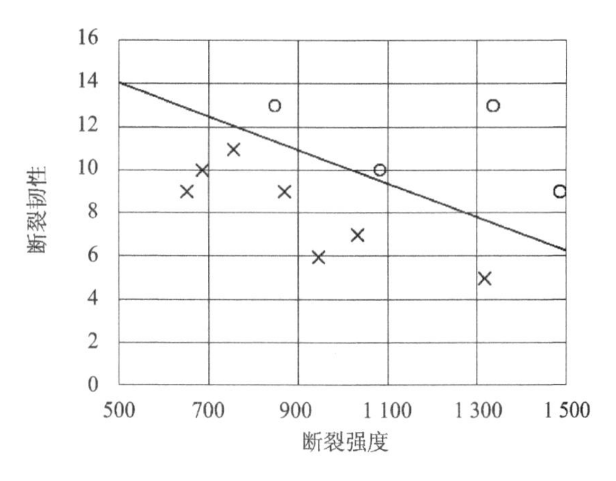

图 10.3　线性 SVM 学习结果

10.2.2　非线性支持向量机

以上介绍的是假设训练数据都是线性可分的,但实际上有大量的非线性分类问题,如材料的相图区域划分等。本小节将介绍非线性支持向量机的基本知识与实例。

对于一个有限 n 维原属性空间,一定能够将样本映射到一个更高维的属性空间,使得原

非线性分类转变为在新属性空间的线性可分。令 $\boldsymbol{\phi}(\boldsymbol{x})$ 表示将 $\boldsymbol{x}$ 映射后的属性向量，于是，分类超平面对应的模型可表示为

$$f(\boldsymbol{x})=\boldsymbol{w}\cdot\boldsymbol{\phi}(\boldsymbol{x})+b$$

该分类模型的优化与式(10.15)类似，但是涉及映射后属性的内积 $\boldsymbol{\phi}(\boldsymbol{x}_i)\cdot\boldsymbol{\phi}(\boldsymbol{x}_j)$，该内积的计算通常是很困难的。设一个函数，

$$\kappa(\boldsymbol{x}_i,\boldsymbol{x}_j)=\boldsymbol{\phi}(\boldsymbol{x}_i)\cdot\boldsymbol{\phi}(\boldsymbol{x}_j)$$

映射函数的内积计算成为在原样本空间的该函数的计算，该函数就是所谓的“核函数”(kernel function)。采用核函数将非线性分类转化为线性分类问题，不需要确定映射函数，只需选用合适的核函数。由于 MATLAB 分类工具箱已有相应的核函数算法，所以在此具体算法不做介绍，只需选择核函数的类型。常用核函数有如下两种：

(1) 多项式核函数

多项式核函数如下：

$$\kappa(\boldsymbol{x}_i,\boldsymbol{x}_j)=(\boldsymbol{x}_i\cdot\boldsymbol{x}_j)^n$$

多项式形式的核函数具有良好的全局性质，而局部性较差。MATLAB 中有线性 SVM，即 $n=1$；二次 SVM，即 $n=2$；三次 SVM，即 $n=3$。

(2) 高斯函数

高斯(Gaussian)函数如下：

$$\kappa(\boldsymbol{x}_i,\boldsymbol{x}_j)=\exp\left(-\frac{\|\boldsymbol{x}_i-\boldsymbol{x}_j\|^2}{2\sigma^2}\right)$$

高斯函数是局部性强的核函数，其外推能力随着参数 σ 的增大而减弱，$\sqrt{2}\sigma$ 为高斯核尺度(kernel scale)。MATLAB 中，核尺度的取值与输入数据(predictor)的属性个数 p 有关，核尺度取$\sqrt{p}/4$、$\sqrt{p}$、$4\sqrt{p}$时分别称作精高斯 SVM、中高斯 SVM、粗高斯 SVM，即 3 种高斯核函数 SVM 分类学习机。

由于 MATLAB 分类学习机 APP 计算很方便，无需编程，因此可以直接根据比较各核函数的分类效果选定核函数。

10.2.3 MATLAB 分类学习机中的 SVM

MATLAB 提供了多种机器学习 APP，无需编程，直接在用户界面进行选择等操作，即可习得所要的模型，在此先介绍 SVM 学习过程。在 MATLAB APP 界面中的机器学习和深度学习栏内，选择打开分类学习机 APP(Classification Learner)。在打开的输入数据界面中单击 New Session，从 Workspace 或文件中导入训练数据，并选择数据中的标签属性和验证方式(验证方式参见 8.2.1 小节)。确定后将进入分类学习界面，如果输入属性数据是二维的，那么在 Scatter Plot 区会以不同颜色显示所输入的不同标签的数据。对于多维数据，可单击 PCA 进行主成分分析(Principle Component Analysis, PCA)降维(关于主成分分析将在11.3 节中介绍)。

在分类学习界面中打开 MODEL TYPE 下拉列表框，在 Support vector machines 栏内有

Linear SVM、Quadratic SVM、Cubic SVM、Fine Gaussian SVM、Medium Gaussian SVM 和 Coarse Gaussian SVM 共 6 类分类机和 All SVMs 可选择。选择好模型后，单击 Train 按钮。训练结束后，在左侧 History 窗口内将显示各模型的训练精度(Accuracy)。单击某模型，将在图形窗口中显示各训练数据点是否正确分类。训练习得的模型可以单击输出模型(Export Model)，输入模型名称(如 mySVM1)，确定后，可在 MATLAB 主界面的 Workspace 中出现该模型的结构变量。如果在 Workspace 中已有待预测分类数据 DX，则可调用模型进行预测，即

```
yfit = mySVM1.predictFcn(DX);
```

10.2.4　非线性分类在材料研究中的应用

以相图研究为例，说明非线性分类问题的应用。假如有二元 $A-B$ 体系，欲研究 B 含量为 50%～75%组成范围，温度在 700～950 ℃范围内分相的相图。这是一个二维属性空间(组成和温度)的分类问题。标签数据为相分析结果，如果材料为均一相，则为＋1；如果分为 2 相，则为－1。由于不知分相线的位置，只能在二维属性空间均匀取样(一般性抽样)进行研究。但考虑到实验成本问题，不宜均匀随机取样，而是选定若干个配方(如 50%、55%、60%、65%、70%、75%)，将配好的 6 种试样分别在若干个温度下进行热处理(如 700 ℃、750 ℃、800 ℃、850 ℃、900 ℃、950 ℃)，然后进行试样相分析测试，设其结果如表 10.2 所列。

表 10.2　相分析结果数据

组成 x/% \ 相 L \ 温度 T/℃	700	750	800	850	900	950
50	+1	+1	+1	+1	+1	+1
55	−1	−1	+1	+1	+1	+1
60	−1	−1	−1	+1	+1	+1
65	−1	−1	−1	−1	+1	+1
70	−1	−1	−1	+1	+1	+1
75	+1	+1	+1	+1	+1	+1

将表 10.2 中的 36 组数据(组成 x、温度 T、相 L)构成 36×3 维数据矩阵 $\boldsymbol{D}$，打开 MATLAB 的分类学习器 APP，将数据导入，L 作为标签(response)，x 和 T 作为输入数据(predictor)，并选择不验证。选择所有 SVM 模型进行学习，结果表明，二次、三次和细高斯 SVM 模型均获得了 100%的精度。习得的模型进行预测的分相线结果如图 10.4 所示，图中○表示单一相样本，×表示分相样本。

图 10.4 中的结果表明，二次、三次以及高斯 SVM 分类器均正确地划分出分相区，但是，高斯分类器有过拟合的嫌疑，相线过于复杂，二次和三次较为理想。总体来说，如此粗的取样难以精准描述相线，必须在第一轮均匀抽样实验的基础上，进行重要性抽样。也就是说，可以在分类机器学习所得的模型预测的分相线附近，进一步设计实验。重要性抽样就是函数对某变量的变化率(偏导)，变化率越大的地方越要多取点。对于分类实验设计，还要在划分超曲面两面附近多取点。结合实验成本，先考虑热处理温度设在第一批没做的 725 ℃、775 ℃、

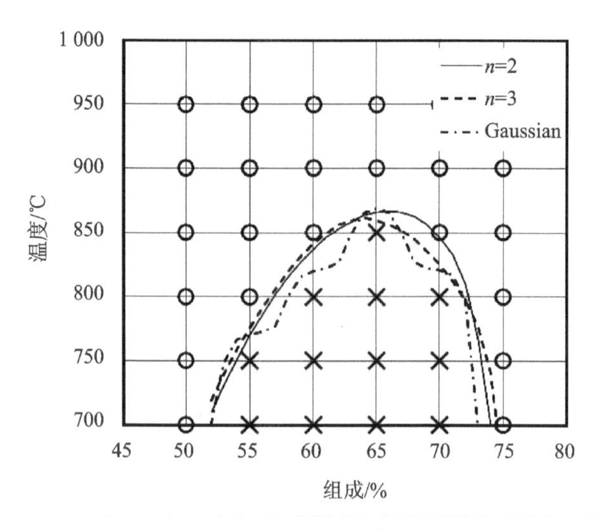

图 10.4　非线性分类结果

825 ℃、870 ℃处，再根据各温度与分相线的交点的组成，确定新试样组成。追加 14 组实验数据及 SVM 分类器学习预测结果，如图 10.5 所示，结果表明，3 种 SVM 分类器均能正确分类，且 3 条曲线更加接近。

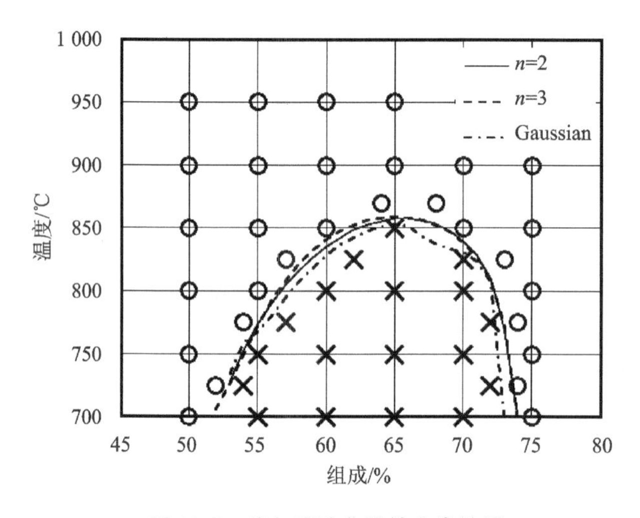

图 10.5　追加实验非线性分类结果

10.2.5　软间隔分类

前面讨论的是训练样本在属性空间完全线性(或非线性)可分的，即存在一个超平面，可以将所有不同类的样本完全正确地划分开。而实际问题是，在分界线附近的样本属性值本身可能就存在一定的误差或不确定性，这种情况下，完全正确地划分很有可能会导致过拟合，且意义不大。解决这一问题的方法就是软间隔分类方法，即在支持向量机的间隔内，允许一些样本被错误地划分。

支持向量机的优化约束条件是所有样本都满足 $y(\boldsymbol{w}\cdot\boldsymbol{x}+b)\geqslant 1$(参见式(10.14))，软间隔方法则是在最大化间隔的同时，使不满足约束的样本尽可能少，而不是所有样本都必须满足

约束。于是,优化目标可写成

$$\min_{w,b} \frac{1}{2} \| \boldsymbol{w} \|^2 + C \sum_{i=1}^{m} l \left[y_i (\boldsymbol{w} \cdot \boldsymbol{x}_i + b) - 1 \right]$$

其中,C 是大于零的常数,当 C 无穷大时,所有样本都要满足原约束条件;当 C 取一定值时,可允许一些样本不满足约束条件。$l(z)$是损失函数,通常有

$$l_{0/1}(z) = \begin{cases} 1, & z < 0 \\ 0, & z \geqslant 0 \end{cases}$$

$$l_{\text{hinge}}(z) = \max(0, 1 - z)$$

$$l_{\exp}(z) = \exp(-z)$$

$$l_{\ln}(z) = \ln[1 + \exp(-z)]$$

若采用 hinge 损失函数,并引入"松弛变量"$\xi_i > 0$,则优化可改写成

$$\min_{w,b} \frac{1}{2} \| \boldsymbol{w} \|^2 + C \sum_{i=1}^{m} \xi_i$$

$$\text{s.t.} \quad y_i (\boldsymbol{w} \cdot \boldsymbol{x} + b) \geqslant 1 - \xi_i, \quad i = 1, 2, \cdots, m$$

这就是软间隔支持向量机。每一个样本都有一个松弛变量,表征该样本不满足约束条件的程度。这还是一个二次规划问题,可用硬间隔支持向量机的算法进行求解。

10.2.6　支持向量机小结

支持向量机算法就是利用训练数据集中的标签属性,优化一个超平面,其能够将属性数据空间分为两部分,这是一个二分类机器学习方法。支持向量机学习策略是将正确划分的超平面与数据点之间的距离最大化。

采用核函数方法,支持向量机还可以用超曲面将属性空间划为两部分,亦可以进行非线性二分类。

采用软间隔方法可以允许非严格划分,改善二分类的是过拟合问题。

MATLAB 的分类学习器 APP 可以非常简单地进行二维支持向量分类。

10.3　*k* 临近法

支持向量机是通过对训练数据习得一个可以正确将属性空间划分为两部分的超平面(或超曲面)模型,然后用习得的模型预测新数据样本属于哪个区(类)。有时可能并不需要对整个属性空间进行预先区域划分,而只想直接判断一些新样本属于已知类别中的哪一类。最直接的想法是:新样本点离哪一类已知样本点的距离近,就认为其属于哪一类,这就是 k 临近法的基本思路。

10.3.1　基本算法

属性空间两点间的距离代表两样本点属性的相近程度,可以用来区分类别。但是,已知类别的学习数据是有限的,在类别的界面附近,一个新的样本仅用距离最近的一个点来决定其归属是不可靠的,如果用最近的 5 个点或 k 个点中的多数来决定其类别则更为合理。这种分类学习方法就是 k 临近法(k-Nearest Neighbor, KNN)。

k 临近法的三要素是：k 值选择、距离度量和分类决策规则。

对于简单投票决策，k 取奇数，易取得表决结果；而对于权重投票决策，k 可以取偶数。k 的取值大小对分类的结果有显著影响，k 取值小，则近似误差小，但可能估计误差大，从而导致过拟合；k 取值大，则估计误差下降，但近似误差增大。学习过程通过交叉验证来获得最优的 k 值。

设训练数据集 $D=\{(\boldsymbol{x}_1,y_1),(\boldsymbol{x}_2,y_2),\cdots,(\boldsymbol{x}_m,y_m)\}$，其中，$\boldsymbol{x}_i\in\mathbf{R}^n$ 为 n 维属性向量，$y_i\in\{c_1,c_2,\cdots,c_l\}$ 为样本类别标签，k 临近法可进行多分类学习。n 维属性空间的两个样本点的距离度量定义为

$$L_p(\boldsymbol{x}_i,\boldsymbol{x}_j)=\left(\sum_{l=1}^{n}\left|\boldsymbol{x}_i^{(l)}-\boldsymbol{x}_j^{(l)}\right|^p\right)^{1/p}$$

其中，$p\geqslant 1$，当 $p=2$ 时，称为欧氏距离，一般用欧氏距离作为 k 临近法的距离度量。

除了上述常用的距离之外，还可以用两个 n 维空间向量间的夹角余弦表述两个样本的相似程度，即余弦相似度，如下：

$$\mathrm{Sim}(\boldsymbol{x}_i,\boldsymbol{x}_j)=\frac{\boldsymbol{x}_i\cdot\boldsymbol{x}_j}{\|\boldsymbol{x}_i\|\,\|\boldsymbol{x}_j\|}=\frac{\sum_{l=1}^{n}\boldsymbol{x}_i^{(l)}\boldsymbol{x}_j^{(l)}}{\sqrt{\sum_{l=1}^{n}[\boldsymbol{x}_i^{(l)}]^2}\sqrt{\sum_{l=1}^{n}[\boldsymbol{x}_j^{(l)}]^2}}$$

余弦距离定义为

$$L_{\cos}(\boldsymbol{x}_i,\boldsymbol{x}_j)=1-\mathrm{Sim}(\boldsymbol{x}_i,\boldsymbol{x}_j)$$

在训练数据中找出距离待分类样本 x 最近的 k 个数据样本$(a_1,a_2,\cdots,a_k)$，则分类决策规则可简单根据 k 个样本中样本数最多的所属类别 C_j 作为分类结果，即一点一票；还可以以各点间距的倒数作为权重进行投票决定。两种决策规则分别为

$$p(x,C_j)=\sum_{i=1}^{k}p_a(a_i,C_j)$$

$$p(x,C_j)=\sum_{i=1}^{k}\frac{1}{L_p(x,a_i)}p_a(a_i,C_j)$$

其中，$p_a(a_i,C_j)=\begin{cases}1, & a_i\in C_j\\0, & a_i\notin C_j\end{cases}$，$j=1,2,\cdots,l$。选取最大 $p(x,C_j)$ 的 C_j 作为 x 的类别标签。

10.3.2 k 临近法的特点

k 临近法的优点：

① 简单、有效，无需参数估计，无需训练；

② 精度高、对噪声不敏感；

③ 特别适用于多分类问题。

k 临近法的缺点：

① 计算量大，特别是对高维、大容量数据；

② 可解释性差，无法像决策树一样有效解释；

③ 当各类样本容量相差较大时，误差较大；

④ k 值的选取对分类效果影响较大。

基于 KNN 方法的特点，除了可用于监督学习的分类外，还可以用于无监督学习的聚类。

基本 KNN 的算法就是直接计算待分类样本点与所有学习样本点之间的距离，找出最近的 k 个样本，进行判断。虽然简单，但是计算量很大。因此，针对上述缺点，出现一些改进的 KNN 算法，如快速 KNN 算法(Fast KNN)、k－d 树 KNN 算法(k-dimensional Tree KNN)、基于属性值信息熵的 KNN 算法(Entropy KNN)等。

10.3.3　快速 KNN 算法

为了解决利用 KNN 算法计算大容量数据的多维空间距离的问题，可以想办法只计算可能会很近的部分样本的距离，这就是快速 KNN 算法的思路。首先，将学习数据样本按一定的规则顺序排列，然后按同样规则查找待分类样本在该序列中的位置，在该位置前后截取一定量的数据样本进行距离计算，找出 k 个最近邻点。

快速 KNN 算法就是在 n 维数据空间内选定一个点 O，最好是离散数据中心附近的点，计算所有学习数据点到 O 点的距离，并以距离远近顺序排列所有训练数据，这样可以看成所有数据位于以 O 为中心的超球体内。再计算待分类样本数据点 x 到 O 的距离 r，即待分类点在半径 r 的超球面上，在训练数据序列中可以找到 r 所在的位置。在该位置前后各取 h 个(20、50、100 等)数据，这些数据在 $r-a$ 到 $r+b$ 的同心超球面内，只要 h 取值足够大，则离点 x 最近的训练数据点就一定在这个范围内。该算法只需计算一次所有训练数据点距离，排序后，每分类一个点只需计算部分距离，因此，待分类样本越多，该方法效率越高。

10.3.4　k－d 树 KNN 算法

k－d 树就是只根据 k 维数据值本身而不是距离，将所有训练数据划分、组织成树的数据结构，然后，根据遍历树的规则查找与待分类样本 x 有可能距离最小的数据点，这大大减少了 k 维空间距离的计算量。

树是数据结构的重要形式，结构上像一颗倒置的树(见图 10.6)。树具有层状结构，最上层有一个节点，即树根，称作根节点，根节点向下有两条线(也可多条)，称作树杈，连接下层的节点。上下节点分别称作父节点和子节点，子节点再向下长出子节点，直到没有子节点的节点称作叶节点。如果整棵树的每个节点最多只有 2 个树杈，则称作二叉树。对于二叉树，左右是有含义的，如节点是一个判断，那么左为“是”，右为“否”。根据树的特点可以将所有训练数据的 k 维空间分成很多小空间，对于某个待分类的样本点 x，与其最近的点一定是在某个或几个相近的小区域内，找到可能的区域就不用考虑其他不相干的区域了。而且，区域划分和寻找过程都不用计算 k 维空间距离，只需根据树节点的判据判断某属性的大小即可，因此大大降低了计算量。

设有训练数据集 $D=\{(\boldsymbol{x}_1,y_1),(\boldsymbol{x}_2,y_2),\cdots,(\boldsymbol{x}_m,y_m)\}$，其中，$\boldsymbol{x}_i=(x_i^{(1)},x_i^{(2)},\cdots,x_i^{(n)})$ 为 n 维属性向量；$y_i\in\{c_1,c_2,\cdots,c_l\}$，为样本类别。$k$－d 树 KNN 算法如下：

(1) 构建 k－d 树

① 构造根节点。选择第一维属性 $x^{(1)}$ 作为坐标轴，以 D 中所有样本的 $x^{(1)}$ 坐标的中位数 $x_a^{(1)}$ 为切分点，该样本数据($\boldsymbol{x}_a,y_a$)存于该根节点。以 $x^{(1)}=x_a^{(1)}$ 超平面将 k 维空间分为两个子区域，左子树为所有 $x^{(1)}<x_a^{(1)}$ 的样本点，右子树为所有 $x^{(1)}>x_a^{(1)}$ 的样本点。

② 构造子节点。以属性 $x^{(2)}$ 作为坐标轴，在左子树的数据中以 $x^{(2)}$ 的中位数 $x_b^{(2)}$ 为切分

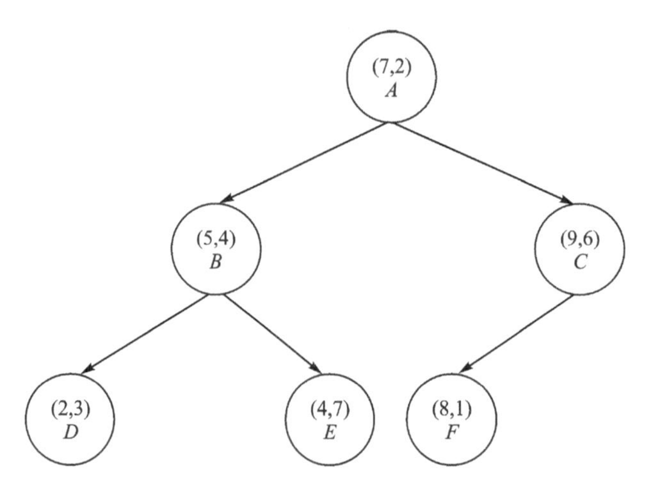

图 10.6　k－d 树

点，$(\boldsymbol{x}_b, y_b)$存于左子节点；同样，在右子树的数据中以 $x^{(2)}$ 的中位数 $x_c^{(2)}$ 为切分点，$(\boldsymbol{x}_c, y_c)$存于右子节点。同样，左右子树又被分为左右两个子树（形成第 3 层节点）。

③ 重复上述过程，直至子树中没有样本点为止。

（2）用 k－d 树搜索最近邻

设待分类样本 x，在已建好的 k－d 树中搜索最近邻学习样本，具体步骤如下：

① 在 k－d 树中查找包含样本 $\boldsymbol{x}$ 的叶节点。从根节点出发，递归地向下访问 k－d 树。根据 k－d 树的结构，当 $\boldsymbol{x}$ 的当前维的属性值小于访问节点切分点的坐标值时，向左访问左子树节点；反之，则访问右子树节点，直至访问到叶节点。该叶节点即作为“当前最近邻点”，计算最近距离 $r_{\min}$。

② 递归向上退回，在每一个父节点做如下操作：

a. 计算样本 x 到父节点样本的距离，如果比当前最近距离更近，则取代 $r_{\min}$。

b. 访问该父节点的另一侧子节点，用该子节点的超平面与以 x 为圆心、$r_{\min}$ 为半径的超球面是否相交，来判断这一侧子树是否有可能存在更近的点。如果不相交，则没有，从该父节点进一步向上；如果相交，则按上述规则向下查找。

③ 上述递归遍历，直至回到根节点，搜索结束，获得最近邻样本点及其距离 $r_{\min}$。屏蔽该最近邻点，再次搜索第 2，…，k 近邻点。

为了说明 k－d 树 KNN 算法，这里举一个二维数据的例子。

例 10.1　设数据集为 $D=\{(2,3),(5,4),(9,6),(4,7),(8,1),(7,2)\}$，待分类样本 $x=(1,5)$。

解：

首先，用数据集 D 构建 k－d 树。依次用 $x^{(1)}$，$x^{(2)}$ 属性坐标进行层状树结构构建。$x^{(1)}$ 属性数据的中位数是 7，所以以 $x^{(1)}=7$ 超平面将数据集分成两部分，根节点数据为(7,2)。左子树的数据集为$\{(2,3),(5,4),(4,7)\}$，右子树的数据集为$\{(9,6),(8,1)\}$；所分两部分数据集再以各自的属性 $x^{(2)}$ 数据的中位数 4 和 6 进行划分，得到左右子节点分别为(5,4)和(9,6)；第 3 层同样再以 $x^{(1)}$ 进行划分，即可获得该数据集的 k－d 树，如图 10.6 所示。k－d 树的几何意义就是将属性空间进行划分，该例的特征空间划分结果如图 10.7 所示。

查找包含待分类点 $x=(1,5)$的叶节点的路径是 $A\to B\to E$，设$|xE|$为最短距离，以 x 为

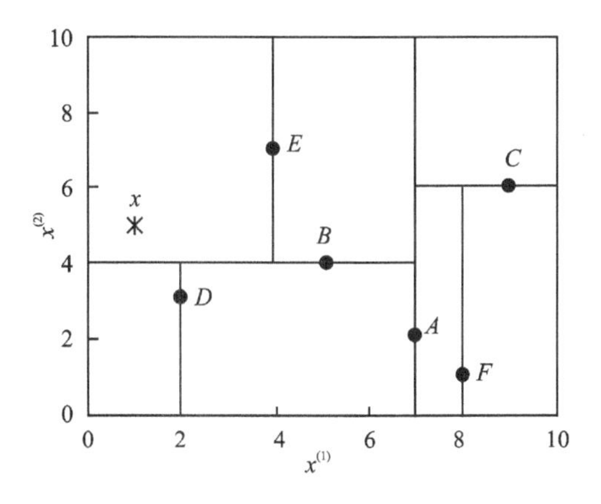

图 10.7　特征空间划分

圆心，$|xE|$为半径画圆，由空间图可知该圆与 B、D 的区域相交。先从 E 叶节点向上到父节点B，比较$|xE|$与$|xB|$的大小，$|xE|$小；再到父节点 B 的另一侧节点D，比较$|xE|$与$|xD|$的大小，$|xD|$小，则$|xD|$作为最短距离；再向上到根节点，查找结束，最终的最近邻点是 D。屏蔽 D 后，依次可以找到最临近点 E、B 等。

10.3.5　k 临近法小结

k 临近法是根据待分类数据与训练数据的距离进行直接分类，寻找待分类点周围最近的 k 个数据点，以该 k 个数据点的类别断判待分类数据的类别。类别判据可以是 k 点的简单投票，或是以距离的倒数为权重进行投票。

该方法简单，无需训练，适用于多分类；但是，计算与所有数据点的多维空间距离的计算量大。

利用快速 KNN 算法及 k－d 树 KNN 算法可以减少多维空间距离的计算量，提高 KNN 分类模型的计算效率。

MATLAB 分类学习器 APP 提供了 Fine KNN($k=1$)、Medium KNN($k=10$)、Coarse KNN($k=100$)、Cosine KNN(余弦距离)、Cubic KNN(立方距离)及 Weighted KNN(距离权重)6 种学习模型。

10.4　朴素贝叶斯法

贝叶斯分类算法是统计学分类方法，是建立在经典的贝叶斯概率定律理论基础上的分类模型，朴素贝叶斯分类算法是贝叶斯分类算法中的一种，是一种最简单、有效的分类算法，具有分类准确率高且运算速度快的特点。

10.4.1　贝叶斯定理与贝叶斯决策论

贝叶斯定理(Bayes Theorem)是英国数学家 Thomas Bayes 提出的，用以表述两个条件概率之间的关系。通常情况下，事件 A 在事件 B 发生条件下的概率与事件 B 在事件 A 发生条件下的概率是不相等的，但两者存在确定的关系，这就是贝叶斯定理，该关系式为

$$P(A|B)=\frac{P(B|A)P(A)}{P(B)}$$

其中，$P(A)$是事件 A 发生的概率，因其发生与事件 B 完全无关，故称作先验概率或边缘概率；同样 $P(B)$也是先验概率；$P(A|B)$是已知 B 发生后 A 发生的条件概率，由于该概率是基于 B 已发生的概率，故称作 A 的后验概率；$P(B|A)$是 B 的后验概率。

所谓先验概率，就是事件还没有发生，要求这事件发生的可能性的大小。而事件已经发生，要求该事件发生的原因是由某个因素引起的可能性的大小，则为后验概率。先验概率可以由历史数据的某事件发生的频率计算得到；后验概率由于涉及所有事件的联合概率，所以无法直接从历史数据中获得。

贝叶斯决策论(Bayes Decision Theory)是概率框架下实施决策的基本方法。对于分类任务，在基于所有已知相关概率条件下，可以选择最小误判损失的分类标记的方法。

对于一个有 k 种可能的多分类问题，其类别标签 $Y=\{c_1,c_2,\cdots,c_k\}$，设待分类样本 x 的真实标记是 c_j，却错误地将其分类为 c_i 所产生的损失为 λ_{ij}，基于将样本 x 分类为 c_i 的后验概率 $P(c_i|x)$，误分类所产生的损失期望值为

$$R(c_i|x)=\sum_{j=1}^{k}\lambda_{ij}P(c_j|x)$$

根据贝叶斯判定准则，最优贝叶斯分类器为

$$h^*(x)=\arg\min_{c\in y}R(c|x)$$

该优化等价于

$$h^*(x)=\arg\max_{c\in y}P(c|x)$$

也就是说，最优分类应是对于给定样本 x 最大的后验概率所对应的类别标签 c。根据贝叶斯定理，计算 $P(c|x)$可以由先验概率 $P(c)$、$P(x)$和后验概率 $P(x|c)$求得，但是后验概率 $P(x|c)$与 x 所有属性的联合概率有关，故无法从有限的训练数据集求得。

10.4.2 朴素贝叶斯分类器

为了解决后验概率 $P(x|c)$计算困难的问题，假设属性条件相互独立，即每个属性独立地对分类结果产生影响，基于该假设的贝叶斯分类器就称作朴素贝叶斯分类器(Naive Bayes Classifier)。在属性条件独立性假设下，贝叶斯定理可写成

$$P(c|x)=\frac{P(x|c)P(c)}{P(x)}=\frac{P(c)}{P(x)}\prod_{i=1}^{n}P(x_i|c)$$

由于对于所有的类别，$P(x)$是相同的，所以贝叶斯判定准则成为

$$h_{\mathrm{nb}}(x)=\arg\max_{c\in y}P(c)\prod_{i=1}^{n}P\left(x_i|c\right)$$

这就是朴素贝叶斯分类器的表达式。由于设各 x_i 是独立的，上式中的先验概率和后验概率均可由训练数据集直接算出。因此，朴素贝叶斯分类器的学习就是用训练数据集估计各类的先验概率 $P(c)$及各类数据子集中每个属性的条件概率 $P(x|c)$。

10.4.3 朴素贝叶斯分类器算法

设输入数据空间 $\boldsymbol{x}_i=(x_i^{(1)},x_i^{(2)},\cdots,x_i^{(n)})$为 n 维属性向量，样本标记集合 $y_i\in\{c_1,c_2,\cdots,c_k\}$，

训练数据集 $D=\{(\boldsymbol{x}_1,y_1),(\boldsymbol{x}_2,y_2),\cdots,(\boldsymbol{x}_m,y_m)\}$，数据容量为 m，待分类样本为 X_c。

朴素贝叶斯分类器就是通过训练数据集计算出所有类的先验概率 $P(c_i)$ 和各类条件下待分类样本的后验概率 $P(X_c|c_i)$ $(i=1,2,\cdots,k)$，由朴素贝叶斯分类器判断准则找出判据最大所对应的 c_i，即为待分类样本 X_c 的类别值。各概率的计算方法如下：

(1) 训练数据集划分

将训练数据集 D 按分类标签分为 k 个子集 $D_{c_i}=D(y=c_i)$；$|D|$ 为各集的容量，即其中样本的个数。

(2) 各类的先验概率 $P(c_i)$ 计算

各类的先验概率 $P(c_i)$ 计算如下：

$$P(c_i)=\frac{|D_{c_i}|}{|D|},\quad i=1,2,\cdots,k$$

即该先验概率为训练数据中各分类样本的频数。

(3) 各类条件下待分类样本的后验概率 $P(X_c|c_i)$

由样本属性相互独立假设

$$P(X_c|c_i)=\prod_{j=1}^{n}P(x_c^{(j)}|c_i)\quad i=1,2,\cdots,k$$

其中，$P(x_c^{(j)}|c_i)$ $(i=1,2,\cdots,k;\ j=1,2,\cdots,n)$ 可由训练样本数据估计求出。

① 若 $x^{(j)}$ 为离散属性，则在各 D_{c_i} 子集中，分出各属性与待分类样本 X_c 属性值相等的子集，$D_{c_i,x_c^{(j)}}=D_{c_i}(x^{(j)}=x_c^{(j)})$，后验概率为

$$P(x_c^{(j)}|c_i)=\frac{|D_{c_i,x^{(j)}}|}{|D_{c_i}|},\quad i=1,2,\cdots,k;j=1,2,\cdots,n$$

② 若 $x^{(j)}$ 为连续属性，则通常假设该概率服从正态分布 $N(\mu_{c_i,x^{(j)}},\sigma_{c_i,x^{(j)}})$，其中，

$$\mu_{c_i,x^{(j)}}=\frac{1}{|D_{c_i}|}\sum_{x\in D_{c_i}}x^{(j)}$$

$$\sigma^2_{c_i,x^{(j)}}=\frac{1}{|D_{c_i}|}\sum_{x\in D_{c_i}}\left[x^{(j)}-\mu_{c_i,x^{(j)}}\right]\left[x^{(j)}-\mu_{c_i,x^{(j)}}\right]^{\mathrm{T}}$$

用 D_{c_i} 子集中的所有数据求出属性 $x^{(j)}$ 的均值及方差，即可求出该正态分布下的该属性等于待分类样本 X_c 属性值的概率，即

$$P(x_c^{(j)}|c_i)=N(x_c^{(j)},\mu_{c_i,x^{(j)}},\sigma_{c_i,x^{(j)}})=\frac{1}{\sqrt{2\pi\sigma^2_{c_i,x^{(j)}}}}\exp\left\{-\frac{\left[x_c^{(j)}-\mu_{c_i,x^{(j)}}\right]^2}{2\sigma^2_{c_i,x^{(j)}}}\right\}$$

(4) 判据计算及类别确定

按类别计算各类别条件下待分类数据 X_c 的判据，即

$$P(c_i)\prod_{j=1}^{n}P(x_c^{(j)}|c_i),\quad i=1,2,\cdots,k$$

选取其中最大判据值的类别作为待分类样本 X_c 的类别标签 c_c，分类结束。

例 10.2　用一组虚拟的材料数据说明朴素贝叶斯分类器的分类计算过程。设有某 Y_2O_3 -

ZrO_2 结构陶瓷材料的相组成 $x^{(1)}$ 和相对密度 $x^{(2)}$ 的二维属性作为材料力学性能是否合格的分类依据，如表 10.3 所列。相组成属性为离散型，值域为{T，TC}，T 为四方相，TC 为四方相及立方相共存；相对密度为连续属性数据。分类标签 y 表示合格与否，合格为 1，不合格为 −1。欲求样本 X_c(T，98.3)是否合格。

分析：对于多因素判别是否合格的问题，不能简单地用各自属性的一个临界值进行划分（见表 10.3），合格的条件既不是相组成一定是 T，也不是密度要高于某一个临界值。对于欲分类的材料 X_c(T，98.3)，需要通过已有 15 组训练数据习得一个分类模型对其进行分类。

表 10.3 训练数据集

序　号	1	2	3	4	5	6	7	8	9	10	11	12	13	14	15
相	T	TC	TC	T	T	TC	TC	T	T	T	T	TC	T	TC	T
密　度	97.1	99.0	99.9	96.8	99.7	95.3	99.8	96.5	95.7	95.2	97.1	99.6	95.9	96.8	99.7
合　格	−1	1	1	−1	1	−1	1	−1	−1	−1	−1	1	−1	−1	1

解：计算过程如下：

① 用离散数据分割训练集：先用二值标签 y 将数据集 D 分为 2 种标签的子集；以离散属性相组成 2 个值，再将 2 个类别数据子集分别分为 2 个子集：

$$D_{c_1}(y=-1)=\{x_1,x_4,x_6,x_8,x_9,x_{10},x_{11},x_{13},x_{14}\}$$

$$D_{c_2}(y=1)=\{x_2,x_3,x_5,x_7,x_{12},x_{15}\}$$

$$D_{c_1,x_{11}}(y=-1,x^{(1)}='T')=\{x_1,x_4,x_8,x_9,x_{10},x_{11},x_{13}\}$$

$$D_{c_1,x_{12}}(y=-1,x^{(1)}='TC')=\{x_6,x_{14}\}$$

$$D_{c_2,x_{11}}(y=1,x^{(1)}='T')=\{x_5,x_{15}\}$$

$$D_{c_2,x_{12}}(y=1,x^{(1)}='TC')=\{x_2,x_3,x_7,x_{12}\}$$

② 计算离散概率。

先验概率：

$$P(y=-1)=|D_{c_1}|/|D|=9/15$$

$$P(y=1)=|D_{c_2}|/|D|=6/15$$

$D_{c_1}(y=-1)$子集中 $x^{(1)}$ 的条件概率：

$$P(x^{(1)}='T'\mid y=-1)=|D_{c_1,x_{11}}|/|D_{c_1}|=7/9$$

$$P(x^{(1)}='TC'\mid y=-1)=|D_{c_1,x_{12}}|/|D_{c_1}|=2/9$$

$D_{c_2}(y=1)$子集中 $x^{(1)}$ 的条件概率：

$$P(x^{(1)}='T'\mid y=1)=|D_{c_2,x_{11}}|/|D_{c_2}|=2/6$$

$$P(x^{(1)}='TC'\mid y=1)=|D_{c_2,x_{12}}|/|D_{c_2}|=4/6$$

③ 计算连续特性概率。

先分别计算 $D_{c_1}(y=-1)$ 和 $D_{c_2}(y=1)$ 两个子集中相对密度 $x^{(2)}$ 数据的均值和标准差，即

$$y=-1,\quad \mu=96.3,\quad \sigma=0.74$$

$$y=1,\quad \mu=99.6,\quad \sigma=0.31$$

根据正态分布求出待分类样本密度属性 $x_c^{(2)}=98.3$ 的概率，即

$$P(x^{(2)}=98.3 \mid y=-1)=N(98.3,96.3,0.74)=0.0123$$

$$P(x^{(2)}=98.3 \mid y=1)=N(98.3,99.6,0.31)=0.0002$$

④ 对待分类样本 X_c(T,98.3)计算不同分类的判据。

若 $y_c=-1$，则

$$P(y=-1)\times\{P(x^{(1)}='T' \mid y=-1)\times P(x^{(2)}=98.3 \mid y=-1)\}$$
$$=9/15\times(7/9\times 0.0123)=0.00574$$

若 $y_c=1$，则

$$P(y=1)\times\{P(x^{(1)}='T' \mid y=1)\times P(x^{(2)}=98.3 \mid y=1)\}$$
$$=6/15\times(2/6\times 0.0002)=2.66\times 10^{-5}$$

根据朴素贝叶斯分类准则，选择判据较大的，所以分类样本 X_c 标签为-1，即该材料不合格。

10.4.4　朴素贝叶斯法小结

① 朴素贝叶斯法是典型的生成学习方法。利用训练数据，采用极大似然或贝叶斯估计，习得概率 $P(X|Y)$和 $P(Y)$，然后算出后验概率分布 $P(X,Y)=P(Y)P(X|Y)$。

② 该方法的基本假设是条件独立性。该假设大大减少了模型包含的条件概率数，因而高效且易实现，但分类性能降低。

③ 该方法利用贝叶斯定理和习得的联合概率模型进行分类预测。贝叶斯判定准则为

$$h_{\text{nb}}(x)=\arg\max_{c\in y} P(c)\prod_{i=1}^{n} P(x^{(i)} \mid c)$$

将待分类样本 x 分到后验概率最大的类。

④ 该方法的输入特性可以是连续的数值，也可以是离散的、非数值的；可以进行二分类，也可以进行多分类。

10.5　决策树

决策树是一种机器学习的基本方法，既可用于分类，也可用于回归。对于分类问题，决策树方法就是构建并优化由训练数据属性的一系列判断（如 if-then 规则）构成的树结构模型，并用该模型预测分类或输出属性值的方法。决策树学习过程主要包括 3 个步骤：属性选择、决策树的生成和决策树的剪枝。本节将简单介绍决策树的基本概念和算法。

10.5.1　基本流程

决策树就是依据训练数据集的各个属性及其取值，将数据集一层一层地分为一个个子集，一直到不可再分为止。不可再分的集作为叶节点，上层的父节点为内节点，最上层的节点为根节点。决策树包含 1 个根节点、若干个内节点和若干个叶节点。叶节点对应决策结果，其他每一个节点对应一个属性测试（判据）。叶节点的决策取决于该叶节点训练数据子集中样本最多的所属类别（如材料达标：是，否）。也就是说，决策树依据训练数据建立数据树结构，对于待分类（待决策）新数据，依从习得的决策树各节点的属性判据查找新数据所属的叶节点，该叶节点的决策值就是该新数据的分类结果，即决策结论。根据算法不同，决策树可以是多叉树，也可

以是二叉树。多叉树的每一个节点以属性为判据，该属性有几个取值就有几个子树；而二叉树以某属性的值为划分判据，如果满足条件则是左叉树，否则是右叉树。

决策树的形成是一个递归过程，选择某属性，若该属性为离散属性，则将数据集按该属性的取值分为若干数据子集（子节点）；若是连续属性，则划分为若干区域。该递归操作直至满足下述3种停止条件之一，递归返回，形成叶节点。3种停止划分条件是：①当前节点包含的样本全属于同一类别，该节点为叶节点，其决策值为该类别值；②当前属性集为空，或者所有样本在所有属性上取值相同，则该节点为叶节点，其决策值为该节点所含样本最多的类别值；③当前节点包含的样本集为空，同样该节点为叶节点，其决策值为其父节点所含样本最多的类别值。

还是用一个虚拟材料数据集为例说明决策树，表10.4所列是某高性能高温结构陶瓷材料的训练数据集，包含化学组成、相组成、相对密度、室温强度、断裂韧性等性能属性（输入数据），标签数据表示是否可作为高性能高温结构材料（1：是；－1：否）。

表10.4　高温结构陶瓷数据集

序　号	化学组成	相组成	相对密度	室温强度	断裂韧性	合　格
1	Si_3N_4	β	95.1	730.1	3	－1
2	SiO_2	β	96.2	308.6	5.9	－1
3	ZrO_2	TC	99.1	886.9	8.9	1
4	SiO_2	α	97.6	452.6	4.6	－1
5	Si_3N_4	β	99	883.5	5.6	1
6	ZrO_2	T	99.6	1 185.3	9.4	1
7	ZrO_2	T	95.5	673.3	8.4	－1
8	ZrO_2	TC	96.6	836	8.7	1
9	SiO_2	α	98.4	247.7	5.3	－1
10	ZrO_2	TC	98.2	866.6	9.3	1
11	SiO_2	α	95.8	284.6	6	－1
12	Si_3N_4	β	98.4	778.3	4.3	1
13	SiO_2	α	97.1	448.4	3	－1
14	ZrO_2	T	97.6	848	10.8	－1
15	Si_3N_4	α	99.7	813.2	4.8	1
16	SiO_2	α	96.5	392.6	4.2	－1
17	ZrO_2	TC	96.1	798.6	8.5	－1
18	SiO_2	α	99.6	310.8	4.9	－1
19	Si_3N_4	α	98.2	865.3	4	－1
20	ZrO_2	TC	99.5	894.2	7.6	1

将训练数据集的化学组成、相组成、相对密度等依次作为判据构建层状树结构，如图10.8所示。设首先选“化学组成”属性划分第1层节点，该属性为离散属性，有3个值，因此有ZrO_2、Si_3N_4、SiO_2三个子树；再根据“相组成”属性判据对3个化学组成子集进行划分，如ZrO_2分为T、TC两个子树等。对于SiO_2子集，因所有样本均为不合格（－1），因此，属于停止划分

的第 1 类条件，该节点为叶节点，赋决策值－1；再下层用“相对密度”属性作为判据，该属性为连续属性，各子集可以有一个也可以有几个密度值进行划分。如此，递归向下划分，直至全部为叶节点，赋决策值，决策树建成。

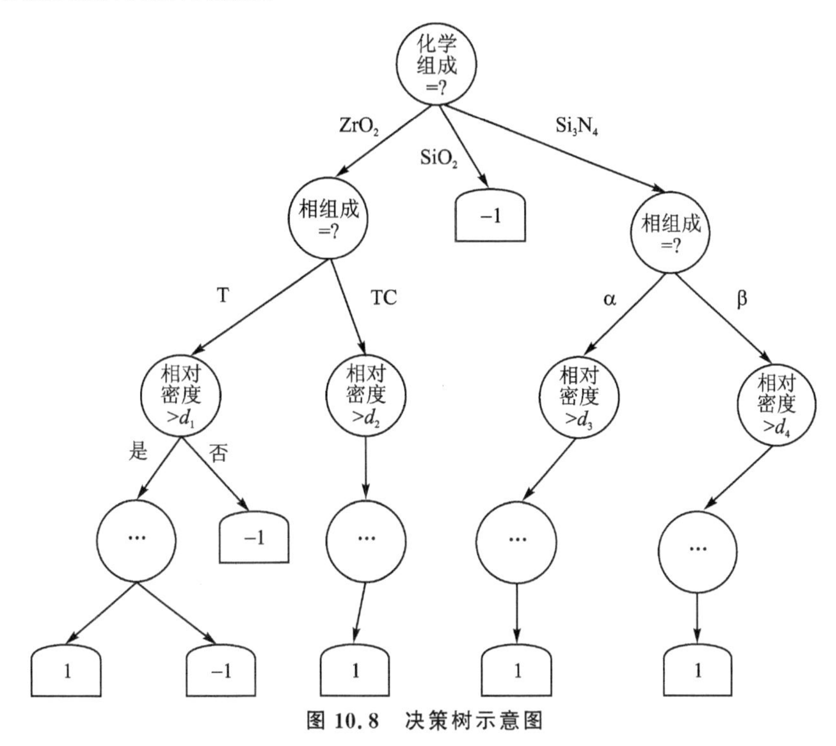

图 10.8　决策树示意图

10.5.2　属性选择

决策树是由各个属性及其取值进行划分的，属性及其顺序的选择将影响决策树的结构和效率。也就是说，各个属性对决策的贡献程度是不一样的，属性的贡献体现在以该属性对数据集 D 进行划分后各数据子集 D_{v_i} 中样本同属一类的程度的提高，即数据“纯度”的提高。数据的纯度可以看成是数据中所含信息的确定性。因此，属性顺序的选择应以其重要性进行排序。下面将介绍属性的重要性的评价方法。

1. 信息熵与信息增益

信息熵(information entropy)是度量样本集纯度的最常用的一种指标。设训练数据集 $D=\{(\boldsymbol{x}_1,y_1),(\boldsymbol{x}_2,y_2),\cdots,(\boldsymbol{x}_m,y_m)\}$，输入数据属性空间 $x_i=(x_i^{(1)},x_i^{(2)},\cdots,x_i^{(n)})$，样本标记集合 $y_i\in\{c_1,c_2,\cdots,c_k\}$。$D_j$ 为类别为 c_j 的数据子集，当前样本集 D 中第 j 类样本所占的比例为

$$p_j=\frac{|D_j|}{|D|},\qquad j=1,2,\cdots,k \tag{10.16}$$

则 D 的信息熵 S 定义为

$$S(D)=-\sum_{j=1}^{k}p_j\log_2 p_j \tag{10.17}$$

其中，若 $p_j=0$，则定义 $p_j\log_2 p_j=0$。信息熵的值越小，则样本集 D 的纯度越高。

对于一个离散型属性 A 有 v 个可能的取值$\{a^1,a^2,\cdots,a^v\}$，若用属性 A 对样本集 D 进行划分，得到 v 个样本子集 D_v，根据式(10.17)可算出原样本集 D 和各样本子集 D_v 的信息熵；再考虑各子集的样本数不同，赋予权重可得用该属性 A 进行样本集划分前后的“信息增益”(information gain)，即

$$g(D,A)=S(D)-\sum_{i=1}^{v}\frac{|D_{v_i}|}{|D|}S(D_{v_i}) \tag{10.18}$$

一般来说，信息增益越大，说明采用该属性进行划分使得各子集的纯度提升得越高。因此，可以用各属性的信息增益大小选择决策树划分属性的顺序，这就是著名的ID3决策树学习算法的属性选择准则，如下：

$$a^*=\arg\max_{a\in A} g(D,a) \tag{10.19}$$

对于连续属性，属性的取值数目不再是有限的，不能直接用连续属性的值进行划分，而是要将连续属性离散化。最简单的方法是采用二分法，这是C4.5决策树算法采用的机制。

在样本集 D 中，连续属性 A 有 n 个不同的取值，将这些值从小到大进行排序成为$\{a^1,a^2,\cdots,a^n\}$，设 t 为该属性划分样本集的值，t 可以位于两个样本值的中位点，一共可以有 $n-1$ 个 t 点可供选择，$T_a=\left\{\frac{a^i+a^{i+1}}{2},1\leqslant i\leqslant n-1\right\}$，然后考查各点 t 对 D 进行二分后的信息增益大小，选取信息增益最大的 t 作为该连续属性的划分点。

$$g(D,a)=\max_{t\in T_a} g(D,a,t)=\max_{t\in T_a}\left\{S(D)-\sum_{\lambda\in\{-,+\}}\frac{|D_t^\lambda|}{|D|}S(D_t^\lambda)\right\} \tag{10.20}$$

用表10.4中的训练数据可以计算出化学组成和相组成两个离散属性划分的信息增益分别为0.36和−1.09，所以应用化学组成作为第1分类属性。

对于 ZrO_2 - T 的子集有表10-5中的3个样本，用连续属性相对密度进行划分，一般应采用上述信息增量算出划分值 d_1。但是，对于这个简单的例子，相对密度划分值应该是合格与不合格的99.6与97.6的中位值，即 $d_1=98.6$。满足 $d>d_1$ 的样本分在左子节点，不满足的在右子节点。这样划分后的子集中只有一种类别，所以，这两个子节点都是叶节点。

表10.5　ZrO_2 - T的子集

序　号	化学组成	相组成	相对密度	室温强度	断裂韧性	合　格
6	ZrO_2	T	99.6	1 185.3	9.4	1
7	ZrO_2	T	95.5	673.3	8.4	−1
14	ZrO_2	T	97.6	848	10.8	−1

2. 信息增益率

采用信息增益准则进行属性选择时，存在对可取值数目多的属性有所偏好的问题，为了解决这一问题，C4.5算法提出了增益率或增益比(gain ratio)概念。增益比gr为其信息增益 g 与样本集 D 关于属性 A 的值的信息熵 S_A 之比，即

$$\mathrm{gr}(D,A)=\frac{g(D,A)}{S_A(D)} \tag{10.21}$$

其中，

$$S_A(D)=-\sum_{i=1}^{v}\frac{|D_{v_i}|}{|D|}\log_2\frac{|D_{v_i}|}{|D|} \tag{10.22}$$

其中，v 是属性 A 取值的个数。

如果以增益率为准则进行划分，又会对可取值较少的属性有所偏好，因此，C4.5 算法是先从候选属性中找出信息增益高于平均水平的属性，再从中选择增益率最高的属性。

3. 基尼系数

数据集的纯度也可用基尼值来度量，即

$$\mathrm{Gini}(D)=\sum_{j=1}^{k}\sum_{j'\neq j}p_j p_{j'}=1-\sum_{j=1}^{k}p_j^2 \tag{10.23}$$

其中，p_j 为数据集中类别为 j 的频数。基尼值反映了从样本集 D 中随机抽取两个样本，其类别不一致的概率。因此，Gini(D)越小，则样本集 D 的纯度越高，基尼值与信息熵类似，同样，样本集 D 以属性 a 进行划分后，样本集的不确定性可以用基尼系数表述，即

$$\mathrm{Gini\_index}(D,a)=\sum_{i=1}^{v}\frac{|D_{v_i}|}{|D|}\mathrm{Gini}(D_{v_i}) \tag{10.24}$$

因此，可以以基尼系数最小作为选择属性的依据，即

$$a^*=\arg\min_{a\in A}\mathrm{Gini\_index}(D,a) \tag{10.25}$$

10.5.3 决策树的生成

ID3 和 C4.5 是决策树生成的经典算法，两者的主要区别是在划分属性选择上，前者使用信息增益为准则，而后者采用增益比为准则。一般说来，两者都是生成多叉树。另一种决策树生成方法是分类与回归树(Classification And Regression Tree，CART)方法，该方法是用基尼系数优化选择划分属性和划分点的，该方法生成的是二叉树，每个属性只有一个切分点，将父数据集一分为二，形成两个子集。

1. ID3 和 C4.5 决策树生成过程

输入：训练数据集 D、属性集 A 及阈值 ε。

输出：决策树 T。

① 如果 D 中所有样本均属同一类 C_k，则 T 为单节点树，并将 C_k 作为该节点的类，返回 T。

② 如果属性集 A 为空集，$A=\varnothing$，则 T 为单节点树，并将 D 中样本数最多的类别 C_k 作为该节点的类，返回 T；否则，计算 A 中各属性对 D 的信息增益或增益比，选择增益或增益比最大的属性 A_g；

③ 如果属性 A_g 的增益或增益比小于阈值 ε，则 T 为单节点树，并将 D 中样本数最多的类别 C_k 作为该节点的类，返回 T；否则，以属性 A_g 的每一个可能的值 a_i，将 D 划分为若干非空子集 D_i，并将 D_i 中样本数最多的类别作为该节点的类，构建子节点，由节点及其子节点构成树 T，返回 T。

④ 对节点 i，以 D_i 为训练集，以 $A-\{A_g\}$为属性集，递归地调用①～③，得到子树 T_i，返回 T_i。

对于连续属性按 10.5.2 小节所介绍的方法确定切分点。

2. CART 生成二叉树的方法

① 对所有属性 A 及其所有可能的取值 $A=a$，按式(10.24)计算对数据集 D 的各基尼系数；

② 按最小的基尼系数选取最优属性及其取值作为 D 的划分属性和切分点，将 D 划分为 2 个子集，为左右 2 个节点；

③ 对两个子节点递归地调用①和②，直至满足结束条件；

④ 生成决策树 T。

该方法的结束条件与 ID3 和 C4.5 方法一样。

10.5.4 决策树的剪枝

在决策树生成过程中，以训练数据尽可能正确分类为宗旨，这会导致决策树分支过多，这对新数据的分类预测不一定准确，即所谓的过拟合。因此，要对已生成的决策树进行简化，这一过程称作剪枝(pruning)。剪枝的具体过程就是裁掉已生成树上的一些子树或叶节点，并将其父节点作为新的叶节点。剪枝是为了提高决策树的泛化性，泛化性可以用检验精度来表征。也就是说，事先将训练数据集中预留一部分数据作为检验数据集，用训练数据生成好的决策树预测分类检验数据样本，并与检验样本的标签值对比，获得其分类的泛化精度。

剪枝主要有两种方式："预剪枝"和"后剪枝"。预剪枝就是在决策树生成过程中，对每一个节点划分前，先进行划分前后泛化性评估，如果进一步划分并不能带来检验精度的提高，则停止划分，并将该节点作为叶节点；后剪枝是将以训练数据集生成的完整决策树，自底向上对非叶节点进行考查，若将该节点的子树裁剪成叶节点能提高决策树的验证精度，则实施该剪枝，如此处理直至获得最优决策树。

10.5.5 缺失数据处理

分类训练数据集多是多属性数据，在数据集中常会遇到某些数据的某个属性值缺失的情况，这种不完整的数据会随着属性数目的增加而增加。如果简单地放弃不完整样本，显然是对数据信息的浪费，因此有必要解决缺失数据的学习问题。

缺失数据在决策树学习中主要有两个问题：①在属性选择时对缺失数据的处理；②在样本数据划分时对该划分属性缺失数据的处理。

在计算完整数据的信息增益时(式(10.16)～式(10.18))，由于每个数据的作用相同，可直接用各子集的数据数计算，即各数据的权重均为 1。但是，对于有属性缺失的训练数据，每个数据的信息贡献度不一样，需要用每个数据的权重进行计算。

对于第一个问题，设训练数据集 D 和属性 A，令 $\tilde{D}$ 为 D 中在属性上没有缺失的完整数据集。对于完整数据集 $\tilde{D}$ 可以用属性 A 的 v 个取值划分为 v 个子集 $\tilde{D}^v$，$\tilde{D}_j$ 为 $\tilde{D}$ 中属于第 j 类的样本子集。如果假定这每个样本 x 都赋予一个权重 w_x，则可根据这几个数据集样本量的关系定义如下几个参数：

$$\rho=\frac{\sum\limits_{x\in\tilde{D}}w_x}{\sum\limits_{x\in D}w_x}$$

$$\tilde{p}_j = \frac{\sum_{x \in \tilde{D}_j} w_x}{\sum_{x \in \tilde{D}} w_x}, \quad 1 \leqslant j \leqslant k$$

$$\tilde{r}_v = \frac{\sum_{x \in \tilde{D}^v} w_x}{\sum_{x \in \tilde{D}} w_x}, \quad 1 \leqslant v \leqslant V$$

其中,对于根节点,样本的权重初始化为 1,随着样本被属性 A^v 分到子集 $\tilde{D}^v$,根据分配形式的不同其权重会发生变化,具体形式见下述非完整数据划分过程。

对于有缺失值训练样本的属性选择问题,其判据信息增益可以推广为

$$g(D,a) = \rho \times g(\tilde{D},a) = \rho \times \left[S(\tilde{D}) - \sum_{v=1}^{V} \tilde{r}_v S(\tilde{D}^v)\right]$$

其中,$S(\tilde{D}) = -\sum_{j=1}^{k} \tilde{p}_j \log_2 \tilde{p}_j$。

根据上述修正信息增益选择属性是考虑了缺失数据的信息贡献的。

对于第二个问题,即样本数据划分时非完整数据如何处理,设已选定划分属性 A^v,若非完整数据 x 的该属性值已知,则根据划分判据分至相应的子集中,该样本权重保持不变;若非完整数据 x 的该属性为缺失,则将该样本 x 同时划入所有子集,样本权重根据所在子集 $\tilde{D}^v$ 进行修正,$w_x^{av} = \tilde{r}_v \cdot w_x$。虽然一个样本放入多个子数据集,但是通过权重调节可以看成是该样本以一定的概率作用于各子集。

由此可见,通过各数据集的容量关系以及样本权重,可以实现非完整数据的有效信息利用。

10.5.6　多属性复合划分

上述决策树的生成均是由样本的某一个属性的值进行数据集划分的,其特点是在属性 n 维空间中用垂直于某一个属性坐标轴的超平面将数据空间分成 2 个或多个子空间。这种划分过于简单,而对于一些有一定关联的几个属性的复杂问题难以适用。例如,材料是否合格,不能用单独的密度、强度和韧性值进行划分,因为对于不同的密度样本,强度的合格界限是不同的。对于这样一个二维属性相关分界线,可以是垂直于两坐标轴的折线,甚至可以是一条斜线。

对于垂直折线,可以用多段单一属性分割的方法,如先用密度区间$[d_1, d_2]$划分子树,再用强度区间$[t_1, t_2]$划分,再依次用密度$[d_2, d_3]$、强度$[t_3, t_4]$划分等。对于斜线界面(斜超平面)的划分,就要用多属性复合划分。所谓多属性复合划分,就是不用单一属性的值进行划分,而是用相关的多个属性的线性组合的值进行划分,该线性组合就是界面超平面的线性方程 $\sum_{i=1}^{p} w_i a_i = t$,其中,$p$ 为相关属性的个数,w_i 为各属性的权重,t 为截距。该情况下的划分判据为 $\sum_{i=1}^{p} w_i a_i \leqslant t$,如果对于待分样本 x 该式成立,则样本分至左子节点,否则分至右子节点。可见,多属性复合划分提高了决策树处理复杂问题的能力。

10.5.7 决策树小结

① 决策树是适用性很强的分类学习机,也可以用于回归学习。决策树方法可以用于多属性、多类别属性数据的多分类问题;可以处理非完整数据集的训练问题。

② 决策树是用训练数据集的各属性将数据集形成树结构,形成一系列 if – then 规则的集合,以此实现待分类数据的预测分类。

③ 采用信息熵、信息增益、信息增益率和基尼系数等概念,评价样本各属性及其取值的数据集划分效率,并作为决策树生成的准则。决策树生成采用信息增益最大、增益率最大或基尼系数最小作为属性选择准则。

④ 决策树学习算法主要包括 ID3、C4.5 和 CART 方法。

⑤ 决策树通过剪枝可以降低过拟合,提高预测精度。

10.6 集成学习

前面所介绍的机器学习是根据训练数据集采用一种学习方法,习得一个学习器(模型)。而采用一个学习器实现学习精度及泛化精度均很高的模型是很困难的。一个泛化性能只略高于随机猜测的学习器称作弱学习器,而泛化性能很好的称作强学习器。集成学习不是一个独特的学习算法,而是将多个弱学习器结合构建成一个强学习器的方法。如果集成学习是由一系列相同算法的个体学习器构成的(如都是决策树等),则该集成学习称作同质的,否则称作异质的(如同时包含决策树和神经网络等)。

主要的集成学习方法大致分为两类:一类是个体学习器之间存在很强的依赖关系,必须串联生成序列化的方法,该方法的代表是提升(Boosting)方法;另一类是个体学习器之间不存在强依赖关系,可同时生成并行化方法,该方法的代表是 Bagging 和随机森林法。

集成学习需要解决两个问题:一是如何得到若干个系列学习器;二是如何选择结合策略,将这些个体学习器集合成一个强学习器。

10.6.1 Boosting 方法

Boosting 是一类可将弱学习器提升为强学习器的算法,其机制是先从训练数据集习得一个基学习器,根据该学习器的表现对训练样本权值分布进行调整,即被正确评价的样本权值降低,而被错误评价的样本权值提高;再对调整权值分布后的样本集进行训练习得一个新的基学习器,该学习器对高权重的样本会更加关注;如此反复,可获得一系列基学习器,最终将所有学习器进行加权组合,获得最终的强学习器。该算法中最具代表性的是 AdaBoosting 算法,其过程简述如下:

设一个二分类问题的训练数据集 $D=\{(\boldsymbol{x}_1,y_1),(\boldsymbol{x}_2,y_2),\cdots,(\boldsymbol{x}_m,y_m)\}$,其中,$\boldsymbol{x}_i\in\mathbf{R}^n$ 为 n 维特征向量,$y_i=\{-1,1\}$ 为样本类别。求集成学习器 $G(x)$,如下:

$$G(x)=\sum_{t=1}^{T}\alpha_t g_t(x)$$

其中,$g_t(x)$ 为 T 个基学习器中的第 t 个,α_t 为该基学习器的线性组合系数(权重系数)。

首先是产生各个基学习器及其权重。

① 初始化训练数据的权重分布为均匀分布，即

$$W_1=(w_{11},w_{12},\cdots,w_{1m}),\quad w_{1i}=\frac{1}{m}$$

② 采用带权重 W_t 的训练数据集习得基学习器，$g_t(x)=\{-1,1\}$。

③ 计算 $g_t(x)$ 在训练集上的分类误差率，即

$$e_t=\sum_{i=1}^{m}P\left(g_t(x_i)\neq y_i\right)=\sum_{i=1}^{m}W_{t,i}I\left(g_t(x_i)\neq y_i\right)$$

其中，分类错误的样本的 I 为 1，否则为 0。

④ 计算该基学习器的系数，如下：

$$\alpha_t=\frac{1}{2}\ln\frac{1-e_t}{e_t}$$

⑤ 依据分类对错更新数据权重分布，如下：

$$w_{t+1,i}=\frac{w_{t,i}\exp\left[-\alpha_t y_i g_t(x_i)\right]}{\sum_{i=1}^{m}w_{t,i}\exp\left[-\alpha_t y_i g_t(x_i)\right]},\quad i=1,2,\cdots,m$$

其中，分母为规范化因子。由于是二分类问题，y 与 g 的积对于错误划分样本为-1，则指数项为正，权重增加；反之，权重减小。对于多分类问题，

$$w_{t+1,i}=\begin{cases}\dfrac{w_{t,i}}{Z_t}\exp(-\alpha_t), & g_t(x_i)=y_i\\ \dfrac{w_{t,i}}{Z_t}\exp(\alpha_t), & g_t(x_i)\neq y_i\end{cases}$$

⑥ 返回步骤②，直至获得 T 个基学习器。

⑦ 构建最终学习器，即

$$G(x)=\mathrm{sign}\left[\sum_{t=1}^{T}\alpha_t g_t(x)\right]$$

AdaBoosting 算法是以指数函数为损失函数的加法模型，该模型不是对最终的学习器进行优化，而是从前向后，逐一习得一个基函数，并算出其集合系数，因此称作前向分步算法。如果基函数是二叉树（分类或回归）模型，则称作提升树（Boosting Tree）。

下面用一个简单的二维属性空间的二分类问题，形象地描述 AdaBoosting 算法。如图 10.9 所示，D_1 为训练数据二维分布图，符号＋和－分别代表数据的分类标签 y 值，＋1 和－1；基于 D_1 生成的分类器 g_1 将空间分为两部分，左侧白色为＋1 区，右侧灰色为－1 区，可见该分类器有 3 个错分样本，灰色－1 区域内的 3 个⊕点 g1 是一个弱学习器。

根据 AdaBoosting 算法，数据集 D_1 的权重依据对错重新计算权重，形成 D_2，其中 g_1 中分错的 3 个样本权重加重（如图 10.9 中 D_2 中加粗的加号），则在下一个分类器中注重这 3 个样本，即 g_2 尽可能将这 3 个样本正确划分，但该分类器又错分 3 个正区域的负样本。同样，再加重这 3 个样本权重，形成分类器 g_3，该分类器依然有 2 个样本划分不正确。但是，各基学习器都能将高权重的样本进行正确划分。将上述 3 个弱分类器进行线性相加集成为集成学习器 G，其可全部正确划分，成为一个强学习器。

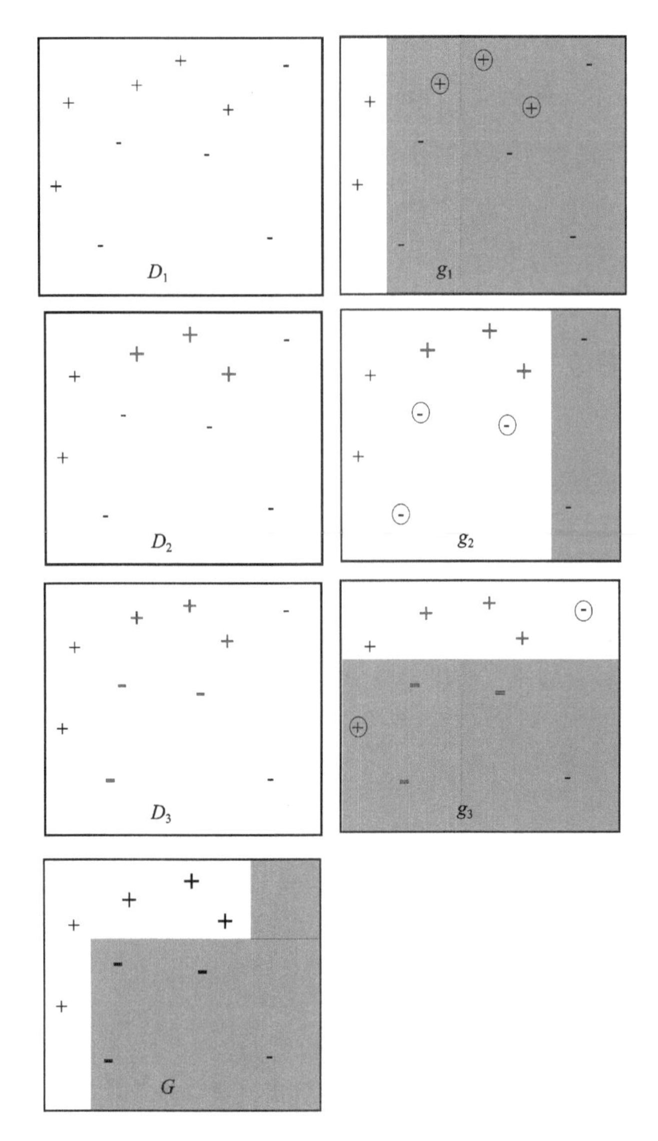

图 10.9　AdaBoosting 集成学习器 G 的集成过程

10.6.2　Bagging 方法

集成学习提高泛化性能的方法是尽可能使各基学习器相互独立，而做到相互独立是很困难的，但是可以尽可能使其相互差异较大。如果在训练数据集中进行采样，形成不同的子训练集，则训练各自的基学习器是一种解决方案。但是，如果是简单将训练集划分为完全无交集的子集，则各子集的代表性、全面性难以保证。Bagging 方法提出了采用自助采样方法（bootstrap sampling）形成若干个采样集，基于每一个采样集训练出一个基学习器，然后将这些基学习器集成起来。由于各训练是独立进行的，因此该方法是并行式集成算法。

自助采样就是在容量为 m 的训练样本集中随机抽选一个样本放入采样集中，记录后再将该样本放回到初始样本集中，反复进行这样的采样，直至采样样本集的容量也达到 m。初始样本集中有的样本被多次抽样，而有的却没有被抽样，但根据统计可知初始样本集中约

63.2%的样本出现在所得到的采样集中。如此，可以产生 T 个采样集，这些采样集具有较好的代表性，又具有一定的差异。基于差异的训练数据集会习得差异的学习器。一方面，Bagging 方法就是将基于采样集训练的独立学习器的分类预测结果，通过简单投票法形成最终分类结果；另一方面，Bagging 方法用于回归学习时，回归预测结果采用对各独立学习器的预测结果的简单平均值。

Bagging 方法适用于二分类、多分类以及回归任务，适用性强。除此之外，每一个采样集只用了原训练样本集的 63.2%，未被采样的 36.8%的样本可以用作检验样本集，对学习器的泛化性进行"包外估计"(out-of-bag estimate)。

10.6.3　随机森林法

随机森林(Random Forest，RF)法是以决策树为基学习器，在对不同训练集采样的 Bagging 法集成的基础上，在决策树训练过程中引入随机属性选择，进一步提高基学习器的多样性。具体方法是通过采样形成 T 个训练样本集，在决策树训练时不是在当前节点的属性集(设有 d 个属性)中选择一个最优属性，而是从 d 个属性中随机抽选 k 个属性的子集，在该子集中选择一个最优属性进行划分。子集容量 k 代表随机程度，一般取 $k=\log_2 d$。

随机树通过学习样本的扰动及属性扰动增加基学习器的多样性，使得最终集成学习器的泛化性得以提高。该方法简单、易实现、计算成本低，且性能优异。

10.6.4　集成学习小结

集成学习是将多个多样性的基学习器集成为一个泛化性好的强学习器。集成学习具有 3 个优点：一是由多个学习器解决单个学习器泛化性能差的问题；二是解决单个学习器易导致的局域最小的问题；三是扩大假设空间，获得更好的近似。

集成策略主要包括平均法、投票法和学习法。平均法就是将各基学习器的数值输出值进行平均，平均包括简单平均和加权平均，其中加权平均法可以认为是集成学习的基本出发点。投票法是基于各基学习器的预测值，以最多的值作为集成学习器的输出。投票法包括绝对多数投票法(超过半数的决策)、相对多数投票法(最多数的决策)和加权投票法。学习法是以基学习器的输出形成数据集作为次级学习器的训练集，对于大训练数据集，学习法是强大的集成学习法。

习　题

10.1　建立材料多属性及其标签属性表，练习生成决策树。用新属性材料练习遍历树，查找相应的叶节点，获得决策结论。

10.2　建立 2 因素分类数据表，并熟悉使用 MATLAB 的分类学习器 APP 及其各模型的应用。

10.3　建立温度、组成、相数据表，训练相图模型，并试绘制二元相图。

10.4　试建立多元相图模型，并按需求绘出等温三元相图，变温二元、三元相图。

10.5　试建立多因素产品质量检验数据表，训练质检模型，并验证新产品是否合格。

10.6　建立包含离散和连续属性的训练数据集，进行分类学习，获得模型并应用。

第11章　无监督学习

11.1　概　论

无监督学习是从无标记数据集中学习数据的统计规律或者内在结构的机器学习。所谓无标记数据，就是数据的所有属性都是纯粹的数据，没有作为标记或者输出的属性。无监督学习是对数据本身特性的分析，主要包括聚类、降维、话题分析和图分析。无监督学习也可作为监督学习对训练数据集的前处理。

11.2　聚　类

聚类就是针对给定的数据集，依据样本间的相似度或距离，将样本归并到若干个"类"或"簇"的数据处理过程。类是数据集的子集。聚类的目的是通过得到类发现数据的特点或对数据进行处理，在数据挖掘、模式识别等领域有广泛的应用。

11.2.1　聚类相关的重要概念

1. 样本距离及相似度

聚类的主要依据是样本的相似度或距离，关于 n 维空间的两个样本间的距离最常用的是闵可夫斯基距离及其中的欧氏距离(参见 10.3 节 k 临近法)，如下：

$$d_{\mathrm{mk}}(x_i,x_j)=\left(\sum_{l=1}^{n}|x_i^{(l)}-x_j^{(l)}|^p\right)^{1/p},\quad p\geqslant 1$$

这些距离是 n 维属性坐标值的函数，可表征连续属性样本距离。但是，数据集样本可能会包含离散属性，离散属性的取值可能还是非数值型的。因此，必须建立包含离散属性的样本间距离计算方法。离散属性数据可分为有序属性和无序属性。有序离散属性的取值可以按某种顺序进行排列，如属性值{优，良，中，差}可以从优到差顺序排列，也可从劣到优顺序排列。数据有序就可以区别各取值之间的距离，如"优"与"良"和"中"与"差"相距较近，而"优"与"差"相差较远。这样的属性值可以用等差的序列数值代替，如{1,2,3,4}或{5,4,3,2}，所以有序离散属性同样可以用闵可夫斯基距离公式计算。

有些属性取值不存在顺序，如材料类别属性取值={压电材料，结构材料，超硬材料}。对于无序属性，属性取值本身没有距离远近的特性，但是各取值的含义差别很大，对数据集聚类学习往往非常关键，但无法定量计算，也无法与其他属性维度综合计算。因此，需要定义一种无序属性对聚类贡献度的坐标体系，由于该无序属性对不同类别的贡献程度是不同的，因此，该坐标体系不是一维的，而是与聚类类别数同维的空间坐标。各维坐标值是某聚类中该属性取值的样本数与该属性取值的样本总数之比。可见，该坐标值不仅与该无序属性的取值有关，还与在各聚类中该属性取值的样本数有关。有了坐标值就可以计算距离，这就是 VDM(Value Difference Metric)距离。

设两个样本的无序属性 $x^{(l)}$ 的两个取值分别为 a 与 b，则在该属性维度上的 VDM 距离定义为

$$\mathrm{VDM}_p(a,b)=\sum_{i=1}^{k}\left|\frac{m_{a,i}}{m_a}-\frac{m_{b,i}}{m_b}\right|^p$$

其中，m_a 和 m_b 分别是训练集中无序属性 $x^{(l)}$ 取值为 a 和 b 的样本数；$m_{a,i}$ 和 $m_{b,i}$ 分别是第 i 簇中属性取值为 a 和 b 的样本数；k 为类别数。

对于有 n_c 个连续或有序离散属性、$n-n_c$ 个无序离散属性的数据集体系，两样本在 n 维属性空间的距离为

$$d(x_i,x_j)=\left\{\sum_{l=1}^{n_c}|x_i^{(l)}-x_j^{(l)}|^p+\sum_{l=n_c+1}^{n}\mathrm{VDM}_p\left[x_i^{(l)},x_j^{(l)}\right]\right\}^{1/p}$$

对于不同属性的重要性不同的情况，计算距离时可以对各属性乘上权重系数 w_i，即

$$d_{\mathrm{mk}}(x_i,x_j)=\left[\sum_{l=1}^{n}w_l\,|x_i^{(l)}-x_j^{(l)}|^p\right]^{1/p},\quad p\geqslant 1$$

除了计算距离之外，样本 x_i 和 x_j 间的相似度可以用相关系数来表征，即

$$r_{ij}=\frac{\sum_{k=1}^{m}(x_{ki}-\bar{x}_i)(x_{kj}-\bar{x}_j)}{\left[\sum_{k=1}^{m}(x_{ki}-\bar{x}_i)^2\sum_{k=1}^{m}(x_{kj}-\bar{x}_j)^2\right]^{1/2}}$$

其中，$\bar{x}_i=\frac{1}{m}\sum_{k=1}^{m}x_{ki}$，$\bar{x}_j=\frac{1}{m}\sum_{k=1}^{m}x_{kj}$

相关系数的绝对值越接近于 1，表示两样本越相似；越接近于 0，表示两样本越不相似。

相似度还可以用夹角余弦表征，即

$$s_{ij}=\frac{\sum_{k=1}^{m}x_{ki}x_{kj}}{\left(\sum_{k=1}^{m}x_{ki}^2\sum_{k=1}^{m}x_{kj}^2\right)^{1/2}}$$

夹角余弦值越小，样本越相似。

2. 簇的特性

簇的定义可以表述成某个数据子集中任意两个样本的距离或相似度均小于某一个正数。如果数据集中的样本只能属于一个簇，或者簇的交集为空集，则称为硬聚类；否则，一个样本可以属于多个簇，或簇的交集不是空集，称为软聚类。

簇 $C=\{C_1,C_2,\cdots,C_k\}$ 具有以下特征：

① 簇的均值或称簇的中心，即

$$\boldsymbol{\mu}_i=\frac{1}{|C_i|}\sum_{i=1}^{|C_i|}\boldsymbol{x}_i$$

② 簇的直径 D_{C_i}：簇中任意两个样本之间距离的最大值，即

$$D_{C_i}=\max_{x_i,x_j\in C_i}d_{ij}$$

③ 簇的样本散布矩阵$\boldsymbol{A}_{C_i}$和样本协方差$\boldsymbol{S}_{C_i}$，如下：

$$\boldsymbol{A}_{C_i} = \sum_{j=1}^{|C_i|} (\boldsymbol{x}_j - \boldsymbol{\mu}_i)(\boldsymbol{x}_j - \boldsymbol{\mu}_i)^{\mathrm{T}}$$

$$\boldsymbol{S}_{C_i} = \frac{1}{n-1}\boldsymbol{A}_{C_i}$$

其中，n是样本属性的个数，即样本$\boldsymbol{x}$的维数。

数据集中簇与簇之间的距离有多种定义，设有簇G_p和G_q，则两者的距离有：

① 最短距离或单链接(single linkage)：两簇样本之间距离的最小值。

② 最长距离或完全连接(complete linkage)：两簇样本之间距离的最大值。

③ 中心距离：两簇中心之间的距离。

④ 平均距离：两簇中任意两个样本之间距离的平均值。

3．聚类结果的评价

由于聚类是无监督学习，聚类的结果无法直接通过训练数据集进行检验，因此有必要建立某种性能度量对聚类结果的优劣进行评价。数据集通过聚类产生若干样本簇，好的聚类结果应是簇内样本的相似度高，而簇间样本的相似度低。

聚类性能的度量主要分为外部指标和内部指标两类。外部指标就是将聚类结果与某个参考模型进行比较；内部指标就是不用参考模型，直接考查聚类结果。

对于数据$D=\{x_1,x_2,\cdots,x_m\}$，设通过聚类获得的簇划分为$C=\{C_1,C_2,\cdots,C_k\}$，参考模型的簇划分为$C^*=\{C_1^*,C_2^*,\cdots,C_k^*\}$，各样本有归属簇后，数据会有簇标记属性$\lambda$和参考模型类属$\lambda^*$。对所有样本两两配对分析，按照两个样本在聚类结果$C$和参考模型$C^*$的簇标记情况，分成4种情况，统计其个数，

$$a=|SS|,\quad SS=\{(x_i,x_j)\mid\lambda_i=\lambda_j,\lambda_i^*=\lambda_j^*,i<j\}$$

$$b=|SD|,\quad SD=\{(x_i,x_j)\mid\lambda_i=\lambda_j,\lambda_i^*\neq\lambda_j^*,i<j\}$$

$$c=|DS|,\quad DS=\{(x_i,x_j)\mid\lambda_i\neq\lambda_j,\lambda_i^*=\lambda_j^*,i<j\}$$

$$d=|DD|,\quad DD=\{(x_i,x_j)\mid\lambda_i\neq\lambda_j,\lambda_i^*\neq\lambda_j^*,i<j\}$$

$$a+b+c+d=m(m-1)/2$$

根据上述统计量，可以获得下述聚类性能外部指标，即

- Jaccard 系数(Jaccard Coefficient，JC)：

$$\mathrm{JC}=\frac{a}{a+b+c}$$

- FM 指数(Fowlkes and Mallows Index，FMI)：

$$\mathrm{FMI}=\sqrt{\frac{a}{a+b}\,\frac{a}{a+c}}$$

- Rand 指数(Rand Index，RI)：

$$\mathrm{RI}=\frac{2(a+d)}{m(m-1)}$$

上述指标均在[0,1]区间上，值越大划分性能越好。

再来考虑没有参考的内部评价指标。分别定义如下簇内样本平均距离、簇内最大样本距

离、簇间最小距离和簇中心间距，即

$$d_{\mathrm{avg}}(C_i)=\frac{2}{|C_i|(|C_i|-1)}\sum_{1\leqslant i<j\leqslant |C_i|}d(x_i,x_j)$$

$$d_{\max}(C_i)=\max_{1\leqslant i<j\leqslant |C_i|}d(x_i,x_j)$$

$$d_{\min}(C_i,C_j)=\min_{x_i\in C_i,x_j\in C_j}d(x_i,x_j)$$

$$d_{\mathrm{cen}}(C_i,C_j)=d(\mu_i,\mu_j)$$

由此可导出常用的聚类性能度量内部指标：

- DB 指数（Davies-Bouldin Index，DBI）；

$$\mathrm{DBI}=\frac{1}{k}\sum_{i=1}^{k}\max_{i\neq j}\left[\frac{d_{\mathrm{avg}}(C_i)+d_{\mathrm{avg}}(C_j)}{d_{\mathrm{cen}}(C_i,C_j)}\right]$$

- Dunn 指数（Dunn Index，DI）

$$DI=\min_{1\leqslant i\leqslant k}\left\{\min_{i\neq j}\left[\frac{d_{\min}(C_i,C_j)}{\max\limits_{1\leqslant l\leqslant k}d_{\max}(C_l)}\right]\right\}$$

DBI 表征了簇群大小与簇间距的比值，该值越小说明簇划分得越清晰；DI 表征了簇间最小间隔与最大簇的比值，该值越大越好。

11.2.2　原型聚类

原型聚类是假设聚类可以通过建立一组原型，利用迭代更新获得簇划分的一类聚类算法。采用不同的原型及迭代方法，原型聚类可分为若干种算法。

1. *k* 均值法

设数据集 $D=\{x_1,x_2,\cdots,x_m\}$，欲划分为 k 个簇，$C=\{C_1,C_2,\cdots,C_k\}$。k 均值法的基本模型是 k 个簇的样本应聚集在各自簇中心附近。因此，该方法的策略就是将所有样本到各自应归属簇的中心距离的和设为最小，即

$$C=\arg\min_{C}\sum_{j=1}^{k}\sum_{C(i)=j}\|x_i-\mu_j\|^2$$

该优化求解是 NP 困难问题。因为，数据样本尚未分类完毕，各簇的中心 μ 也是未知的。这类问题可采用迭代法求近似解。

k 均值法的具体步骤如下：

① 初始化。随机选取 k 个样本作为初始 k 个聚类中心 μ。

② 样本聚类。对所有数据，计算每一个样本 x_i 到 k 个中心 μ_j 的距离，并将该样本划分到距离最小 $d(x_i,\mu_j)$ 的簇中，$C(j)=C(j)\cup\{x_i\}$。

③ 计算新的簇中心。对当前聚类结果计算各簇中样本各属性的均值，作为新的聚类中心 μ。

④ 迭代。返回步骤②，再次对所有样本进行迭代，直至收敛或符合停止条件。

k 均值法的特点：类别数 k 事先指定；得到的类别是平坦的，非层次化的；算法是迭代法，不能保证得到全局优化。初始聚类中心的选择会影响聚类结果。解决初始化问题可以先用层次聚类法获取 k 个中心，再利用 k 均值法进行聚类；也可以多次随机初始化 k 均值法，对聚类性能优劣进行评估，进而优化选择结果。

关于类别数 k 确定的问题，一般实际问题数据集中簇的个数 k 是未知的，可以通过对不同 k 值的聚类结果进行聚类性能优劣的评估，选取最优 k 值。

2. 学习向量量化法

学习向量量化法(Learning Vector Quantization，LVQ)是针对有标记属性的数据集，利用标记属性信息来辅助聚类的方法。k 均值法是以簇的中心为参考点习得 k 个簇的类聚，而LVD的距离参考点是根据簇的标识与样本标识的异同，进行不同方向修正的 n 维空间的参考点(向量)。训练数据集中的标识属性与聚类类别没有直接关系，可以看成是一个重要的非顺序属性。也就是说，同一个标识属性样本可以分类到不同的簇类中(簇类数可以大于标识属性取值数)，但是，标识属性是一个重要参考属性，尽可能分类成一个簇中样本的标识属性均相同的情况。

设数据集 $D=\{(\boldsymbol{x}_1,y_1),(\boldsymbol{x}_2,y_2),\cdots,(\boldsymbol{x}_m,y_m)\}$，数据 $\boldsymbol{x}_i\in\mathbf{R}^n$ 为 n 维特征向量，$y_i\in\{c_1,c_2,\cdots,c_l\}$ 为样本标识属性。LVQ 方法是通过数据集习得一组(k 个)n 维原型向量(参考点)$\{\boldsymbol{p}_1,\boldsymbol{p}_2,\cdots,\boldsymbol{p}_k\}$，每一个原型向量代表一个聚类簇，其标记 $t_i\in Y,i=1,2,\cdots,k$。LVQ 算法如下：

① 初始化原型向量$\{\boldsymbol{p}_1,\boldsymbol{p}_2,\cdots,\boldsymbol{p}_k\}$。可以先在标识属性域中随机选取 k 个值，作为簇的类标记$\{t_1,t_2,\cdots,t_k\}$，再根据 t_i 在相应标识属性的样本中抽选 k 个样本，该样本作为原型向量 $\boldsymbol{p}_i$；选择学习率 $\eta\in(0,1)$。

② 计算一个样本 $\boldsymbol{x}_j$ 与各原型向量 $\boldsymbol{p}_i$ 的距离，找出距离最小的原型向量 $\boldsymbol{p}_i^*$。

③ 更新 $\boldsymbol{p}_i^*$。如果样本标识与簇类标识相同 $y_j=t_i^*$，则原型向量向该样本靠近，$\boldsymbol{p}_i^*=\boldsymbol{p}_i^*+\eta(\boldsymbol{x}_j-\boldsymbol{p}_i^*)$，否则，$\boldsymbol{p}_i^*=\boldsymbol{p}_i^*-\eta(\boldsymbol{x}_j-\boldsymbol{p}_i^*)$；

④ 迭代。返回步骤②进行迭代，直至收敛或符合停止条件，输出原型向量$\{\boldsymbol{p}_1,\boldsymbol{p}_2,\cdots,\boldsymbol{p}_k\}$及各簇的数据子集。

LVQ 方法的特点是用数据 $\boldsymbol{x}_j$ 计算距离，确定更新类别向量，更新方法则由数据标签 y_j 是否与类别标签 t_i 一致而定，如果相同则原型向量向 $\boldsymbol{x}_j$ 靠拢，反之则远离。修正的程度与学习率有关，学习率越大，修正的程度越大。

3. 高斯混合聚类

高斯混合聚类采用概率模型表达聚类原型。数据集 D 的样本 $\boldsymbol{x}_i$ 划属 k 类中的某一类 λ_j 是随机变量，服从高斯混合概率，即

$$\mathrm{pm}(\boldsymbol{x})=\sum_{i=1}^{k}\alpha_i p(\boldsymbol{x}\mid\boldsymbol{\mu}_i,\boldsymbol{\Sigma}_i)$$

$$p(x)=\frac{1}{(2\pi)^{n/2}\left|\boldsymbol{\Sigma}\right|^{1/2}}\exp\left[-\frac{1}{2}(\boldsymbol{x}-\boldsymbol{\mu})^{\mathrm{T}}\boldsymbol{\Sigma}^{-1}(\boldsymbol{x}-\boldsymbol{\mu})\right]$$

其中，$\boldsymbol{\mu}_i$ 和 $\boldsymbol{\Sigma}_i$ 分别是各多维高斯分布参数均值向量和协方差矩阵；α_i 为混合系数。设聚类数为 k，样本 $\boldsymbol{x}_j$ 的簇类标识随机变量 $z_j\in\{1,2,\cdots,k\}$，根据贝叶斯定理，$\boldsymbol{x}_j$ 归属 $z_j=i$ 的后验概率分布，即

$$\mathrm{pm}(z_j=i\mid\boldsymbol{x}_j)=\frac{\alpha_i p(\boldsymbol{x}_j\mid\boldsymbol{\mu}_i,\boldsymbol{\Sigma}_i)}{\sum\limits_{l=1}^{k}\alpha_l p(\boldsymbol{x}_j\mid\boldsymbol{\mu}_l,\boldsymbol{\Sigma}_l)}$$

将该概率简记为 $\gamma_{ji}(i=1,2,\cdots,k)$。将数据集 D 划分为 k 个簇 $C=\{C_1,C_2,\cdots,C_k\}$，每一个样本 x_j 的簇标记 λ_j 如下确定，

$$\lambda_j=\underset{i\in\{1,2,\cdots,k\}}{\arg\max}\ \gamma_{ji}$$

如果能够获得混合高斯分布的参数 $\{(\alpha_i,\boldsymbol{\mu}_i,\boldsymbol{\Sigma}_i)\mid 1\leqslant i\leqslant k\}$ 即可算出概率，采用极大似然估计和 EM 算法可求得(推导过程略)，即

$$\boldsymbol{\mu}_i=\frac{\sum_{j=1}^{m}\gamma_{ji}\boldsymbol{x}_j}{\sum_{j=1}^{m}\gamma_{ji}}$$

$$\boldsymbol{\Sigma}_i=\frac{\sum_{j=1}^{m}\gamma_{ji}(\boldsymbol{x}_j-\boldsymbol{\mu}_i)(\boldsymbol{x}_j-\boldsymbol{\mu}_i)^{\mathrm{T}}}{\sum_{j=1}^{m}\gamma_{ji}}$$

$$\alpha_i=\frac{1}{m}\sum_{j=1}^{m}\gamma_{ji}$$

由此可见，混合高斯分布的参数可由概率求得，而概率又要已知分布参数，这类问题可以用 EM(Expectation-Maximization)算法迭代求解，即先根据当前(初始)参数计算每一个样本属于每个高斯成分的后验概率 γ_{ji}(E 步)；再根据 γ_{ji} 的预测值，用上述公式更新分布参数(M 步)。如此反复迭代，即可获得所需的解。

设数据集 $D=\{\boldsymbol{x}_1,\boldsymbol{x}_2,\cdots,\boldsymbol{x}_m\}$，数据样本 $\boldsymbol{x}_i\in\mathbf{R}^n$ 为 n 维特征向量，欲簇划分为 $C=\{C_1,C_2,\cdots,C_k\}$。混合高斯聚类法的具体步骤如下：

① 初始化混合高斯分布的参数 $\{(\alpha_i,\boldsymbol{\mu}_i,\boldsymbol{\Sigma}_i)\mid 1\leqslant i\leqslant k\}$。如混合系数均等，即 $\alpha_i=1/k$；任选 k 个样本 $\boldsymbol{x}_i$ 作为 $\boldsymbol{\mu}_i$；$\boldsymbol{\Sigma}_i$ 为所有元素均为 0.1(或主对角线元素为 0.1，其他为 0)的 $n\times n$ 维方阵。

② 计算所有样本 $\boldsymbol{x}_i$ 各簇归属 λ_j 的后验概率 γ_{ji}。

③ 用 γ_{ji} 计算更新混合高斯分布各参数。不满足结束条件就返回步骤②进行迭代，满足则结束迭代，获得最终后验概率 γ_{ji}。

④ 根据各样本 $\boldsymbol{x}_i$ 在各簇 C_j 的概率 γ_{ji}，将样本划入概率最大的簇，$C(j)=C(j)\cup\{\boldsymbol{x}_i\}$。

⑤ 输出聚类结果 $C=\{C_1,C_2,\cdots,C_k\}$。

11.2.3　层次聚类

层次聚类假设类别之间存在层次结构，依据距离或相似度将样本聚到层次化的类中。层次聚类属于硬聚类。层次聚类法可分为自下而上的聚合和自上而下的分类两种方法。这里以聚合方法为例来说明层次聚类过程。

聚合聚类开始将每一个样本作为一个类，然后将相距最近的两类合并成一个新的类，形成一个类的新层次。如此反复进行，每次减少一个类，直到满足停止条件为止。聚合聚类主要包括 3 个要素：

① 确定分类依据：距离或相似度；

② 合并规则：距离最小或相似度最大；

③ 停止条件:类的个数达到阈值(如2、3等),或类的直径超过阈值。

这里举例说明聚合聚类过程。设有5个样本的数据集,样本间的欧氏距离矩阵如下:

$$\boldsymbol{D}=[d_{ij}]_{5\times5}=\begin{bmatrix}0&7&2&9&3\\7&0&5&4&6\\2&5&0&8&1\\9&4&8&0&5\\3&6&1&5&0\end{bmatrix}$$

① 用5个样本构建第一层5个类$G_i(i=1,2,\cdots,5)$;

② 根据上述距离矩阵可知$d_{35}=1$,最小,所以G_3和G_5合并成新类$G_6=\{\boldsymbol{x}_3,\boldsymbol{x}_5\}$,第二层成为$\{G_6,G_1,G_2,G_4\}$,类间距采用最短距离(如$d_{61}=\min(d_{31},d_{51})=2$),计算第二层各类间距矩阵为

$$\begin{bmatrix}0&2&5&5\\2&0&7&9\\5&7&0&4\\5&9&4&0\end{bmatrix}$$

③ 计算可知$d_{61}=2$,最小,所以G_6和G_1合并成新类$G_7=\{x_3,x_5,x_1\}$,第三层成为$\{G_7,G_2,G_4\}$,该层类间距离矩阵为

$$\begin{bmatrix}0&5&5\\5&0&4\\5&4&0\end{bmatrix}$$

④ 同样第四层$d_{24}=4$,最小,所以G_2和G_4合并成新类$G_8=\{x_2,x_4\}$,第四层成为$\{G_7,G_8\}$;

⑤ 如果停止条件为类别个数为2,则第四层结束,聚类结果是$\boldsymbol{D}=\{(x_1,x_3,x_5),(x_2,x_4)\}$。同样,每一层类的直径也在不断增大,也可成为停止聚合的条件。

11.2.4 聚类小结

聚类是不依靠数据标识,仅靠样本之间的相似度或距离,将数据集分成若干簇或子集的过程。聚类的结果是簇内样本高度相似,而簇间样本相似度较低。聚类对数据集的分析以及作为其他机器学习的前处理具有重要的作用。

聚类过程主要包括3个要素:距离或相似度;合并规则;停止条件。

聚类方法有很多,而且还在不断发展。以k均值法为代表的原型聚类法及以自下而上聚合的层次聚类法最具代表性。原型聚类法中根据原型的不同分为k均值法、学习向量量化法和高斯混合聚类法等。该类方法是设定初始原型,然后根据一定方式对原型不断进行迭代更新,从而获得最终的解。由原型聚类法获得的簇都处于一个层面,没有层次结构。层次聚类法有自下而上的不断聚合和自上而下的不断分类两种方法,可以获得层次结构的簇群。

聚类结果的优劣可以用外部指标和内部指标进行评价,这可以解决算法非全局最优和最优聚类数的问题。

11.3　降维与度量学习

11.3.1　降维基本概念

机器学习的训练数据集 D 的样本维数即样本属性个数 n 往往都很大,因为一个复杂的体系,如材料特性,要从多个因素维度进行表述。但是,如果想揭示多因素对体系作用的规律,特别是交互作用规律,则对多维因素空间的采样密度及其均匀度都有较高的要求。因此,数据维数越多,数据获取成本就越高,对于材料研究,这个问题尤为严重。随着数据维数的增加,数据样本越加稀疏,距离计算越困难,高维数据维数超过 3 就无法用图形进行显示。所以,给数据挖掘带来一系列问题,即所谓的维数灾难(curse of dimensionality)。解决这一问题的重要途径之一就是降维(dimension reduction),亦称维数简约。

降维就是通过某种数学变换将原来高维属性空间转变为一个低维子空间(subspace),降维过程应尽可能保持原数据样本的信息,如样本间的距离尽可能保持不变。降维过程就是寻找高维空间数据点到低维空间的映射关系,具体来说,就是确定将原来数据维数 d 降到 d' $(d'<d)$,并确定新旧空间坐标的转换关系。

降维是多维数据的重要无监督学习内容,也是多维数据进行监督学习的常用前处理过程。

降维可根据坐标变换的线性与否分为线性和非线性降维方法,主要包括主成分分析、核化线性降维、流形学习降维方法等,在此只介绍最常用的主成分分析方法,其他方法可参见其他参考书。

对降维效果,通常是比较降维前后机器学习的效果来进行评估。

11.3.2　主成分分析

主成分分析(Principal Component Analysis,PCA)是最常用的一种降维方法。主成分分析的基本思路是在正交多维空间寻找一个超平面,该超平面具有两个特性:①最近重构性,样本点到这个超平面的距离都足够近;②最大可分性,样本点在该超平面上的投影能尽可能分开。

设数据集 $\boldsymbol{D}=\{\boldsymbol{x}_1,\boldsymbol{x}_2,\cdots,\boldsymbol{x}_m\}$,$\boldsymbol{x}_i\in\mathbf{R}^d$,样本属性维数为 d。样本数据是进行了中心化处理后的数据$(\boldsymbol{x}_i-\boldsymbol{\mu}_i)$,即 $\sum\boldsymbol{x}_i=0$;设投影后得到的新坐标系为 $\boldsymbol{W}=\{\boldsymbol{w}_1,\boldsymbol{w}_2,\cdots,\boldsymbol{w}_d\}$,其中 $\boldsymbol{w}_i$ 是标准正交基向量,$\|\boldsymbol{w}_i\|_2=1$,$\boldsymbol{w}_i^{\mathrm{T}}\boldsymbol{w}_j=0(i\neq j)$。若舍去新坐标体系中的部分坐标,即将维度降低到 d',$d'<d$,则样本点 x_i 在低维坐标体系中的投影是 $\boldsymbol{z}_i=(z_1,z_2,\cdots,z_{d'})$,其中 $z_{ij}=\boldsymbol{w}_j^{\mathrm{T}}\boldsymbol{x}_i$,是样本 $\boldsymbol{x}_i$ 在低维坐标系中第 j 维的坐标。基于新坐标 $\boldsymbol{z}_i$ 来重构 $\boldsymbol{x}_i$,则 $\hat{\boldsymbol{x}}_i=\sum_{j=1}^{d'}z_{ij}\boldsymbol{w}_j$。

考虑整个数据集,各样本点 $\boldsymbol{x}_i$ 到其新体系投影点 $\hat{\boldsymbol{x}}_i$ 之间的距离之和为

$$\sum_{i=1}^{m}\left\|\sum_{j=1}^{d'}z_{ij}\boldsymbol{w}_j-\boldsymbol{x}_i\right\|_2^2=\sum_{i=1}^{m}\boldsymbol{z}_i^{\mathrm{T}}\boldsymbol{z}_i-2\sum_{i=1}^{m}\boldsymbol{z}_i^{\mathrm{T}}\boldsymbol{W}^{\mathrm{T}}\boldsymbol{x}_i+\mathrm{const}$$

$$\propto-\operatorname{tr}\left[\boldsymbol{W}^{\mathrm{T}}\left(\sum_{i=1}^{m}\boldsymbol{x}_i\boldsymbol{x}_i^{\mathrm{T}}\right)\boldsymbol{W}\right]$$

根据上述最近重构性，w_j 是标准正交基，$\sum_i x_i x_i^{\mathrm{T}}$ 是协方差矩阵 XX^{T}，则主成分分析的优化目标为

$$\min_{W} -\operatorname{tr}(W^{\mathrm{T}}XX^{\mathrm{T}}W)$$
$$\text{s.t.} \quad W^{\mathrm{T}}W=I$$

另外，从最大可分性出发，样本点在某超平面上的投影能尽可能分开，就是投影点的样本方差最大化。样本 x_i 在新空间超平面上的投影是 $W^{\mathrm{T}}x_i$，其方差为 $\sum_i W^{\mathrm{T}}x_i x_i^{\mathrm{T}}W$，所以该优化目标为

$$\max_{W} \operatorname{tr}(W^{\mathrm{T}}XX^{\mathrm{T}}W)$$
$$\text{s.t.} \quad W^{\mathrm{T}}W=I$$

可见，上述两个优化是等价的。该优化采用拉格朗日乘子法可得

$$XX^{\mathrm{T}}w_i=\lambda_i w_i$$

由上式可知，只需对协方差矩阵 XX^{T} 进行特征值分解，即可获得优化的解。再对特征值进行排序 $\lambda_1 \geqslant \lambda_2 \geqslant \cdots \geqslant \lambda_d$，取前 d' 项即可获得 d' 特征值所对应的特征向量 $W'=(w_1, w_2, \cdots, w_{d'})$，这就是主成分分析的解。$w_i$ 为 $d\times 1$ 列向量，是原各属性对新维度 i 的贡献权重，或者说是新维度 i 关于原维度的线性组合系数。其数值的大小表示原维度的贡献程度，正负号表示正或负相关。

降维的 d' 值可以是事先确定的，还可以用特征值进行选取，如累计特征值百分数：

$$\frac{\sum_{i=1}^{d'}\lambda_i}{\sum_{i=1}^{d}\lambda_i} \geqslant 95\%$$

则原数据集 D 降维成 $D'=D\times W'$。

11.3.3 主成分分析法的 MATLAB 实现

由 11.3.2 小节的内容可知，主成分分析过程完全是数据矩阵的计算问题，设数据为 $n\times p$ 维矩阵 data，按照 PCA 原理，其计算过程如下：

```
[n,p] = size(data);                        % 获取数据集容量 n 和属性维数 p
covm = cov(data);                          % 计算协方差矩阵，数据可不用中心化
[eigvec, eigval] = eig(covm);              % 计算特征向量 eigvec 和特征值 eigval，均为 p * p 矩阵
eigval = diag(eigval);                     % 提取对角元素，成 p * 1 列向量
eigval = flipud(eigval);                   % 将升序的特征值改为降序
eigvec = eigvec(:, p: - 1:1);              % 将特征向量的列做相应的倒序
Pervar = cumsum(eigval)/sum(eigval) * 100; % 计算累计特征值百分数，并确定降维维数 p1
p1 = 3;
w = eigvec(:,1:p1);                        % 取特征矩阵的前 p1 列作为降维转换矩阵 p * p1
data1 = data * w;                          % 数据由 p 维降到 p1 维
```

另外，MATLAB 提供了主成分分析函数 pca 和 pcacovm，前者是对原始数据 data 进行主成分分析，而后者是对数据的协方差矩阵(上述的 covm 矩阵)进行主成分分析。两函数的调

用形式分别如下：

```
[coeff,score,latent,tsquared,explained,mu] = pca(data);
```

其中，返回值 coeff 是降序排列的特征向量矩阵，$p \times p$；score 是所谓的 Z 得分，为 $n \times p$ 维矩阵；latent 是降序排列的特征值列向量，$p \times 1$；tsquared 是每个样本的 T2 统计量列向量，$n \times 1$；explained 是各特征值百分数列向量，$p \times 1$；mu 是数据各属性的均值行向量，$1 \times p$。

调用 pcacov 函数要先求数据的协方差，即 cov(data)，

```
[coeff,latent,explained] = pcacov(cov(data));
```

计算返回参量与 pca 函数相同。

根据主成分分析结果的 explained 值，确定降维的 p1，即

```
w = coeff(:,1:p1);          % 取特征矩阵的前 p1 列作为降维转换矩阵
data1 = data * w;           % 数据由 p 维降到 p1 维
```

11.3.4　度量学习

降维是将稀疏的高维数据投影到一个低维空间，提高机器学习的效果。降维的本质是将样本距离由原来的多维坐标系表述形式转换为低维坐标系表述形式，换一个思路，是不是可以直接尝试“学习”出一个新的合适的距离度量，这就是度量学习（metric learning）的基本动机。

在很多机器学习中都用到样本间的距离，虽然表述形式不同，但是都只是样本多维坐标的函数，没有可调节的参数，也就无法“学习”出一个新的距离度量。

对于两个 d 维样本 $\boldsymbol{x}_i$ 和 $\boldsymbol{x}_j$ 之间的欧氏距离平方，可以写成各维度的距离平方和，即

$$\mathrm{dist}^2(\boldsymbol{x}_i,\boldsymbol{x}_j)=\|\boldsymbol{x}_i-\boldsymbol{x}_j\|_2^2=\mathrm{dist}_{ij,1}^2+\mathrm{dist}_{ij,2}^2+\cdots+\mathrm{dist}_{ij,d}^2$$

假设各属性的重要性不同，各维度距离的贡献不同，则可以引入属性权重 w，则

$$\mathrm{dist}_w^2(\boldsymbol{x}_i,\boldsymbol{x}_j)=w_1\cdot\mathrm{dist}_{ij,1}^2+w_2\cdot\mathrm{dist}_{ij,2}^2+\cdots+w_d\cdot\mathrm{dist}_{ij,d}^2$$

其中，$w_i \geqslant 0$，$\boldsymbol{W}=\mathrm{diag}(w)$是一个对角矩阵，$W_{ii}=w_i$。$\boldsymbol{W}$ 的非对角元素均为 0，这意味着该多元体系坐标轴是正交的，即属性之间无关。但是，实际上很多属性并不是独立的，而是相关的，则式中的 $\boldsymbol{W}$ 可替换为一个普通的半正定对称矩阵 $\boldsymbol{M}$，于是得到马氏距离（Mahalanobis distance），即

$$\mathrm{dist}_{\mathrm{mah}}^2(\boldsymbol{x}_i,\boldsymbol{x}_j)=\|\boldsymbol{x}_i-\boldsymbol{x}_j\|_{\boldsymbol{M}}^2=(\boldsymbol{x}_i-\boldsymbol{x}_j)^{\mathrm{T}}\boldsymbol{M}(\boldsymbol{x}_i-\boldsymbol{x}_j)$$

其中，$\boldsymbol{M}$ 亦称“度量矩阵”，$\boldsymbol{M}$ 是（半）正定对称矩阵，即必有正交基 $\boldsymbol{P}$ 使得 $\boldsymbol{M}$ 能写成 $\boldsymbol{M}=\boldsymbol{P}\boldsymbol{P}^{\mathrm{T}}$。$\boldsymbol{M}$ 可以在与距离相关的监督学习中习得。作为约束条件，距离必须是非负且对称的，$\boldsymbol{M}$ 是半正定的。

对于习得的距离度量矩阵 $\boldsymbol{M}$，若 $\boldsymbol{M}$ 是一个低秩矩阵，于是能够找到一组正交基，新维度为 $\boldsymbol{M}$ 的秩，低于原属性数，可以衍生出一个降维矩阵达到降维的目的。

11.4　小　结

表述材料一般都要涉及多维数据，因此，多维数据的处理是非常重要的。多维数据不仅大大增加了计算量，增加了数据处理、挖掘的难度，而且多维空间难以显示，难以理解，不利于对

数据的认识。通过降维不仅可以简化计算，使数据更加直观，还可以通过降维使属性的组合提炼出非表观的重要因素。

降维是无监督机器学习的重要内容，可以对数据属性直接分析与处理。同时，降维又是很多多维数据监督学习的前处理，将多维数据降到二维或三维后，再进行机器学习，不仅简化了计算，还可以获得更直观的结果。

主成分分析是最常用、简便的降维方法，MATLAB 提供了主成分分析函数，可以非常简便地实现多维数据的降维。

习　题

11.1　采用 MATLAB 编程实现 k 均值法聚类。

11.2　采用 MATLAB 编程实现学习向量量化法聚类。

11.3　采用 MATLAB 编程实现高斯混合聚类。

11.4　采用 MATLAB 编程实现聚合层次聚类。

11.5　收集材料多维数据，进行聚类学习。

11.6　对材料多维数据进行主成分分析，并讨论主成分的含义。

参考文献

[1] Moler C B. MATLAB 数值计算[M]. 张志涌，等译. 北京：北京航空航天大学出版社，2015.

[2] 葛超，王蕾，曹秀爽. MATLAB 技术大全[M]. 北京：人民邮电出版社，2014.

[3] 黄少罗，甘勤涛，胡仁喜，等. MATLAB 2016 数学计算与工程分析从入门到精通[M]. 北京：机械工业出版社，2017.

[4] Crank J. The Mathematics of Diffusion [M]. London and New York: Oxford University Press, 1957.

[5] Hanselman D, Littlefield B. 精通 MATLAB 综合辅导与指南[M]. 李人厚，张平安，等译. 西安：西安交通大学出版社，1999.

[6] 李涛，贺勇军，刘志俭，等. MATLAB 工具箱应用指南：应用数学篇[M]. 北京：电子工业出版社，2000.

[7] Huang C, Zhang Y. Calculation of high-temperature insulation parameters and heat transfer behaviors of multilayer insulation by inverse problems method[J]. Chinese Journal of Aeronautics, 2014, 27(4): 791-796.

[8] 陆君安. 偏微分方程的 MATLAB 解法[M]. 武汉：武汉大学出版社，2001.

[9] 张晓. Matlab 微分方程高效解法：谱方法原理与实现[M]. 北京：机械工业出版社，2016.

[10] 李海春，张志霖，黄蕊，等. 微分方程（组）边值问题的变分原理及 MATLAB 求解[M]. 北京：中国水利水电出版社，2014.

[11] 韩中庚. 数学建模方法及其应用[M]. 北京：高等教育出版社，2009.

[12] 司守奎，孙玺菁. 数学建模算法与应用[M]. 北京：国防工业出版社，2015.

[13] 雷功炎. 数学模型讲义[M]. 北京：北京大学出版社，2009.

[14] 陈桂明，戚红雨，潘伟. MATLAB 数理统计(6. x). 北京：科学出版社，2002.

[15] 张跃，谷景华，尚家香，等. 计算材料学基础[M]. 北京：北京航空航天大学出版社，2007.

[16] 李依依，李殿中，朱苗勇. 金属材料制备工艺的计算机模拟[M]. 北京：科学出版社，2006.

[17]《现代应用数学手册》编委会. 现代应用数学手册：运筹学与最优化理论卷[M]. 北京：清华大学出版社，1997.

[18] 王小平，曹立明. 遗传算法：理论、应用与软件实现[M]. 西安：西安交通大学出版社，2002.

[19] Raabe D. 计算材料学[M]. 项金钟，吴兴惠，译. 北京：化学工业出版社，2002.

[20] Fan Y H, Feng B, Yang L L, et al. Application of Artificial Neural Network Optimization for Resilient Ceramic Parts Fabricated by Direct Ink Writing[J/OL]. Inter. J. Appli. Ceram. Tech., 2020, DOI: 10.1111/ijac.13394.

[21] 赵志升. 大数据挖掘[M]. 北京：清华大学出版社，2019.

[22] 吕晓玲，宋捷. 大数据挖掘与统计机器学习[M]. 北京：中国人民大学出版社，2016.

[23] 冷雨泉，张会文，张伟，等. 机器学习入门到实战：MATLAB 实践应用[M]. 北京：清华大

学出版社,2019.
[24] 周志华. 机器学习[M]. 北京:清华大学出版社,2016.
[25] 徐国根,贾瑛. 实战大数据[M]. 北京:清华大学出版社,2017.
[26] 姜同川. 正交试验设计[M]. 济南:山东科技出版社,1985.
[27] Kim P. 深度学习:基于 MATLAB 的设计实例[M]. 邹伟,王振波,王燕妮,译. 北京:北京航空航天大学出版社,2018.
[28] 李航. 统计学习方法[M]. 北京:清华大学出版社,2019.
[29] 罗伯托・巴蒂蒂,毛罗・布鲁纳托. 机器学习与优化[M]. 王彧弋,译. 北京:人民邮电出版社,2018.
[30] 温迪 L. 马丁内兹,安吉尔 R. 马丁内兹,杰弗瑞 L. 索卡. MATLAB 数据探索性分析[M]. 迟冬祥,黎明,赵莹,译. 北京:清华大学出版社,2018.